AB实验

科学归因与增长的利器

刘玉凤 ◎ 著

机械工业出版社

CHINA MACHINE PRESS

图书在版编目（CIP）数据

AB 实验：科学归因与增长的利器 / 刘玉凤著 . -- 北京：机械工业出版社，2022.6
（2024.10 重印）
ISBN 978-7-111-70713-4

I. ① A··· II. ①刘··· III. ①数据处理 – 研究 IV. ① TP274

中国版本图书馆 CIP 数据核字（2022）第 079421 号

AB 实验：科学归因与增长的利器

出版发行：机械工业出版社（北京市西城区百万庄大街 22 号 邮政编码：100037）

责任编辑：韩 蕊 责任校对：马荣敏

印 刷：固安县铭成印刷有限公司 版 次：2024 年 10 月第 1 版第 4 次印刷

开 本：170mm×230mm 1/16 印 张：22

书 号：ISBN 978-7-111-70713-4 定 价：129.00 元

客服电话：(010) 88361066 68326294

为什么要写这本书

AB 实验作为利用数据驱动增长的重要手段，可以在推断因果效应的同时量化策略效果，在产品创新、优化和改进中发挥着越来越重要的作用。AB 实验是一项复杂的系统工程。如果没有坚实的理论基础、强大的平台能力、丰富的实践经验作为支撑，那么很容易得出错误的 AB 实验结论，进而让组织做出错误的决策，错失发展机会。

从我的亲身经历和对大量企业的调研了解来看，当前有相当多的从业者，甚至大型互联网企业的技术人员，对 AB 实验的理解还处于比较粗浅的阶段，甚至存在很多误解。许多企业的 AB 实验实践停留在初级阶段，对于如何高效开展 AB 实验、构建基于数据和实验的企业文化，还没有形成成熟的方法论，导致实验过程反复和低效。同时，在市面上，系统阐述 AB 实验原理、平台建设、实践、文化建设等方面的图书非常少，大量希望学习 AB 实验的读者找不到有效的渠道来获得专业知识。

我曾参与过多种类型业务场景下 AB 实验的设计与分析，也负责过大型 AB 实验平台的建设。通过学习国内外公司先进的经验，并在实践中不断尝试，我积累了丰富的 AB 实验经验。本着分享、交流、学习的心态和初衷，我撰写了本书。AB 实验是一个系统性的工程，涉及的知识非常广泛。本书以 AB 实验相关的知识为重点，扩展了与 AB 实验紧密相关的内容，比如指标体系建设、AB 实验之外的因果分析方法、用户调查方法等。

希望本书能对广大正在践行 AB 实验的读者有所启发，加深行业对于 AB 实验的理解，提升 AB 实验实践的科学性，促进 AB 实验文化的发展。希望读者能借助 AB 实验这个有力的工具，成功实现产品增长。

读者对象

本书适合所有对 AB 实验有需求的企业管理者、相关从业者，以及对于数据驱动增长、数据科学等领域感兴趣的读者。目前大部分 AB 实验集中在互联网行业，因为其天生具有进行在线 AB 实验的优势和强烈需求。我们以典型的互联网公司中主要角色的视角来看本书对不同的角色的主要价值。

- 企业管理者和决策者：对于企业管理者来说，如果企业当前还没有 AB 实验，他们需要确定企业当前阶段是否需要引入 AB 实验，以及以什么样的方式引入（自建或采购）。因为涉及企业当前的财务、人力状况以及产品未来的规划，所以只能由他们做出决策。对于已经在进行 AB 实验的企业，管理者和决策者需要了解 AB 实验的原理以及 AB 实验是如何运行、如何分析的，充分了解后他们在阅读 AB 实验报告的时候才不会被数据戏法所欺骗。本书介绍的很多案例中，针对同一个实验，实验报告如果采用不同的口径或者指标，得出的结果是完全不一样的，决策者必须学会自己看数据和实验报告。

- 产品经理和运营人员：对于有增长需求且适合进行 AB 实验的产品来说，产品经理和运营人员就是 AB 实验的主要发起者。他们需要对自己策划的产品功能、策略、运营活动、方案进行测试，以保证产品的优化和迭代按照组织期望的方向进行。只有具备了系统的 AB 实验知识，才能设计出合理的 AB 实验方案，并能够准确判断实验是否正常运行，实验收集数据是否可用且满足实验评估的要求。如果没有扎实的实验知识，得出的实验结果很难保证是科学的、可信的。

- 数据分析师、数据科学家等数据工作者：AB 实验分析是数据分析中一个非常重要的方向，很多公司 AB 实验的结果是由数据分析师统一输出的，以保证客观性和准确性。在互联网领域，数据分析工作中 AB 实验分析的比重甚至可能超过 30%。不懂 AB 实验分析的数据分析师在就业竞争中会处于明显的劣势。对于数据科学方向的从业人员来说，有两个区别于传统数据分析的关键点，一个是模型构建能力，另一个就是实验设计和解析能力。在许多大型公司中，数据科学部门肩负着构建实验团队和实验平台以及进行实验评估和实验文化推进的任务。可以说掌握 AB 实验相关的知识是数据科学家必备的。

- 前后端、算法等技术开发人员：AB 实验的实现涉及整个产品研发链的很多环节，比如前端涉及 UI 和交互逻辑的下发，后端涉及分流逻辑、触发时机的实现，算法研发更是要频繁使用实验平台进行 AB 实验。如果这些技术实现者系统地掌握了 AB 实验的相关知识，那么他们不仅能更好地设计和规划技术架构，而且在代码出现问题的时候，也能通过原理的分析快速定位和修复问题。同时，开发人员也可以用 AB 实验来测试不同的架构、代码方案的性能等。

本书特色

本书有以下几个主要特色。

- 内容全面系统、主次分明。本书以 AB 实验为中心，包含 AB 实验方方面面的知识，不仅有 AB 实验相关的理论基础知识、平台建设、文化建设，还涵盖指标体系建设、增长实践、AB 实验的局限性以及因果推断、用户研究等内容，内容全面且系统。同时，本书将重点放在对 AB 实验关键环节的深入理解、关键问题的解决上，力争把问题从原理和实践角度剖析到位，而不是面面俱到地泛泛而谈。

- 案例丰富，算例清晰，理论扎实又容易读懂。书中重要的知识点都配有翔实的行业实践案例，帮助读者更深入地理解应用场景。我还给出了生动易懂的例子以及严密公式的推导，以深入浅出的方式阐述 AB 实验涉及的复杂数理知识。比如，统计学中假设检验中的 P 值、显著性水平等问题，AB 实验为什么能进行因果推断，以及需要具备什么条件等。

- 视野广阔，内容与时俱进，具有先进性。在写作本书时，我对国际前沿热点、新近实践经验、研究成果、最新行业动态进行了持续的跟踪和解析，同时调研了国内多家大型互联网公司的 AB 实验实践情况，力求让本书具有全球视角下与时俱进的指导意义。

本书主要内容

本书分为 6 个部分，共 21 章。

第一部分　了解 AB 实验（第 1 章），主要从 AB 实验的原理、行业案例出发，帮助读者建立对 AB 实验的基本认知，并从应用视角阐述 AB 实验的优势、价值，让读者了解学习 AB 实验的原因。

第二部分　深入 AB 实验（第 2～9 章），对于 AB 实验中的关键问题和挑战、实践中容易出现的问题、较难理解的环节进行深入细致的解析，包括统计学相关、实验分流、实验灵敏度和长期影响评估等方面。

第三部分　AB 实验评估指标体系（第 10、11 章），主要对产品的指标体系和实验评估指标体系进行系统的阐述，介绍了从指标设计、评估、进化，到如何选择好的实验评估指标体系和合并 OEC 指标。指标体系既是数据体系的基础，也是数据驱动的抓手。没有好的指标体系，就无法计算和度量，数据就无法体现真正的价值。

第四部分　AB 实验的基础建设（第 12～14 章），主要讨论了如何构建 AB 实验体系，包括实验平台建设相关的工作，以及实验组织和文化应该如何建设，总结了 AB 实验解决方案框架，以及如何适配不同的行业、产品和业务场景。

第五部分　基于 AB 实验的增长实践（第 15～18 章），以增长为目标，围绕 AB 实验，通过构建想法、验证想法、沉淀想法介绍了 AB 实验如何在实践中落地。

第六部分　AB 实验的局限与补充（第 19～21 章），重点介绍了 AB 实验的局限性，以及在不能进行 AB 实验的时候，还有哪些方法可以进行归因分析和用户调查。

分角色重点导读

分角色重点导读的目的是帮助那些时间有限或者已经有一定基础的读者进行重点学习、快速了解。建议对 AB 实验了解还比较粗浅或者时间充裕的读者按照顺序学习。

篇	章	章名	决策者	产品经理和运营人员	数据工作者	研发人员
第一部分	第 1 章	AB 实验的基本原理和应用	√	√	√	√
	第 2 章	AB 实验的关键问题	√	√	√	√
	第 3 章	AB 实验的统计学知识			√	
	第 4 章	AB 实验参与单元		√	√	
第二部分	第 5 章	AB 实验的随机分流		√	√	√
	第 6 章	AB 实验的 SRM 问题			√	
	第 7 章	AA 实验			√	
	第 8 章	AB 实验的灵敏度	√	√	√	
	第 9 章	AB 实验的长期影响	√	√	√	
第三部分	第 10 章	产品指标体系	√	√	√	√
	第 11 章	实验评估指标体系	√	√	√	√
	第 12 章	开展 AB 实验的基础条件	√	√	√	
第四部分	第 13 章	AB 实验平台的建设	√	√	√	√
	第 14 章	实验组织和文化建设	√	√	√	
	第 15 章	构建想法：形成产品假设	√	√	√	
第五部分	第 16 章	验证想法：AB 实验实践	√	√	√	
	第 17 章	沉淀想法：实验记忆	√	√	√	
	第 18 章	基于 AB 实验的增长实践解决方案	√	√	√	√
	第 19 章	AB 实验的局限性	√	√	√	√
第六部分	第 20 章	AB 实验之外的因果分析方法		√	√	
	第 21 章	常用的用户调查分析方法		√	√	

资源和勘误

由于本人水平有限，书中难免会有一些不当之处，恳请批评指正。读者可以通过微信公众号"AB 实验与产品增长"中的"交流"板块与我联系，真挚期待得到你的反馈。由于篇幅有限，一些内容无法放入书中，比如图片、论文、案例等相关学习资料。读者可以在微信公众号"AB 实验与产品增长"中下载这些内容。

致谢

感谢我的家人、朋友的支持和理解！这本书完全是我利用业余时间编写的，牺牲了大量陪伴家人和朋友的时间。在写书期间，你们不仅为我创造了良好的环境让我安心写作，还帮助我进行校对和审阅！没有你们的支持，完成这 20 多万字的撰写会更加困难。

我将本书献给 AB 实验践行者、数据科学从业者、产品增长实践者，以及所有致力于数据驱动业务的朋友。正是你们的不懈努力和实践，才使我们对数据科学、AB 实验的理解不断深入！

刘玉凤

2022 年 5 月

前言

第一部分　了解 AB 实验

第四部分　AB 实验的基础建设

第五部分 基于 AB 实验的增长实践

第一部分
了解 AB 实验

在数字化时代的大背景下,在数据驱动的产品增长理论和实践中,AB 实验起的作用越来越重要。AB 实验相关的知识成为数据科学、产品增长领域的核心技能之一。越来越多的岗位需要产品、运营、数据等职位候选人掌握 AB 实验相关的知识。了解和掌握 AB 实验的理论基础、基本流程、核心要素、特点和应用优势,变得非常有意义且必要。

第 1 章

AB 实验的基本原理和应用

本章首先介绍 AB 实验的基本概念和原理,然后介绍 AB 实验的 3 个基本要素——实验参与单元、实验控制参数、实验指标,以及对于这 3 个基本要素的要求,之后介绍 AB 实验的 2 个核心价值——验证因果关系和量化策略效果,接着介绍在实践应用中 AB 实验的 2 个关键特性——先验性和并行性,最后介绍 AB 实验的典型应用场景和一些经典的案例,通过案例帮助读者更加直观地认识和理解 AB 实验原理和价值。

1.1 什么是 AB 实验

近几年随着增长概念的普及,其重要增长手段——AB 实验的曝光度也越来越高。AB 实验并不是近几年才有的,从推荐系统诞生开始,AB 实验就扮演着重要的角色。本节主要介绍 AB 实验的基本概念,包括 AB 实验和在线 AB 实验的定义以及 AB 实验的常见类型。

1.1.1 AB 实验的定义

AB 实验又称为受控实验(Controlled Experiment)或者对照实验。AB 实验的概念来自生物医学的双盲测试，双盲测试中病人被随机分成两组，在不知情的情况下分别给予安慰剂和测试用药，经过一段时间的实验后，比较这两组病人的表现是否具有显著的差异，从而确定测试用药是否有效。

2000 年，Google 工程师将这一方法应用在互联网产品测试中，此后 AB 实验变得越来越重要，逐渐成为互联网产品运营迭代科学化、数据驱动增长的重要手段。从国外的 Apple、Airbnb、Amazon、Facebook、Google、LinkedIn、Microsoft、Uber 等公司，到国内的百度、阿里、腾讯、滴滴、字节跳动、美团等公司，在各种终端（网站、PC 应用程序、移动应用程序、电子邮件等）上运行着大量的 AB 实验。这些公司每年进行数千到数万次实验，涉及上亿的用户，测试内容涵盖了绝大多数产品特征的优化，包括用户体验（颜色、字体和交互等）、算法优化（搜索、广告、个性化、推荐等）、产品性能（响应速度、吞吐量、稳定性、延迟）、内容（商品、资讯、服务）生态管理系统、商业化收入等。

因为 AB 实验被引入互联网公司后，应用场景主要是大规模的在线测试，所以也被称作在线 AB 实验或者在线对照实验（Online Controlled Experiment，OCE）。本书如果没有特殊说明，提到的 AB 实验均指在线 AB 实验。常见的在线 AB 实验中，用户被随机、均匀地分为不同的组，同一组内的用户在实验期间使用相同的策略，不同组的用户使用相同或不同的策略。同时，日志系统根据实验系统为用户打标记，用于记录用户的行为，然后数据计算系统根据带有实验标记的日志计算用户的各种实验数据指标。实验者通过这些指标去理解和分析不同的策略对用户起了什么样的作用，是否符合实验预先的假设。如图 1-1 所示，图中流程概括了 AB 实验的经典模式。

将图 1-1 所示的流程应用到产品迭代中，就是将具有不同功能、不同策略的产品版本，在同一时间，分别让两个或多个用户组访问。这些参与实验的用户组是从总体用户中随机抽样出来的，一般只占总体用户的一小部分，而且不同组用户的属性、构成成分是相同或相似的。先通过日志系统、业务系统收集各组用户的行为数据和业务数据，然后基于这些数据指标分析、评估出相比之下更好的产品版本，最后推广到全部用户。

以图 1-2 为例，我们试图通过 AB 实验找出哪个颜色的横幅位点击率更高：A 组保持浅色横幅不变，B 组采用深色的横幅，分析哪个颜色更能引起用户的关注，提升用户的点击率。如果通过实验发现深色横幅的点击率更高，就将深色横幅位推广到全部用户。当然，在实际应用中，AB 实验的效果评估一般没有这么简单，比如除了点击率之外，还需要综合考虑其他的指标。

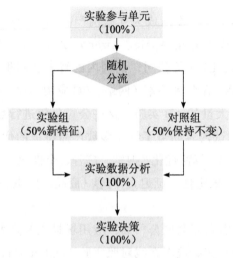

图 1-1   AB 实验流程

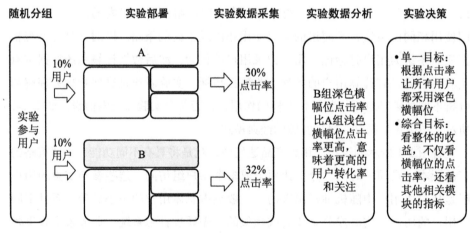

图 1-2   AB 实验测试哪个颜色横幅位点击率更高

1.1.2   AB 实验的类型

从不同分类视角来看，**AB 实验**有着不同的类型。

- 从实验实施的产品形态来看，AB 实验可以分为 App 类型、PC 类型、网页页面类型等。
- 从实验代码运行的机制来看，AB 实验可以分为前端页面类型、后端服务类型等。
- 从实验分流的对象来看，AB 实验可以分为用户类型、会话类型、页面类型、元素类型等。
- 从实验服务调用的方式来看，AB 实验可以分为 SDK 类型、接口服务类型等。
- 从实验内容来看，AB 实验可以分为交互类、算法类、内容类、工程性能类等。

这些是 AB 实验常见的分类方式。当然，AB 实验的分类不局限于以上分类，可以根据实际情况，采用不同的分类方式。不管何种类型的 AB 实验，都应符合分流→实验→数据分析→决策的基本流程，以及需要满足 AB 实验的 3 个基本要素。

1.2　AB 实验的 3 个基本要素

AB 实验虽然能帮助我们更科学地做出决策，但并不能科学地辅助所有决策，这是因为不是任何一件事情都可以进行 AB 实验。例如，不能对并购进行实验，因为我们不能让并购和它的反事实（即没有发生并购）同时发生；不能测试在奥运会中投放哪种广告更好，因为奥运会就一次，不能反复进行测试。本节详细介绍进行 AB 实验首先需要具备的基本要素。

1.2.1　实验参与单元

进行 AB 实验首先必须要有能够参与实验的对象，即实验参与单元，一般来说就是能参与实验的用户。在 AB 实验中，把参与实验的用户分为两组或者多组，其中至少有一组作为对照组，对照组用户什么都不改变，作为对比实验效果的基线；其余组为实验组，实验组可以进行各种产品特征实验。要确保实验的科学性，仅有参与用户还不够，参与用户还需要满足几个关键条件。

1. 实验参与单元互不干扰

实验参与单元（例如实验用户）被分配到不同的实验组，需要确保不同的实验参与单元互相不干扰或者干扰小到可以忽略。如果不同实验组之间的实验参与单元相互影响，那么就会影响实验结果的正确评估。比如，告诉实验组用户，对照组的用户正在吃某种药物，而且身体有所好转，那么对照组的用户可能也会转而使用这种药物，这势必会影响到对照组的实验结果，无法观测到没有使用药物的真实数据。这个问题也被称为 SUTVA，将在第 4 章详细讨论。

2. 实验参与单元合理随机化

实验参与单元随机化就是将随机化过程应用于实验参与单元，以实现将它们分到不同的实验组的目的。科学随机化非常重要，需要确保分配给不同实验组的实验参与单元在统计学上是相似的，从而以较高概率确定因果关系。在随机化的过程中，必须以持久且独立的方式将实验参与单元映射到实验组。持久的意思是，实验参与单元在整个实验期间不得改变分组。为了保证实验效果，实验参与单元将不被告知任何实验相关的信息。实验参与单元最好对于实验信息无感知，否则会对实验造成干扰。

不要对随机化掉以轻心，在实践中，存在很多失败的随机化例子，都说明了科学随机化的重要性和面临的挑战。造成随机过程失败的原因多种多样，简单来说，就是随机过程变得不随机了，使得在实验前不应存在统计学差异的实验组和对照组出现显著差异，出现了实验影响以外的影响因素干扰实验结果。我们将在第 5 章详细讨论实验随机分流的问题。

3. 足够的实验参与单元

根据统计学的理论，AB 实验的实验参与单元需要达到一定数量，统计指标才是有意义的（相关统计知识在第 3 章介绍）。特别是在进行一些指标提升幅度不是很大的实验时，实验参与单元的数量尤其重要。一般来说，实验实际提升效果越不明显，就越需要更多的参与单元来确认实验效果。同理，实验参与单元的数量越多，实验就可以检测出越小的效果变化，检测的精度也就越高。

以内容行业的 AB 实验经验来说，对于点击量、曝光量等变化幅度较大的指标，检测出 1% 的指标相对变化，往往需要十万级以上的实验参与单元；对于留存率这类变化幅度较小的指标，检测出 1% 的指标相对变化，需要更多的实验参与单元。如果实验参与单元数量不够，比如一些初创、垂类的产品，用户只有几千或几万个，这个时候通过 AB 实验检测出的变化是粗粒度的，可能只能有效检测出 3%、5% 甚至 10% 以上相对幅值的实验效果。

从直观上也不难理解，用户越少，指标本身的变化和波动就越大，我们往往难以判断一个实验组和对照组之间的小幅度差异是天然的随机波动还是实验带来的效果。如果这个差异值足够大，大到超出了一般的波动范围，那么这个差异是实验带来的可能性就高一些。对于小用户体量的产品来说，预期提升很小的指标一般不建议进行 AB 实验。如果一个优化策略能够带来很大的提升，那么用较少的用户量也是可以检测出的。

处于初创期的产品往往能够通过渠道放量、用户增长等方式快速获得更多用户，从而逐步具备进行更加精准的 AB 实验的条件。随着用户规模的增加以及业务发展的日趋成熟，检测较小的变化变得越来越重要。例如，像亚马逊这样的大型网站，某指标 0.5% 的增长带来的收益可能就是上亿美元。不同阶段的产品、不同数量级的实验单元都可以做 AB 实验，关键是实验参与单元数量要达到满足实验检测当前业务变化所需的精度，并将实验结果误差控制在可接受的范围。如何找到合适的实验单元量以及业务评估精度，在 4.3 节会详细介绍。

1.2.2　实验控制参数

实验控制参数是影响产品某项指标的可控实验变量，也被称为因子或变量。简单来说，就是实验策略中不同的赋值，比如横幅栏颜色实验中，控制参数就是颜色，实验组控制参数的赋值为红色，对照组赋值为蓝色。实验控制参数也需要满足一些条件方可进行 AB 实验。

1. 实验控制参数可分配

在简单的 AB 实验中，通常只有一个参数，这个参数有两个赋值或者多个赋值。在在线实验中，通常使用多变量设计。一起评估多个变量的实验，称为多变量实验（Multi-Variable Test，MVT），比如同时评估字体颜色和字体大小，允许实验者在参数交叉时发现全局最优值。

在简单的 AB 实验中，一般将实验参与单元随机分为实验组和对照组。控制参数也就对应地分配给实验组和对照组。例如，某 App 的字体大小是一个控制参数，这个参数可以有 10 号、12 号等不同的值。我们将不同的值赋予不同的组别，比如实验组 10 号，对照组 12 号，这两组除了字体的差异外无其他差异，这样就可以通过实验数据对比出 10 号、12 号字体在使用过程中对产品指标的影响。

控制参数可分配是实验可以顺利进行的最关键因素，如果不可分配就没法进行 AB 实验，只能借助其他方法进行判断和决策。

2. 实验控制参数容易改变

做 AB 实验需要控制参数容易改变，如果改变控制参数很困难，实验成本就非常高。一般来说，软件通常比硬件更容易更改。然而某些软件领域也需要一定级别的质量保证，比如飞机飞行控制系统软件的更改就需要航空管理局的批准。服务器端软件比客户端软件更容易更改，这是因为客户端软件的改变一般需要版本发布之后才能完成。对于那些不升级版本的用户，新实验特性就无法触达了。大部分情况只有80% ~ 90%的用户会完成升级，一部分老用户甚至一直停留在旧版本。版本升级是一个缓慢的过程，一般 App 至少需要 1 ~ 2 周来完成这个升级。此外，现在产品迭代速度非常快，很多 App 在 1 ~ 2 周，最多 1 个月内，就会发布一个新版本。很可能老版本的升级还没有全部完成，又有新版本发布，用户一直处于动态变化的过程中，这种不稳定的状态对于检测实验效果存在一定干扰。现在也有一些新技术使得应用程序可以在后端改变前端的展示效果，使得服务的升级和更改能够迅速完成。

1.2.3　实验指标

实验指标是用于评估实验结果的各项指标数据。从实验评估效果的角度来看，需要实验指标满足两个基本要求。

1. 实验指标能反映实验者的意图

因为实验的效果主要是通过实验指标来判断的，所以对于实验指标的一个基本要求就是，实验指标要能反映实验者的意图。如何理解这句话呢？在线实验中，主要通过用户在产品上的行为来收集数据，这个方式最大的优势是不需要用户做出额外的动作，包括提交问卷等，而只是完全真实地记录用户行为而已。这种不被用户感知的方式，相比于与用户访谈等方式，能更加真实地反映用户行为。

这种数据收集方式带来了一个问题，就是行为数据不能直接反映用户行为的原因。比如，一个用户最近访问次数减少了，或者一个用户一段时间后流失了，这背后的原因可能是产品本身导致的，也可能是受外部因素影响的。从行为数据上是没有办法直接得到答案的，我们只能通过一些行为数据去推测原因，这样的推测也只是一个可能的概率，没有办法得到完全的证实。建立我们关心的产品问题和这些行为数据之间的关联，本质上就是寻找指标的指向性，11.2 节会详细讨论指向性。

2. 实验指标可测、易测

实验指标是评估实验的关键，如果想观察的实验结果无法容易且准确地获得评估指标数据，即使我们进行了实验，也没有办法评估实验结果。在真实环境的测试中，用户的反馈是很难获得的。虽然可以通过电话、邮件或者访谈等方式获得用户反馈，但这些都不能完全反映用户的真实想法。在软件领域，这些实验数据相对容易获得，其他领域的实验数据可能就困难多了。比如，一些社会学类的实验和药物类的实验所需要的数据，可能都需要人工一个个去采集。

有了可采集的实验数据以及相应的实验指标后，另一个关键问题就是需要实验关键指标已达成一致，并且可以实际评估。如果目标太难衡量，那么替代指标达成一致就尤为重要了，这便是 11.3 节将谈到的 OEC。

1.3　AB 实验的 2 个核心价值

本节主要介绍在实验效果评估中，AB 实验的 2 个核心价值：定性因果和定量增长。

1.3.1　定性因果：验证因果关系，确保方向正确

如果仅依靠人的直觉和经验，很难保证每次产品迭代优化的方向都朝着我们期望的方向进行。Google 和 Microsoft 相关统计表明，即使是很有经验的产品经理，正确判断产品策略的概率也只有约 1/3。在凭经验难以做出正确决策的情况下，我们必须有一个有效手段来辅助判断，以提高准确率。方向性的判断是

需要判断本次优化是否在朝着期望的方向进行。简单来说，某个策略的改变是否会导致某个产品指标的改变，其本质是一种因果关系的判断。维基百科对于因果关系的定义是第一个事件"因"和第二个事件"果"之间的作用关系，其中后一事件被认为是前一事件的结果。一般来说，一个事件是很多原因综合产生的结果，而且原因都发生在较早的时间点，而该事件又可以成为其他事件的原因。

在因果关系的定义中有一个关键点——因果发生是有时间前后关系的。这种前后关系，就是我们需要验证的关系：因为产品做了某个改变，所以用户有某种感知；因为改进了某个特征，所以产品在向目标方向前进。

在社会科学领域，AB 实验被广泛用于验证因果关系，也是目前已知的快速、低成本验证因果关系最好的方法。其他大部分数据分析手段，如常见的回归分析、关联分析以及机器学习模型，主要表明的是一种相关性。相关不代表因果，是科学和统计学经常强调的重要概念。两个事物有明显的相关性（即当一件事出现时，另一件事也出现），不一定表示两者之间有因果关系（即一件事出现的原因是另外一件事出现，或者一件事出现的结果是另外一件事出现）。相关性和因果性究竟有何不同？为什么验证因果关系如此重要？我们来看几个具体的例子。

有一个著名的因果关系与相关关系案例是"巧克力消耗量与获得诺贝尔奖的数量"。数据显示，消耗巧克力越多的国家，人均诺贝尔奖数量越高，相关系数 r 达到了 0.791。虽然有很高的相关性，但是我们能通过提高巧克力的消耗来提高获得诺贝尔奖的数量吗？显然是不能的。

相关网站[⊖]收集了很多看起来很荒谬的相关性例子，比如自杀率和科学投入量高度正相关、缅因州的离婚率和人造奶油消耗量高相关等。美国缅因州的离婚率和人造奶油消耗量在 2000 年至 2009 年间达到了极强的相关性，相关系数为 0.992 6。

吃人造奶油和离婚明显是没有因果关系的两件事，吃多点人造奶油不至于让人性情大变而导致离婚，离婚之后也不太可能因为心情沮丧而多吃人造奶油。如果我们的研究目的是找出缅因州离婚率下降的主因，人造奶油消耗量和离婚率之间的相关性有用吗？显然这个相关性的作用是很有限的，你不能据此得出

⊖　网站链接为 http://www.tylervigen.com/spurious-correlations。

结论：少吃人造奶油有助于婚姻和谐。我们希望得到的是真正影响离婚率的因素，这需要有针对性地调查或实验。研究人员可能会想到，是否有一个第三因素，导致缅因州离婚率和人造奶油消耗量共同下降，比如经济形势。

上述示例很好地说明了相关性不能代表因果性。在产品的优化迭代中，因果关系是我们的核心关注点。

- 在信息流领域，推荐系统给用户推荐更小众、更符合用户兴趣的内容，或者推荐更广泛的、多样性更好但是不一定那么贴近用户兴趣的内容，哪种用户的留存率更高？
- 电子购物网站在商品页面和购物车页面给用户优惠红包，哪种用户转化率更高？红包额度多大时，平台收益最多？
- 更醒目的跳转按钮是否会促进着陆页的转化？
- 使用什么样的信息收集话术、选项和交互方式，用户更愿意配合？

以上这些问题都需要待验证的因果关系，这正是 AB 实验可以大展身手的地方。既然最关注的是因果关系，相关性是不是就毫无价值呢？当然不是，相关性在探索性的研究中是很有用的。相关性在实践中预示着某种关系，可以帮助我们确定下一步研究的方向。相关性的典型例子如产品的价格和销量的关系，汽车数量和空气质量的关系。这些相关性的例子都暗示了进一步的因果关系。从经济学的角度看，价格下降会提升需求，从而增加销量。从环境学的角度看，虽然汽车数量增加使得尾气排放量增加，进而导致空气质量变差，但空气质量变差并不是完全由汽车数量增加导致的。

在产品设计和迭代的过程中，我们一般会希望提升日活跃用户数量、用户活跃度、用户留存率、用户使用时长等指标。探索这些目标指标和用户的各种行为、特征之间的关系，通过分析，往往会有以下发现。

- 用户阅读兴趣和信息流曝光内容的重合度和用户活跃度正相关。
- 用户画像的丰富程度和用户活跃度正相关。
- 用户参与互动数量与用户使用时长正相关。
- 用户使用某功能次数与用户留存率正相关。

虽然有如此多相关性的发现，但是实际上，我们并不知道究竟这些关系是如何相互作用的。以"用户参与互动数量与用户使用时长正相关"为例，如果单纯从相关性角度来讲，我们可以认为互动数量与用户使用时长有着很高的相关性。如果该产品的核心 KPI 是用户使用时长，基于这个分析结果，在很多产品中大概率会发生的事情是，产品设计者希望通过一些策略增加互动数量，从而提升用户使用时长。互动是一个显而易见的抓手，而时长很难直接干预。

这个思路究竟对不对呢？我们不知道是因为用户本身就是时长较高的用户，所以参与互动比较多，还是因为用户参与互动多了，时长变长了。这里面可能隐藏着真正的影响因素，比如他本身就是一个活跃用户，互动和时长只不过是高活跃的数据现象。我们没有证据能证明用户参与互动多，使用时间就会长；也没有证据证明用户使用时间长，参与互动就多。这两者之间的因果性是不确定的、未知的。因为产品形态、用户构成等不一样，所以互动和时长之间的因果关系对于不同的产品可能有不同的模式。比如在 A 产品中，用户参与互动数量提升的同时使用时长也提升了；在 B 产品中，用户参与互动数量提升了，使用时间并没有任何变化。正是由于种种复杂性，只有通过 AB 实验才能知道它们之间究竟是否存在因果关系。

综上，不是所有的相关性都有因果关系，也不是所有的相关性都没有因果关系。这一切都需要还原到具体的产品和场景中，通过 AB 实验加以验证。

在实际的产品迭代中，我们最希望找到的是因果性。只有找到了因果性，我们才能知道策略究竟对于目标是不是有直接作用，从而有针对性地做产品优化和提升。AB 实验重要的价值在于，能够帮助我们确定因果关系，确保产品迭代和优化的方向是正确的。

1.3.2 定量增长：实践数据驱动，精细成本收益

AB 实验的重要作用还在于可以准确量化策略效果，从而真正做到数据驱动、精益迭代。如果不能测量一个东西，也就没法优化它。在实践中，量化一般不是问题，最大的问题在于准确量化，量化一定要准确才有意义。不要小看 1% 的差异，即便每次 1% 的变化，一年 365 天累计下来就是 37.8 倍（1.01 的 365 次方等于 37.8）。通过 AB 实验，不但可以验证因果关系，还可以获得具体的量化数据，其意义在于执行策略 A 后，可以得到关注的核心指标究竟能提升多少。这一点非常重要，数据量化不仅能帮助我们及时排除不好的方案，降低新产品或新特性的发布风险，还能帮助我们消除不同的意见纷争，根据实际数据效果确定最佳方案。

为什么 AB 实验可以量化因果效应的效果呢？我们首先需要理解因果推断模型。理解因果推断模型不仅能帮助我们了解为什么 AB 实验可以进行量化，还可以帮助我们更好地理解 AB 实验中常见的一些问题。因果推断常用的模型有两个：一个是著名的统计学家 Donald Rubin 教授在 1978 年提出的潜在结果框架（Potential Outcome Framework，POF），也称为 Rubin 因果模型（Rubin Causal Model，RCM）；另一个是 Judea Pearl 教授在 1995 年提出的因果图模型。这两个模型在本质上是等价的。从数据分析的角度，潜在结果框架更加通俗易懂。下面我们使用潜在结果框架来解释因果推断模型。

用 T_i 表示个体 i 是否进行了某个实验，例如是否被投放了红点、是否被灰度了某功能、画像是否被丰富过、是否被推荐了多样性的内容。实验的个体取 1，对照的个体取 0。$\{Y_i(1), Y_i(0)\}$ 表示个体 i 进行实验和作为对照的潜在结果。例如，$Y_i(0)$ 表示一个用户没有被投放红点时的活跃度，$Y_i(1)$ 表示一个用户被投放红点时的活跃度。由于这些潜在结果在投放红点之前就已经"命中注定"，因此成为"潜在结果"。$Y_i(1) - Y_i(0)$ 表示个体 i 接受实验后的个体因果作用。

不幸的是，每个个体要么接受实验，要么接受对照，$\{Y_i(1), Y_i(0)\}$ 中必然缺失一半，我们用 Y_i 表示个体 i 的观察结果，当用户 $T_i=0$ 时，我们会观察到 $Y_i = Y_i(0)$，否则会观察到 $Y_i = Y_i(1)$。也就是说，两个潜在结果，我们永远只能观察到其中一个，另一个不得而知。由此可见，个体的因果作用是不可识别的。个体观测的结果用公式表示如下。

$$Y_i = T_i Y_i(1) + (1 - T_i) Y_i(0)$$

虽然个体的因果作用不可识别，但是在 T 做随机化分组的前提下，我们可以识别总体的平均因果作用（Average Causal Effect，ACE）。

$$\mathrm{ACE}(T \rightarrow Y) = E\{Y_i(1) - Y_i(0)\}$$

在期望算子满足线性的时候，计算公式如下。（请注意，非线性的算子导出的因果度量很难被识别。）

$$\begin{aligned}
\mathrm{ACE}(T \rightarrow Y) &= E\{Y_i(1) - Y_i(0)\} \\
&= E\{Y_i(1)\} - E\{Y_i(0)\}
\end{aligned}$$

在 T 独立随机化分组的时候，也就是个体参与实验与否完全与结果无关的时候，可以进一步得出如下推导。

$$\text{ACE}(T \to Y) = E\{Y_i(1) - Y_i(0)\}$$
$$= E\{Y_i(1)\} - E\{Y_i(0)\}$$
$$= E\{Y_i(1)\,|\,T_i = 1\} - E\{Y_i(0)\,|\,T_i = 0\}$$

引入一个中间假设变量，实验人群不做实验的潜在结果为 $E\{Y_i(0)\,|\,T_i = 1\}$。平均因果作用转化如下。

$$\text{ACE}(T \to Y) = E\{Y_i(1) - Y_i(0)\}$$
$$= E\{Y_i(1)\} - E\{Y_i(0)\}$$
$$= E\{Y_i(1)\,|\,T_i = 1\} - E\{Y_i(0)\,|\,T_i = 0\}$$
$$= E\{Y_i(1)\,|\,T_i = 1\} - E\{Y_i(0)\,|\,T_i = 1\} + E\{Y_i(0)\,|\,T_i = 1\} - E\{Y_i(0)\,|\,T_i = 0\}$$
$$= E\{Y_i\,|\,T_i = 1\} + E\{Y_i(0)\,|\,T_i = 1\} - E\{Y_i(0)\,|\,T_i = 0\}$$

其中 $E\{Y_i\,|\,T_i = 1\}$ 是实验对于参与实验的人的平均因果效应，$\delta = E\{Y_i(0)\,|\,T_i = 1\} - E\{Y_i(0)\,|\,T_i = 0\}$ 是随机分组带来的选择偏差。如果 AB 实验随机分流足够均匀，实验组（$T=1$ 的用户）和对照组（$T=0$ 的用户）是同质的，这时的选择偏差应该无限接近 0。下面用更简单直观的方式来描述一下这个过程。

ΔT（实验效果）$=T$（实验组用户实验）$-T$（对照组用户不实验）

$\qquad = [T$（实验组实验）$-T$（实验组不实验）$] + [T$（实验组不实验）$-$
$\qquad T$（对照组不实验）$]$

$\qquad = \Delta T$（实验组实验效果）$+\delta$（选择偏差）

上面的公式表明，将实际影响（接受实验的实验人群会发生什么）与反事实（如果他们没有接受实验会发生什么）进行比较是建立因果关系的关键。在随机分配单位给变量的情况下，因为第一项是观察到的实验组用户接受实验与不接受实验之间的差异，第二项选择偏差的期望值为零，所以可以使用 AB 对照实验来评估因果关系。

我们通过上面的数学推演理解了为什么 AB 实验能量化变化并验证其中的

因果关系。正是因为 AB 实验让我们获得了产品迭代与指标之间的因果以及量
化关系，所以说 AB 实验是数据驱动产品迭代与优化的基石。

1.4　AB 实验的 2 个关键特性

　　AB 实验得以在工程中广泛应用和推广，与 AB 实验的 2 个关键特性密不可
分：一个特性是先验性，通过小流量预先获得效果评估；另一个特性是并行性，
多个实验可并行开展。这两个特性也使得 AB 实验具有更高的应用价值和更广
泛的应用场景。

1. 先验性：小流量预先获得效果评估

　　对于产品，特别是互联网产品迭代需要敏捷开发，快速试错。如果采用全
员试错的方式，新版本、新功能全量发布后，发现重大漏洞或者用户体验不好，
然后回滚，不仅对于用户体验的伤害比较大，而且很多时候甚至无法收集到有
效的用户反馈信息。产品在开发者不知情的情况下就被用户放弃了，从而导致
产品失败。这些传统的做法不仅不能满足敏捷迭代的需求，而且需要投入很高
的试错成本。

　　AB 实验能很好地解决上述问题，采用统计学中抽样统计的思路，通过观测
抽样的小样本行为来推断总体样本行为。AB 实验的先验性主要是指通过小流量
的实验方式预先获得实验结果，而不需要等到全量发布。同样是用数据统计与
分析新功能、新版本的效果，以往的方式是先将版本发布，再通过数据验证效
果。AB 实验则是通过科学的实验设计、流量分割与小流量采用的方式来预先获
得实验结论。由此可见，AB 实验是一种"先验"的实验体系，属于预测型结论，
与"后验"的验证性结论相比有很大的优势。

2. 并行性：同一个实验对象可以有多个实验并行开展

　　AB 实验对实验用户进行随机正交分层，一个用户可以同时进行多个不同的
实验。对于不同类型的实验，可以分别在不同的实验层中进行。这样做可以节
省实验流量和时间，特别是在用户量比较小的情况下，能够极大提升实验数量，
从而提升产品迭代效率。并行性涉及的核心原理是正交分层机制，会在第 5 章
详细讨论。

1.5 AB 实验行业应用

2000 年，Google 首次将传统 AB 实验引入到互联网产品改进评估中，用于测试搜索结果页展示多少搜索结果更合适。虽然这次 AB 实验因为搜索结果加载速度的问题失败了，但是这次 AB 实验是一个里程碑，标志着在线 AB 实验的诞生。从那以后，AB 实验被广泛应用于互联网公司的优化迭代。据统计，Airbnb（市值 1 000 亿美元）每周有超过 1 000 个实验，Facebook（市值 10 000 亿美元）每天在线的实验超过 10 000 个。一个公司在线 AB 实验的数量也在一定程度上反映了这个公司的规模、数据驱动文化的成熟度。

1.5.1 AB 实验应用场景

AB 实验被运用到了产品优化的方方面面。在众多应用场景中，有三类非常典型。

1. 推荐类场景

信息流推荐、电商购物推荐、音乐推荐、视频推荐等都属于推荐类场景。推荐系统中的推荐算法，特别是现在广泛应用的深度学习等模型，本身就具有很强的黑盒属性。优化一个特征、一个模型、一路算法、一个参数之后，用户体验如何，是不是向着期望的目标方向移动，都是无法简单通过经验来判断的，通过 AB 实验才能知道。如果不使用 AB 实验进行评估，很难有其他手段验证新推荐策略的效果。这个场景中，AB 实验和推荐系统是相生相伴的，有推荐系统就必须有 AB 实验。

2. 运营类场景

运营活动包括场景的拉新促活（吸引新用户，活跃老用户），各种运营活动中投放的红包、优惠券、短信等。一般这类活动都能带来立竿见影的用户增长或者成交量增长。更为重要的是，从长期来评估，这些投入是否带来了总的正向 RIO。在实际中，很多活动带来的增量是短暂的，用户的长期留存效果往往低于自然流量的长期留存。如果没有 AB 实验的量化，很难说清楚这些活动真实的长期收益。

3. UI 设计和交互类场景

在 UI 设计和交互类场景中，由于按钮、颜色、款式、字体等有太多的选择，而每个人的偏好不同，以至于在产品内部很难达成一致，更不用说面对不同的使用人群。究竟哪个方案是最优的，也只有通过实验的方式进行量化才最具说服力。在没有使用 AB 实验之前，UI 设计师经常面对各种挑战，有人说字体太大，有人说字体太小，往往谁都很难拿出有说服力的证据。而且有的时候由于变化过于细微，肉眼都难以分辨，比如 Bing 的标题色彩的 UI 实验[○]。采用 AB 实验以后，大家就不会因为自己的审美而争执不下了，简单地把 AB 实验的数据结果呈现出来就可以做出决策。

　　这三类场景非常有代表性，分别代表了算法优化黑盒属性、长短期综合收益 ROI、感性决策众口难调这 3 个在产品优化过程中的典型问题。当然，AB 实验适用的场景并不局限在这三类，满足实验基本条件的产品问题基本都可以采用 AB 实验来解决。表 1-1 中总结了常见的实验类型，以及实施 AB 实验的建议程度。注意，这只是常规情况下，结合实际应用中考虑各种实际情况的一个相对建议程度，仅供参考。

表 1-1　不同实验类型的 AB 实验建议程度

实验类型	类型含义	AB 实验建议程度
推荐	将内容、商品等推荐给需求匹配的用户、消费者	☆☆☆☆☆
搜索	理解用户搜索目的后返回搜索结果（内容、排序、展示等）	☆☆☆☆☆
商业化	广告、电商、会员等可以带来商业收益的相关功能和策略	☆☆☆☆☆
产品（功能 /UI）	新版本、新 UI 样式、新功能等	☆☆☆☆
用户增长	用于提升用户新增效果、留存率、活跃度、传播效果的策略实验	☆☆☆☆
渠道运营和投放	在各个渠道上进行广告投放等运营活动	☆☆☆☆
内容类实验	针对文章、短视频、长视频、图片等多种载体的内容池、品类、多样性、调性等进行的实验	☆☆☆
内容运营	基于产品的内容进行内容策划、内容创意、内容编辑、内容发布、内容优化、内容营销等一系列与内容相关的工作	☆☆☆

○　本例图片可通过公众号"AB 实验与产品增长"获得。

（续）

实验类型	类型含义	AB 实验建议程度
底层算法	针对 CV、NLP、知识图谱等底层算法调优的场景	☆☆☆
底层架构	针对整体架构的性能等进行调优的场景	☆☆

从产品研发流程来看，基于 AB 实验的研发流程相比传统产品的研发流程，其优势是全方位的，如表 1-2 所示。

表 1-2　基于 AB 实验的产品研发流程的优势

阶段	传统产品研发流程	基于 AB 实验的研发流程
产品设计	单一版本	同期多版本测试
产品改进风险	不可控	可控
试错成本	极高（全量试错）	低（小流量试错）
产品改动效果	不可量化	可量化
产品决策方向	凭经验，难以抉择	快速决策，积累认知

1.5.2　AB 实验应用案例

本节通过几个案例来介绍 AB 实验在实际应用中发挥的作用和价值。

1. Bing 案例

2012 年，Bing 的一个员工建议改进广告显示方式，将标题下的第一行文字合并到标题行，形成一个长标题行⊖。由于这个方案开始并不被看好，因此优先级较低，被搁置了 6 个月，之后因其代码难度较低而被实施，并投放给真实用户进行评估：随机向一部分用户展示新的标题布局，将用户与网站的互动记录下来，包括广告点击和由此产生的收入。

实验开始几小时后，一个"收入过高"的警报被触发，表示新标题布局的广告产生了太多的收益。这样"好得难以置信"的警报非常有用，因为这通常表明出现严重的漏洞，比如收入情况被记录了两次，或网页只有一个广告显

⊖　本例图片可通过公众号"AB 实验与产品增长"获得。

示，而其余部分被破坏了。然而，对于这个实验来说，其增加的收入是有效的，Bing 的广告收入增长了惊人的 12%。在没有损害关键用户体验指标的情况下，当时仅在美国就转化为每年超过 1 亿美元的收入增长。这个实验因为效果太好而令人难以置信，所以在很长一段时间里被重复做了多次，结果都是大幅的收入提升。

这个实验的价值不仅在于获得了实验本身的成功，同时展示了在线 AB 实验的几个关键问题。

- 直觉和经验通常难以评估一个创意的价值。一个可以创造超过 1 亿美元的简单改变，却被推迟了半年。
- 微小改变也可能带来巨大影响。对于一个程序员来说，几天的工作就能带来 1 亿美元的 ROI 是极其罕见的。
- 极少有能够带来巨大效果的实验。Bing 每年有超过一万个实验，像这样通过简单改变带来巨额收益的情况，近年来仅此一次。
- 友好、强大、易得的实验工具是低成本实验的基础。Bing 的工程师可以访问微软的实验系统 EXP，这使得科学评估变得很容易。
- 整体评估标准十分清晰。在这个实验中，营收就是 OEC 的关键点。只关注营收是不够的，有可能导致网站上广告横飞，这无疑会影响用户体验。Bing 使用 OEC 来衡量收益和用户体验指标，包括每个用户的会话次数（用户流失还是用户黏性增加）和其他几个组成部分。关键在于，营收大幅增长的同时，用户体验指标没有明显下降。

Bing 的实验相关团队由数百人组成，负责每年将单个 OEC 指标提高 2%。这 2% 是每年做的所有实验效果的总和。大多数改进都是逐个实验进行的，而且大多数改进程度轻微，甚至有些迭代的版本的效果是负的。

对于产品来说，重要的不仅是业务指标，还有产品性能。2012 年，Bing 的一名工程师改变了 JavaScript 的生成方式，大大缩短了发送给客户端的 HTML 代码的长度，从而提高了性能，AB 实验也显示了惊人的指标改进效果。Bing 做了一个跟踪实验以评估对服务器性能的影响，结果表明，性能改进还显著改善了关键用户指标，比如服务器加载服务的时间减少了 10ms，此项性能改进带来的收入提升的部分就足以承担工程师全年的成本。

2015 年，随着 Bing 搜索性能的提高，当服务器在不到一秒的时间内返回第

95 个百分位数的结果（即 95% 的查询结果）时，有人质疑性能提高是否还有价值。Bing 的团队进行了后续研究，关键用户指标仍有显著提高。虽然对收益的相对影响有所降低，但 Bing 的收益在这段时间里得到大幅提升，每 1ms 的性能提升都比过去更有价值，每 4ms 的改进所带来的收入可以支付一位工程师一年的工资。多个公司都进行了性能实验，结果都表明性能提升非常关键。在亚马逊，100ms 的减速实验使销售额下降了 1%。Bing 和 Google 的发言人在 2009 年联合发表的一篇演讲揭示了性能对关键指标的显著影响，这些关键指标包括不同的查询、收益、点击、满意度和点击时间。

减少恶意插件也能提升产品体验。虽然广告是一项利润丰厚的业务，但如果用户安装的免费软件包含恶意插件，这些恶意插件就会污染网页上的广告。使用恶意插件的用户不仅页面上被添加了多个广告，而且通常是低质量、不相关的广告，产生了糟糕的用户体验。微软对 380 万潜在受影响的用户进行了 AB 实验，结果显示当实验组通过控制权限减少了恶意插件的使用后，实验组用户的所有关键指标都得到了改善，包括每个用户的访问量。此外，用户搜索能更成功、更快捷地点击有用的链接，年收入也提高了数百万美元。

2. Google 案例

Google 在 2011 年启动了改进广告排名机制的实验。开发工程师测试了改进后的模型，他们进行了数百项 AB 实验，并且进行了多次迭代。有些实验横跨所有市场，有些用于特定市场，以便更深入地了解对广告客户的影响。功能的巨大改动，加上 AB 实验的帮助，最终使得 Google 巧妙地将多个功能进行组合，提升了广告用户的用户体验。Google 以更低的单个广告费用获得了更好的广告效果。

2016 年，Google 对搜索页面的链接颜色进行了测试。当时许多用户反映，当自己输入词汇或短语时，大部分用户会看到 10 条链接，链接名为蓝色，网址为绿色，有一部分用户看到的链接名是黑色。这已经不是 Google 第一次对链接颜色做 AB 实验了，重视搜索结果页面颜色的 Google 经常面向数亿网络用户实时测试多种颜色的效果。在更早的时候，Google 就开始测试不同深浅的蓝色，整整测试了 41 种蓝色，最终筛选出了指标表现最好的，而选用这种蓝色要比其他蓝色每年多为 Google 带来两亿美元的收入。

3. 奥巴马竞选案例

2012 年，奥巴马数字团队对其竞选筹款策略进行了全方位的优化，从网页到电子邮件，无一例外。在 20 个月的时间里，团队进行了约 500 个实验，最终将捐赠转换率增加 49%、注册转换率增加 161%。他们曾策划过一次推广活动，为支持者赢得与总统共进晚餐的机会。在在线表单的设计方案上，研究小组实验了一种流线型文本格式的表单和一种带有总统图像的表单。AB 实验结果显示，后者让参加抽奖的捐款人数增加了 6.9%[○]。

4. 亚马逊案例

2004 年，亚马逊在主页上发布了一个信用卡优惠活动。这项业务虽然单次点击收入很高，但点击率很低。该团队进行了一个 AB 实验，将这项优惠报价移动到用户添加商品后看到的购物车页面，页面上显示了简单的数学计算，突出显示用户如果使用优惠将节省多少费用。因为向购物车添加商品的用户有明确的购买意图，所以该报价显示在了正确的时间点。AB 实验表明，这个简单的改变使亚马逊的年利润增加了数千万美元。亚马逊的 Greg Linden 创造了一个基于用户购物车中的商品展示个性化推荐的模型。当用户添加某个商品时，系统会出现类似商品的推荐。Linden 觉得测试模型看起来很有潜力，而一位营销高级副总裁坚决反对，声称它会分散人们的注意力，让他们不愿意下单支付。Linden 因此被禁止继续研究这个问题。尽管如此，他还是进行了一项 AB 实验，结果是这一功能以巨大的优势胜出，最终购物车推荐功能上线，目前国内的主流电商平台都复用了这一功能[○]。

5. 抖音案例

抖音是字节跳动公司旗下一款创意短视频社交软件。字节跳动非常重视 AB 实验，其实验平台每天新增约 1 500 个实验，服务 400 多项业务，目前累计做了 70 万次实验。从产品命名到交互设计，从改变字体、弹窗效果、界面大小，到推荐算法、广告优化、用户增长，抖音把 AB 实验应用到了每一个业务和每一项决策中。

外界很关心"抖音"名字的由来，这其实就是 AB 实验的结果。当年字节跳动做短视频产品时，有很多候选名字，字节跳动将产品原型起成不同的名字、

⊖⊖　本例图片可通过公众号"AB 实验与产品增长"获得。

使用不同的 Logo，在应用商店做 AB 实验，在预算、位置等条件保持一致的情况下，测算用户对产品名字的关注度、下载转化率等指标表现。AB 实验帮助字节得到了名字的排名，当时"抖音"排到了第一。后来结合其更符合长期认知、更能体现 Logo 形态的特点，"抖音"之名就此确定。充分地进行 AB 实验，是一个能够在很大程度上补充信息的过程，能够消除很多偏见，反映客观的事实。

进入抖音 App 时，可以看到 3 个视频推荐流，一个是基于位置的"同城"标签栏，一个是基于关注关系的"关注"标签栏，另一个是基于兴趣推荐的"推荐"标签栏。把哪个标签栏作为用户进入时的默认内容，用户体验更好，产品的核心指标表现更好呢？通过 AB 实验的方式，对照组用户默认进入"关注"、实验组 1 的用户默认进入"同城"、实验组 2 的用户默认进入"推荐"，最后对比各组的实验数据，选出用户在哪个组的指标表现更好。

通过实验结果发现，有一些用户喜欢默认关注，有一些用户喜欢默认推荐，有一些用户喜欢同城推荐，如何才能达到最优效果呢？这个问题也可以通过 AB 实验的方式进行验证。实验可以这样设计，首先根据用户的特征以及历史偏好，分别计算出进入"关注"和"推荐"这两个标签栏的权重值，比如有的用户的关注量比较大，关注的内容也比较丰富，历史数据表明他们也更喜欢观看自己关注过的内容，这个情况下，"关注"标签栏就会获得较高的权重，成为默认的标签栏。如果用户关注的对象比较少，更愿意通过平台推荐发现一些新鲜的事物，这种情况下，"推荐"标签栏就会获得较高的权重。实验可以设计为如下几组。

- 实验组 1：默认进入"推荐"标签栏。
- 实验组 2：默认进入"同城"标签栏。
- 实验组 3：根据用户各个标签栏的权重决定进入策略。
- 对照组：默认进入"关注"标签栏。

6. 淘宝案例

电商网站淘宝网每天也在进行着各种各样的实验，一般情况下，我们都感知不到正在被实验。就像链接 https://detail.tmall.com/item.htm?spm=a230r.1.14.14.498e4a519c23Vi&id=610851809895&ad_id=&am_id=&cm_id=140105335569ed55e27b&pm_id=&abbucket=2 一样，字段 abbucket 是分配给

实验组用户的，abbucket=2 是分配给对照组的。

　　移动互联网时代，每天我们都使用着各种各样的网络软件产品，进入产品各种各样的实验中。其实每一位产品用户每天都在帮所使用的产品做着 AB 实验，只不过用户在一项实验中只会获得一个特征，无法同时获得其对照的特征，而且用户被分到什么组是完全随机的，用户对实验是无感知的。这种随机性、无感知性也在一定程度上保证了 AB 实验的客观性和可信度。

深入 AB 实验

在第二部分，我们将深入讨论 AB 实验的关键问题和统计学知识，只有掌握这些理论基础才能更好地进行后续实践。在理论基础之上会介绍实验参与单元和随机分流，这两个部分与业务紧密相连，不同的业务和场景有不同的选型和方案，关系到实验效果的评估的可靠性和准确性。SRM 问题和 AA 实验作为保证 AB 实验可靠性的手段，也将重点介绍。实验评估分析中实验灵敏度和实验的长期影响问题是两个较难解决的常见问题，在本部分也会进行讨论。

实验灵敏度		实验长期影响	
AA 实验	实验参与单元 ➡ 随机分流	➡	SRM 问题
AB实验的关键问题与统计学知识			

AB 实验关键问题矩阵

第 2 章

AB 实验的关键问题

在日益浓厚的数据文化中,特别是在互联网领域,大家逐渐养成了"用数据说话""一切都用实验决策"的思维方式。在过去几年里,我们看到 AB 实验大量增长,不仅实验组合更加多样化,每个实验观测的指标数量也大幅增加,有些实验的评估指标甚至增长到了成百上千个。AB 实验的基本原理看似很简单,但在缺乏经验的实验者手中、简陋的 AB 实验平台上还是非常容易出错的。在没有很好的实验指导、良好的平台支撑的情况下,大部分人都无法设计有效的 AB 实验,不能正确地消化这成百上千个实验指标的结果。根据一项调研,实际上可能有三分之一的 AB 实验都存在问题。对 AB 实验的错误解读会导致非最优决策以及对业务增长的不准确预期,从而损害公司的长期利益。

导致 AB 实验结果被误判的原因有很多,从有偏差的实验设计、有偏差的用户选择到有偏差的统计分析,以及试图将 AB 实验结果推广到实验总体、实验时间框架之外等。本章主要基于 AB 实验的基本过程以及 AB 实验所需的基本技术要素,总结在进行 AB 实验的过程中,各个环节上可能存在的问题。

2.1 实验参与对象的 3 个问题

关于实验参与对象主要有 3 个问题。

- 实验参与对象是否被合理随机化。在实际工程中涉及随机函数选择、正交分层框架设计等问题，其本质是考虑随机过程是否真的随机进行了，是否能够消除不同实验组之间用户选择的偏差。即使用性能最好的哈希函数进行分组，也存在出现碰撞等问题的可能。另外，在随机化的过程中，有少量的极值、异常对象会对随机后数据指标产生很大的影响。对于这些问题的检测和解决都是需要考虑的。

- 实验参与对象是否相互独立。AB 实验结果有效需要满足一个基本假设——个体处理稳定性假设（Stable Unit Treatment Value Assumption，SUTVA）。这个假设是指任何实验单元的潜在结果不会随分配给其他单元的处理而变化，每个组中参与对象的行为不受分配给其他组的参与对象的影响。在大多数实际应用中，这是一个合理的假设。然而，在一些情况下，这个假设是不成立的。一旦这个假设不成立，得出的 AB 实验结果就是无效的。对于为什么需要这个假设；什么情况下这个假设不成立；如果假设不成立，该如何处理等 SUTVA 相关的问题，我们会在第 4 章详细讨论。

- 实验参与对象的数量是否足够进行实验评估也是需要考虑的问题。如果实验参与对象的样本量不足，即使得到实验结果，也无法进行有效的实验评估。实验参与对象所需要的样本量与实验需要检测的最小业务变化幅度、显著性水平、业务指标的选择等有着紧密的关系，这些问题我们将在第 3、4、8 章详细进行讲解。

2.2 实验随机分流的 3 个问题

在对实验参与对象随机分流的环节中有如下 3 个关键问题。

- 最小分流单元采用什么颗粒度是最佳的选择，是元素级别、页面级别、会话级别还是用户级别？选择不同颗粒度的最小分流单元，在评估实验效果的时候有什么不同，需要注意哪些问题？这些问题会在第 4 章详细讨论。

- 在分流的时候，如何在不增加实验评估复杂度的情况下实现流量复用，基于产品和各个系统的综合考虑，采用什么样的流量框架是最合适的？采用什么样的随机函数可以提升随机分流的性能？这些问题会在第 5 章详细讨论。

- 对于同一个实验中的各组实验对象，它们是同质的吗？存在 SRM 问题吗？如果存在这些问题，观察到的实验组和对照组之间的差异不是实验导致的，而是引入了其他系统性偏差，这就有可能导致有偏差的结论，甚至反向的结论。获得有偏差的结果是一场噩梦，它使整个 AB 实验徒劳无功。如果没有正确的诊断算法，找出这些偏差的根本原因并修复它，往往比运行 AB 实验本身需要更长的时间。根据一项调查，仅这种 SRM 问题导致 AB 实验无效的比例大约占所有无效实验的 10%。关于随机分流，以及用户 SRM 等问题，会在第 6 章详细讨论。

2.3 实验指标的 2 个问题

实验指标体系包含了两个关键问题。
- 如何建立一个完善的产品指标体系，包括指标的设计、评估、进化和计算等一系列相关问题。
- 如何选择合适的实验评估指标，包括从产品视角、工程视角出发，综合考虑实验指标的指向性和敏感性，以及多个目标指标如何合并为综合评价标准（Overall Evaluation Criterion，OEC）等问题。指标体系很重要且相对独立，我们将在第三部分重点讨论相关的话题。

2.4 实验分析和评估的 3 个问题

在实验分析和评估环节存在的问题更多，也更加难以解决，这部分的问题往往更加个性化和多样化。前面 2.1 ～ 2.3 节谈到的问题，比如实验参与单元数量、随机分流、指标体系等问题可以通过建设实验平台等工具进行规避、监控和解决。实验分析和评估是针对单个实验的，每个实验从目标到指标都有自已的不同之处，不仅需要进行系统化的处理和规范，也需要具体问题具体分析。分析过程中需要对实验设计、产品特性、数据指标以及统计分析的理解相对透彻，才能更好地深入实验评估。分析和评估相关的问题总结归纳起来主要有以下 3 个。

1. 对于统计结果理解是否正确

- 如何解读实验结果中 P 值、置信度、置信区间等的关系？
- 实验得出的相对提升，究竟是一个自然的波动还是真实的实验提升？
- 实验参与单元的数量是否足以检出想要的实验效果？
- 实验统计的 power 值是否充足？
- 实验数据统计精度是否可以检测出业务的提升？

2. 实验分析的过程是否正确

- 在实验过程中有没有进行 AA 实验？
- 在实验过程中有没有进行 SRM 测试？
- 在实验过程中有没有偷窥实验？
- 实验分析过程中，是否存在幸存者偏差、辛普森悖论等问题？
- 局部实验的结果如何推导为全局提升量，转化过程是否正确？

3. 实验分析结果的外推是否正确

如果前面实验中的每一个环节都没有问题，实验组的效果是正向的，那么实验决策决定将这个实验全量（也称发布）到所有用户。这个环节一般来说没有太大难度，在一些特定情况下会有问题，即实验结果被推广到实验的设置之外，不再有效。

- 群体外推：将结果推广到实验群体之外，在一个子群体上进行实验，并假设对整个群体的影响是相同的。
- 时间外推：同样危险的是在实验时间范围之外推广，因为不能确保长期影响和短期影响是相同的。

通常受 AB 实验机会成本的限制，一般实验运行不超过两周，而进行全量实验意味着这个策略会长期作用在线上，一两周的效果是否等于 1 个月甚至 6 个月后的效果是不确定的。当进行 AB 实验时，除了选择正向的策略外，也需要衡量这个策略长期影响的大小。因为实验相关人员希望得到的结果是"如果我们使用某个策略，指标 X 将在下个季度增长 Δ "。这种说法隐含地假定在一个两周长的实验中，测量的影响会持续一个季度，当实验效果是时间依赖时，这显然是不正确的。更为复杂的是，并不是所有的实验指标都会在实验中显示和时间的相关性。

如果没有自动化的检测手段，即使是最有经验的实验者，也很难筛选出数千个指标，寻找与时间相关的实验效果。对于有哪些常见的时间依赖的实验效果，如何发现它们，以及如何评估长期实验效果，我们将在第 9 章详细讨论。

上面介绍的实验分析问题在很多 AB 实验中都没有被很好地回答，它们在 AB 实验中特别容易出现，并影响实验结果，最终得到的是一些错误的解读和结论。统计一个数字容易，得到可信可靠的实验结论是不容易的。我们可以很容易地统计出 B 组策略比 A 组策略的点击率高 2.7%，B 组策略上线之后真的可以将点击率提高 2.7% 吗？如果没有实验系统以及科学的实验方法，那么很难保证最终效果。

参与 AB 实验的人大多遇到过一个令人头疼的问题：实验的结果是正向的，全量上线后大盘数据却没有涨。这是一个复杂的系统问题，可能有多种多样的原因，除了我们上面谈到的那些影响 AB 实验的问题外，还有一个原因就是统计本身的概率问题。因为我们采用的是统计中的假设检验来判断实验结果，本身就存在犯错误的概率。比如我们采用 95% 的置信度，那么犯第一类错误的概率是 5%（AB 实验中，A 组没有效果，而实验系统判定 A 组为有效果的错误是第一类错误），犯第二类错误的概率最高有 95%。

实验系统中，用户设置 95% 的置信度，此时需要承担 5% 的第一类错误风险。在一切都正常的情况下，A 组实验有效果，全量上线之后没有效果的风险有 5%。这个情况无法避免，大约 20 次实验中就会出现一次。换句话说，如果 20、30 次实验中出现了 1～2 个实验，虽然实验效果正向，但是全量后没有效果，其实这是一个正常现象，在可以接受的范围内。如果做了不到 10 个实验，就出现了 2～3 个以上实验效果正向，全量后没有效果的情况，那么实验方法和系统大概率是有问题的，而且问题大概率来自本章讨论的这些问题。在第 3～9 章我们会针对这些问题产生的原因、如何识别、如何避免和处理展开详细讨论。

第 3 章

AB 实验的统计学知识

　　因为整个 AB 实验的过程涉及大量统计学知识，所以我们在第 3 章专门讲解统计学相关的知识。AB 实验是先从全体用户中随机抽取一小部分用户作为样本进行实验，然后基于样本用户的实验效果推断全体用户表现。如何保证推断过程的科学性以及对结果进行解读和判断，涉及统计学相关理论的支持。虽然市面上有很多关于概率论和统计学的图书，但是书本上的知识和 AB 实验的应用场景还是有一定差异。在没有实战经验的情况下将理论和实际进行对应和结合有一定难度。很多场景不满足理论假设，同时实践也需要考虑业务场景、产品特性、工程实现、计算性能、效率等问题。

　　本章采用贴近生活和工作的实际案例，帮助读者更好地理解概念背后所代表的含义，以便在 AB 实验中灵活应用这些概念。虽然已经尽量用简单易懂的方式来叙述，但这一章相对来说，还是有些抽象难懂。不过理解这些底层原理和概念非常有必要，这对于正确理解 AB 实验以及正确开展实验和评估实验都很有帮助。图 3-1 所示是 AB 实验相关的统计学知识图谱，读者可以根据这个图快速抓住学习的路径和重点。

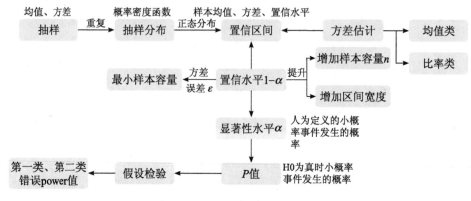

图 3-1　AB 实验统计学相关知识

3.1　随机抽样和抽样分布

抽样是从总体中抽取一部分个体组成新集合的过程。简单随机抽样是通过逐个抽取的方法抽取一个新样本，且每次抽取时个体被抽到的概率相等。简单随机抽样有两个要求：1）个体来自同一个总体；2）个体的抽取是独立的，被抽到的概率相同。

抽样的意义在于通过小部分抽样用户的表现去估计全部用户的表现。因为无论是工业上实体物品检查，还是虚拟互联网里的用户实验，一般都不可能对所有的物品进行检查，或者对所有的用户进行实验，这不仅成本很高，而且通常是不可行的，所以我们希望只用一小部分用户的表现，就能推论出所有用户的表现。这里所说的表现，主要是通过量化后的指标来衡量，比如用户数、用户使用时长、用户留存、用户点击率等。用来估计这些指标的两个重要的统计量（或者说统计参数）是均值和标准差。

举个例子，某个 App 应用中，全体日活跃用户有 500 万个，用户人均使用时长指标的总体均值为 μ，总体标准差为 σ。从这 500 万个用户中随机抽取 100 个，这 100 个用户就构成了一个简单随机样本。这 100 个用户的使用时长的均值为样本均值 $\bar{x}$，样本标准差为 s。样本均值 $\bar{x}$ 又称为总体均值 μ 的点估计量，样本标准差 s 称为总体标准差 σ 的点估计量。$\bar{x}$、s 的计算公式如下。

$$\bar{x} = \frac{\sum x_i}{n}, \; s = \sqrt{\frac{\sum_{i=1}^{n}(x_i - \bar{x})^2}{n-1}}$$

具体数据如表 3-1 所示，总体均值为 20min，样本均值为 20.5min，总体标准差为 1.6min，样本标准差为 1.5min。

表 3-1　100 人组成的简单随机样本的点估计值

总体参数	参数值	点估计	点估计值
总体均值 μ	20min	样本均值 x	20.5min
总体标准差 σ	1.6min	样本标准差 s	1.5min

不难理解，由于样本只是抽取了总体的一小部分用户，因此样本均值和总体均值肯定有所差异，可以用如下公式来表达。

$$\mu = \bar{x} + \varepsilon$$

公式中的 ε 就是两者之间的差异，那么这个差异到底有多大，会在什么范围内呢？这是我们在估计的时候需要掌握的。在实际中，很多时候不知道总体的真实均值 μ，需要通过样本均值以及偏差 ε 去估计。由于样本均值 $\bar{x}$ 可以通过样本直接计算，因此重点是需要找到偏差 ε。

如何计算 ε 呢？直观来看，抽样的用户数量越大，样本均值和总体均值的差异就越小，如果逼近全体用户，样本均值 $\bar{x}$ 就会无限接近总体均值 μ。当无法得到全部用户数据时，是否可以采用反复抽取 100 个用户的方法，得到不同的随机样本呢？假设重复这个随机抽样过程 1 000 次，得到 1 000 组简单随机样本，每组随机样本都包含了 100 个用户。对这 1 000 组随机样本分别求均值，就得到了 1 000 个样本均值 $\bar{x}_1$、$\bar{x}_2$、$\cdots$、$\bar{x}_{1000}$，它们就形成了样本均值 $\bar{x}$ 的一个抽样分布。通过这个分布，我们就能将样本均值 $\bar{x}$ 与总体均值 μ 的接近程度做一个概率度量。样本均值 $\bar{x}$ 实际上就是一个随机变量，它也有均值、标准差和概率分布。通过数学推导，可以得出如下公式。

$$E(\bar{x}) = \mu$$

$$\sigma_{\bar{x}} = \frac{\sigma}{\sqrt{n}}$$

上面的公式表明样本均值 $\bar{x}$ 的数学期望等于总体均值，标准差等于总体标准差除以 $\sqrt{n}$（注：这个公式适用于总体有限）。有了这两个参数，确定 $\bar{x}$ 的概率分布就可以得出 $\bar{x}$ 抽样分布特征。样本的概率分布有两种情况：1）总体服从正态分布；2）总体不服从正态分布。当总体服从正态分布时，任何样本容量的样本均值 $\bar{x}$ 的抽样分布都是正态分布。当总体不服从正态分布时，通过中心极限定理（Central Limit Theorem，CLT）可以确定 $\bar{x}$ 的抽样分布。

中心极限定理是从总体中抽取容量为 n 的简单随机抽样，如果 n 足够大，则样本均值 $\bar{x}$ 的采样分布将近似于正态分布，而与该变量在总体中的分布无关。统计研究人员分析各种不同总体（比如常见的均匀分布、兔耳分布、指数分布等）在不同样本容量下的抽样分布，发现当样本容量大于 30 时，$\bar{x}$ 的抽样分布可用正态分布近似；当总体严重偏态或者出现异常点，样本容量达到 50 时，也近似正态分布[⊖]。当总体为离散型时，需要的样本容量一般依赖于总体的比例。以常见的均匀分布为例（图 3-2 中正态分布为 1～5 的均匀分布），在不同的样本容量下，其抽样分布形状如图 3-2 所示，当 $n>5$ 时，其分布逐渐向正态分布靠近；当 $n=15$ 左右时，已经可近似视为正态分布。

关于抽样分布的形态，我们有如下总结。

- 如果总体分布为正态分布，样本容量 n 为任意数，u 的抽样分布都是正态分布。
- 如果总体分布为非正态分布，样本容量 $30<n<50$，u 的抽样分布可用正态分布近似。

中心极限定理非常重要，它意味着即使原始数据分布不是正态的，从中抽取样本后，样本均值的分布也是正态的。这样我们就可以用均值的正态分布来估计置信区间，进而可以进行参数检验（如 t 检验等），来评估两个样本均值之间是否存在差异。

⊖ 详细内容可以参考《商务与经济统计（原书第 13 版）》。

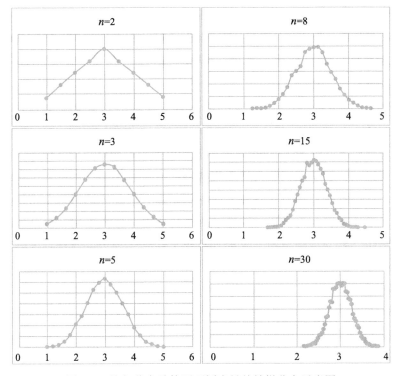

图 3-2　均匀分布总体下不同容量的抽样分布示意图

由于案例中采用的抽样样本容量为 100，远大于 50，因此可以视为近似服从正态分布，近似画出样本均值 $\bar{x}$ 的抽样分布，如图 3-3 所示。

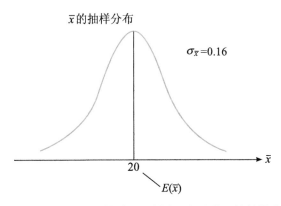

图 3-3　100 个用户的简单随机样本时长均值 $\bar{x}$ 的抽样分布

这里需要特别注意两个概念——样本容量和样本量。

- 样本容量：每个随机样本里面个体的个数。例子中样本容量是 100。
- 样本量：随机抽样的次数，即得到的样本数量。例子中样本量是 1 000。

虽然 $E(\bar{x}) = \mu$ 与样本容量无关，但是样本标准差 $\sigma_{\bar{x}}$ 和样本容量有关，样本容量越大，标准差 $\sigma_{\bar{x}}$ 越小。如图 3-4 所示，从图形上看，样本容量为 10 万的钟形比样本容量为 50 000 的更集中、更尖，说明样本容量越大，钟形越集中、越尖。从数学上反映为样本均值落在总体均值某一特定范围内的概率也越大。这符合我们的直观认知，样本容量越大时，我们对这个事情的确定性越高。当样本容量为极限，即等于总体样本中个体数 N 时，钟形就会收缩为一条竖线。基于抽样分布，就能计算出 $\bar{x}$ 在总体均值 μ 附近一定距离内的概率。

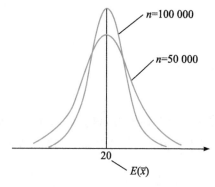

图 3-4　不同样本容量的简单随机样本中 $\bar{x}$ 的抽样分布

假设产品人员认为人均时长指标样本均值在总体均值 ±0.05 min 以内，样本均值是总体均值一个可接受的估计值，问题就转换为根据 100 用户组成的简单随机样本，得到的样本均值在总体均值 ±0.05 min 的概率是多少？

如果总体均值已经确定为 20 min，问题就变成样本均值介于 19.95～20.05 min 的概率。图 3-5 所示的抽样分布中，阴影部分的面积恰好等于这个概率值。由于抽样分布是正态分布，均值为 20 min，标准差为 0.16 min，因此我们就可以通过标准正态分布概率表来查找这个概率（曲线下的面积）。

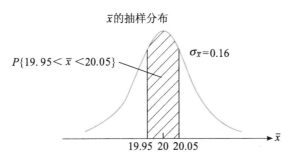

图 3-5　样本均值在总体均值附近 ±0.5 的概率

首先计算区间右端点 20.05 对应的 Z 值，通过查表得到曲线下方该点左侧区域的面积。再计算左侧点 19.95 的 Z 值，通过查表得到该点左侧区域的面积。最后两者相减就得到了所求概率。

$$z(20.05) = \frac{20.05 - 20}{0.16} = 0.312\,5，查表得到累积概率为 0.621\,7。$$

$$z(19.95) = \frac{19.95 - 20}{0.16} = -0.312\,5，查表得到累积概率为 0.378\,3。$$

$$P\{19.95 < \bar{x} < 20.05\} = P\{\bar{x} < 20.05\} - P\{x < 19.95\} = 0.621\,7 - 0.387\,3 = 0.234\,4$$

上述计算说明，由 100 个用户组成的简单随机样本中，以 0.234 4 的可靠性保证样本均值 $\bar{x}$ 在总体均值附近 ±0.05 min 以内，即样本均值与总体均值差异大于 ±0.05 min 的概率为 1−0.234 4=0.765 6。也就是说，大概只有 23.4% 的机会使得样本在认可的范围内。由于这个概率明显偏低，因此需要考虑增加样本容量，使得钟形更加集中，以提升样本在这个范围内的概率。这是因为当 $n=N$（无穷大）时，样本均值 $\bar{x}$ 在总体均值 20 min±0.05 min 的概率会接近 100%。

3.2　区间估计和置信区间

通过构造抽样分布，并且抽样分布符合正态分布，查找标准正态概率表可以知道，任何整体分布随机变量都有 95% 的值在总体均值附近 ±1.96 个标准差 $\sigma_{\bar{x}}$ 内，即有 95% 的概率可以相信区间 $[-1.96\sigma_{\bar{x}}, +1.96\sigma_{\bar{x}}]$ 内包含总体均值 μ。区间 $[-1.96\sigma_{\bar{x}}, +1.96\sigma_{\bar{x}}]$ 称为 95% 的置信区间，此区间是在 95% 的置信水平下建立的。将这区间扩展为如下更具有普遍意义的公式。

$$\left[\bar{x} - z_{\alpha/2} \frac{\sigma}{\sqrt{n}}, \ \bar{x} + z_{\alpha/2} \frac{\sigma}{\sqrt{n}} \right]$$

式中 α 是显著性水平，那么置信水平就是 $1-\alpha$，$z_{\alpha/2}$ 是标准整态概率分布上侧面积为 $\alpha/2$ 时的 Z 值。表 3-2 中展示了常用的置信水平下的 Z 值。

表 3-2　常用的置信水平的 $z_{\alpha/2}$ 值

置信水平	α	$\alpha/2$	$z_{\alpha/2}$
90%	0.1	0.05	1.645
95%	0.05	0.025	1.960
99%	0.01	0.005	2.576

置信区间中的 $z_{\alpha/2} \frac{\sigma}{\sqrt{n}}$ 称为边际误差，和公式 $\mu = \bar{x} + \varepsilon$ 中想要找的 ε 存在对应关系。

3.3　样本容量和边际误差

基于抽样分布中样本容量以及边际误差的分析，想要增加置信水平有两个方法。

- 可以通过增加样本容量 n 来改变分布形状，使钟形更加集中。这方法的好处是可以在不增加边际误差的情况下增加置信水平。
- 增大边际误差，即增加置信区间的宽度，可以在不改变样本容量的情况下，增加置信水平。

不同的指标类型，有不同的边际误差计算方法。指标主要分为均值类指标和比率类指标两种。

3.3.1　均值类指标

均值类指标的边际误差公式如下。

$$\varepsilon = z_{\alpha/2}\frac{\sigma}{\sqrt{n}}$$

不难看出，边际误差和样本容量成反比，和方差成正比，和显著性水平成正比。在实际运用中，由于显著性水平的要求是相对固定的，一般为 95%，变化空间比较小，因此方差一般是由样本数据计算得出，能通过一些手段，比如指标选择、异常处理等（详见第 8 章）进行改变。指标选择、指标计算方式的流程固化后，改变的空间就比较小了。在这个情况下，当我们需要获得更小的边界误差的时候，就需要更大样本容量 n。究竟需要多大的样本容量 n 才能满足需要的边界误差呢？我们可以根据如下公式推导得出。

$$n = \frac{(z_{\alpha/2})^2\sigma^2}{\varepsilon^2}$$

这个公式的含义是，在当前的方差水平下，要以 $1-\alpha$ 的把握检测出边际误差不大于 ε 的变化，至少需要 n 个样本。边际误差究竟是指什么呢？直观来说就是在统计中，业务人员主观上可以接受的误差范围。在用户使用时长的案例中，业务人员可以接受的误差为 0.05min 内，则需要的样本容量如下。

$$n = \frac{1.96^2 \times 0.16^2}{0.05^2} = 3\,933$$

如果需要将边际误差减少到 0.1min 内，则需要的样本容量如下。

$$n = \frac{1.96^2 \times 0.16^2}{0.1^2} = 983$$

再举一个例子，已知一个公司的员工工资方差是 500 元，调查人员希望通过抽样调查的方式获得所有员工的平均工资。调查人员认为，估计出来的平均工资有 95% 的概率（置信水平）在真实平均工资 100 元（边际误差）左右浮动，是可以接受的。需要抽取多少个员工进行统计作为一个样本，才能满足上述边际误差的要求呢？计算公式如下。

$$n = \frac{1.96^2 \times 500^2}{100^2} = 96.04$$

根据公式计算，抽取 97 名员工进行统计就可以满足要求。如果希望这个估计范围更加准确，设定边际误差为 50 元，也就是分析人员认为，估计出来的平均工资要在真实值 50 元上下浮动，那么所需样本量如下。

$$n = \frac{1.96^2 \times 500^2}{50^2} = 384.16$$

这次需要抽取 385 名员工进行统计才可以满足要求。可以看出，边际误差减少为原来的 $\frac{1}{2}$ 时，所需样本容量变成原来的 4 倍，是指数级关系。

在应用中，应该根据实际需要来提出边际误差。在满足业务需求的情况下，尽量采用较大的边际误差水平。本例中，边际误差减少一半，所需要的样本容量就变为原来的 4 倍，实验参与用户增加了，就可能延长实验周期，相应地增加了实验计算量。如果实验有负面影响，那么受到影响的用户增加了，就可能扩大商业收入的损失。因为边际误差是业务需要检出的最低变化幅度，所以又称为最小检出水平。

3.3.2 比率类指标

比率类指标 $\bar{p}$（比如点击率）的方差计算和均值类指标有所不同，不过样本容量和边际误差计算原理类似，不难推导出比率类指标的区间估计公式。

$$\left[\bar{p} - z_{\alpha/2}\sqrt{\frac{\bar{p}(1-\bar{p})}{n}}, \ \bar{p} + z_{\alpha/2}\sqrt{\frac{\bar{p}(1-\bar{p})}{n}} \right]$$

$$n = \frac{(z_{\alpha/2})^2 \bar{p}(1-\bar{p})}{\varepsilon^2}$$

注意，这里由于 $\bar{p}$ 在抽样前是未知的，因此需要用一个近似值来代替它。近似值的选取方法如下。

- 使用经验值或者通过小样本抽取、计算出一个近似 $\bar{p}$ 值。
- 如果上述方法不可行，可以取 $\bar{p} = 0.5$，保证 n 取的是一个最大值，也就是说 $\bar{p}$ 为任何其他情况，所需要的样本容量都会比 $\bar{p} = 0.5$ 时需要的样本容量小。

举一个例子，一般推荐信息流中，点击率为 10%，那么 $\bar{p}=0.1$，按照 5% 的变化幅度，该指标的边际误差为 10%×5%=0.005，可计算出此时需要的实验样本容量如下。

$$n = \frac{(z_{a/2})^2 \, \bar{p}(1-\bar{p})}{\varepsilon^2} = \frac{1.96^2 \times 0.5 \times (1-0.5)}{(10\% \times 5\%)^2} = 38\,416$$

这个数据表示的含义是，用 38 416 个用户估计出整体用户的平均点击率，有 95% 的概率误差在 5% 范围内。

3.4   假设检验

本节将详细介绍为什么在 AB 实验中需要采用假设检验的方法来评估实验效果，而不是简单地进行大小比较，以及在实验中，假设检验是如何工作的。

3.4.1   为什么需要假设检验

AB 实验和假设检验有什么关系呢？假设有一个 AB 实验是从总体用户中随机抽样 A、B 两组进行实验，每组 10 000 个用户。A 组用户作用了新策略，B 组用户保持原有策略不变，作为对比的基线，即对照组。通过实验，分别收集 A、B 两组用户所关心的指标，假设实验最关键的指标是人均时长，得到 A 组的人均时长为 20min，方差为 4min；B 组的人均时长为 19.95min，方差为 4min。基于这些实验数据，想要知道作用了新策略的 A 组用户的人均时长 t_A，是不是比 B 组用户的人均时长 t_B 更长。

首先能想到的直观又简单的方法是直接比较 t_A 和 t_B 的大小。然而不能这样做。如果只是通过简单的均值比较，就判断出 A 组效果比 B 组效果好，这和真实的情况是存在偏差的。抽样样本可以构造出一个区间，这个区间以一定的概率（置信度）包含总体均值。实验组 A 和对照组 B 现在可以各自构造出一个 95% 的置信区间，意味着 A、B 两组样本的总体落在这两个区间的概率是 95%。

A 组总体人均时长 95% 的置信区间如下。

$$\left[20 - 1.96 \times \frac{4}{\sqrt{10\,000}},\ 20 + 1.96 \times \frac{4}{\sqrt{10\,000}} \right] = [19.92, 20.08]$$

B 组总体人均时长 95% 的置信区间如下。

$$\left[19.95-1.96\times\frac{4}{\sqrt{10\,000}},19.95+1.96\times\frac{4}{\sqrt{10\,000}}\right]=[19.87,20.02]$$

不难发现，A 组的置信区间和 B 组的置信区间是交织在一起的，这说明在 95% 的置信度下，A 组总体均值既可能大于 B 组，也可能等于 B 组，还可能小于 B 组。而且这两个区间重合比例越高，就越难断定 t_A 和 t_B 的大小。比如两个双胞胎，体重很接近，哥哥可能早上多吃一点就比弟弟重，晚上弟弟多吃一点就比哥哥重，我们很难用一个时刻的体重作为判断他们谁轻谁重的依据。模棱两可的结果大家都很难接受，还是希望尽量得到一个相对明确且可信的结果。这个时候就需要用到假设检验。

3.4.2 如何进行假设检验

假设检验的核心思想是小概率事件在一次实验中几乎不可能发生。假设检验就是利用这个小概率事件的发生进行反证。

假设检验的基本过程如下。

1）做出一个假设 H0，以及它的备择假设 H1（H0 的对立假设）。

2）在 H0 成立的情况下，根据置信度构造出一个小概率事件。

根据抽样的结果，观察小概率事件是否发生，如果发生了，那么我们就可以拒绝原假设 H0，接受 H1；如果没有发生，这个时候就不能拒绝原假设 H0。需要特别注意的是，不能拒绝原假设不等于接受原假设，只能说差异还不够显著，不能达到拒绝 H0 的程度。下面我们通过几个生活实例来理解假设检验的过程。

1. 抽签游戏

有 4 个同学，小明、小军、小兰和小美，抽签决定放学后谁留下来扫地。盒子里面有 4 张纸条，其中 3 张白纸和 1 张写着"扫地"的纸。每个人抽签，如果没有抽中，就把纸条放回盒子中。

1）作出原假设 H0：小明没作弊；其备择假设 H1：小明作弊了。

2）基于小明没有作弊的假设 H0，构造小概率事件——小明没有抽中的概率如下。

- P（小明抽 1 次没有抽中）=3/4=0.75
- P（小明抽 3 次没有抽中）=3/4×3/4×3/4≈0.42
- P（小明抽 12 次没有抽中）=3/4×3/4×⋯×3/4≈0.032

小明抽 12 次都没有抽中的概率约为 3.2%，是一个小概率事件，如果真实发生了，那我们就可以拒绝 H0，接受 H1，认为小明作弊了。

这从现实生活中也不难理解，一个人抽了 12 次都没有抽中，这肯定不符合常理，作弊的可能性更大。当然也不排除小明确实运气太好了，抽了 12 次都没有抽到，而这样的好运气发生的概率是非常小的。

2. 扔骰子游戏

小明和小红玩扔骰子的游戏，每次扔到 6 点的概率是 1/6。

1）作出原假设 H0：小明没作弊；其备择假设 H1：小明作弊了。

2）基于小明没有作弊的假设 H0，构造小概率事件——小明连续 3 次都扔到 6 点的概率是 1/6×1/6×1/6≈0.46%，这是一个概率很低的事件，也就是一个小概率事件。

现在观察小概率事件是否发生，如果观察到小明扔 3 次都扔到 6 点，小概率事件发生了，这就证明原假设 H0 不成立，即小明没有作弊不成立，也就是说小明作弊了。如果只观察了 1 次，小明扔到 6 点这个事件在 H0 为真的情况下，发生的概率是 1/6≈16.67%，这就不算一个一般意义上的小概率事件。这个时候我们就不能拒绝原假设 H0，不能说小明作弊了，同时我们也不能说小明没有作弊，只能说判断的条件还不够，实验还需要继续观察，直到小概率事件发生。

上面两个例子在进行假设检验的过程中有一个共同的关键点——关于小概率事件的界定。究竟多小的概率算小概率事件，这主要取决于实际的业务场景，可以理解为能容忍犯第一类错误的概率。第一类错误的含义是虽然 H0 假设成立，但是拒绝了 H0 假设的概率（详见 3.4.3 节），也是通常所说的显著性水平。一定要明确的是，**显著性水平是人为定义出来的概率值，和实际实验观察是没有关系的**。显著性水平不是一个固定不变的数字，值越大，原假设被拒绝的可能性就越大。显著性水平应根据所研究问题的性质和对结论准确性的需求而定。一般来说，在实际的 AB 实验中，显著性水平取 5% 是比较常见的。

以扔骰子为例，假设给定的显著性水平是 5%，也就是说，如果观察到一个发生概率小于 5%（显著性水平 α）的小概率事件发生了，比如小明连续扔 3 次都是 6 点这件发生概率为 0.46% 的小概率事件发生了，我们就拒绝原假设 H0，接受它的备择假设 H1，认为小明作弊了。做出这个决策的时候，犯第一类错误的可能性就是 0.46%。也就是说，在小明没有作弊的情况下，这件事发生的概率是 0.46%，因为我们认为只要犯错误的概率低于 5%（显著性水平 α）就可以接受，那么就可以采用这个决策。

如果犯错误的概率只接受低于 0.1%，这时拒绝 H0 犯错误的概率为 0.46%，还不能做出拒绝 H0 的决策。怎么办呢？我们可以让小明继续扔一次骰子，如果观察到此时仍然是 6 点，那么这件事情发生的概率就是 $1/6 \times 1/6 \times 1/6 \times 1/6 \approx 0.077\%$，低于显著性水平 0.1%，这个时候就可以在显著性水平为 0.1% 下做出决策——小明作弊了。

一般来说，常见的显著性水平设置为 5%，即如果一个发生概率低于 5% 的事情发生了，就拒绝原假设 H0。如果希望降低犯错误的概率，就要把显著性水平设置得更低一些。比如在一些医学实验上，这个阈值可能会调整为 1%，甚至 0.1%。有一些场景，对于犯第一类错误的容忍度比较高，则会把显著性水平调得更高，比如 10%。

下面我们用一个"产品新策略对产品人均时长是否有影响"的 AB 实验来看一下假设检验的过程。实验基本假定是，实验分为实验组 A 和对照组 B，实验组 A 在新策略作用下人均时长为 t_A，对照组 B 在老策略作用下人均时长为 t_B。实验设计者想知道新策略对比老策略，人均时长究竟有没有提升。下面尝试用假设检验的方法来解答。

首先给出原假设 H0：A 组相对 B 组的用户，人均时长没有显著差异。

原假设 H0：$t_A = t_B$，等价于 $\Delta t_{AB} = t_A - t_B = 0$。

然后给出备择假设 H1：A 组相对 B 组的用户，人均时长有显著差异。

备择假设 H1：$t_A \neq t_B$，等价于 $\Delta t_{AB} = t_A - t_B \neq 0$。

注意，这里时长 t_A、t_B 指的是总体用户，而实际得到的是做实验时抽样样本的数据指标 $\overline{t}_A$、$\overline{t}_B$，$\overline{t}_A \to t_A$、$\overline{t}_B \to t_B$，于是问题转变为

$$\Delta t = \overline{t}_A - \overline{t}_B。$$

从直观上来讲，如果 Δt 非常小，接近于 0，那么几乎可以认为原假设 H0

为真。如果 Δt 非常大，就有理由拒绝原假设。现在的问题是，Δt 究竟需要多大，才足够认为 A、B 两组有差异；需要多小，才足够认为 A、B 两组没有差异呢？如果我们在一次实验中观察到 $\Delta t = 0.2$，能不能拒绝原假设 H0 呢？

假设检验的步骤如下。

第一步，给出原假设 H0，即 A 组和 B 组人均时长没有显著差异：$\Delta t = t_A - t_B = 0$，其备择假设 H1，即 A 组和 B 组人均时长有显著差异：$\Delta t = t_A - t_B \neq 0$。

第二步，在假设 H0 成立的情况下，将没有差异的两组进行 AA 实验（见第7 章），只有 3% 的情况发生了 $|\Delta t| \geqslant 0.2$。假设我们设定事情发生的概率低于 5%，就是一个小概率事件，那么说明这是一个小概率事件，一般很难发生的事情发生了，可以推论大概率原假设 H0 不成立。

在这个过程中，我们注意到有两个关键的数据——3% 和 5%。5% 的意义在于人为定义了一个显著性水平 5%，用于判断小概率事件。3% 就是在 H0 为真的情况下，小概率事件发生的真实概率。3% 是通过实验获得的样本均值和方差，再利用其符合正态分布，通过构造分布曲线计算出来的。

显著性水平 α 和 P 值是假设检验中关键的两个概念。显著性水平 α 是人为定义的用于判断是否为小概率事件的阈值，如果低于该阈值，则认为是小概率事件，也是可以接受判断发生错误的概率。P 值是小概率事件发生的实际概率，如果 P 值 < 显著性水平，则认为小概率事件发生了，拒绝原假设 H0。

用假设检验的方法进行判断就变得简单多了，方式如下。

P 值 $< \alpha$ 时，就可以拒绝 H0，接受 H1。

以产品新策略对产品人均时长是否有影响的实验为例：拒绝 H0，接受 H1，就是认为备择假设 H1：$t_A \neq t_B$ 成立，即实验组 A 和对照组 B 的指标有显著差异，新策略有显著效果。

因为 α 是人为规定的，所以假设检验问题就可以简化为如何计算 P 值。在正态分布时，P 值和 t 值有一个对应关系，求 P 值可以转化为求检验统计量 t 值，对于双总体，方差未知的抽样问题有如下计算。

$$z = \frac{(\bar{t}_A - \bar{t}_B) - u_0}{\sqrt{\dfrac{s_A^2}{n_A} + \dfrac{s_B^2}{n_B}}} = \frac{(\bar{t}_A - \bar{t}_B) - 0}{\sqrt{\dfrac{s_A^2}{n_A} + \dfrac{s_B^2}{n_B}}} = \frac{0.2 - 0}{\sqrt{\dfrac{4^2}{10\,000} + \dfrac{4^2}{10\,000}}} = 3.539$$

当 $\alpha = 0.05$ 时，对于双侧检验 $t_{\alpha/2} = t_{0.025} = 1.96$，如果 $t \leq -1.96$ 或者 $t \geq 1.96$ 就会拒绝 H0，这时就可以拒绝 H0，认为 A 组与 B 组有显著差异。

到这里，自然会进一步想到，如果实验中观测到 $\Delta t < 0.2$，能说明两组没有差异吗？或者说观测到 Δt 小于多少的时候，能认为两组数据没有差异呢？

如果 $\Delta t = 0.15$，这时 $t = 2.66$，$t > t_{0.025} = 1.96$，此时可以拒绝 H0，认为 A、B 有差异。

如果 $\Delta t = 0.1$，这时 $t = 1.77$，$t < t_{0.025} = 1.96$，此时无法拒绝 H0。需要特别注意的是，这时也没有办法接受 H0，说 A、B 没有差异。为什么呢？因为这个时候，我们不知道是由于检验精度不够导致结果不显著，还是确实没有效果。怎么办呢？还需要另外一个指标——功效一起作出判断。

重点关注

P 值是 H0 为真的时候，观察到实验数据出现的概率，本质是关于 H0 为真的一个条件概率。

如果 P 值 < 显著性水平，则认为小概率事件发生了，拒绝原假设 H0。

P 值的取值范围是 $[0,1]$，一般来说，P 值越小越能反映 A、B 之间是有差异的。当 P 值比显著性水平大时，却不可以说 A、B 没有差异，即不能得出任何结论。

P 值经常被曲解，常见的关于 P 值的错误陈述和理解如下。

误解 1：如果 P 值 =0.05，则 H0 假设只有 5% 的可能性为真。

更正：P 值是在假设 H0 为真的情况下计算的，而不是 H0 假设为真的可能性。

误解 2：差异不显著（如 P 值 >0.05）表示组间无差异。

更正：当 AB 实验的置信区间包含 0 时，并不意味着 0 比置信区间内的其他值更有可能。没有差异很可能是实验的功效不足导致的。

误解 3：P 值 =0.05 表示我们观察到的数据在 H0 假设下只有 5% 的概率会出现。

更正：根据 P 值的定义可知，这个说法是不正确的，P 值包括与观察到的值相等或更多的极值。

误解 4：$P=0.05$ 意味着如果拒绝 H0 假设，则误报的概率仅为 5%。

更正：发生误报的概率和 P 值没有关系。

显著性水平是当原假设 H0 为真时，可以容忍的第一类错误发生的概率，是人为定义的小概率事件发生的最大概率值。

3.4.3　第一类错误、第二类错误和功效

通过抽签和扔骰子的例子不难理解，虽然是小概率事件，但也有可能是真实发生的。如果小明没有作弊，我们却判定他作弊了，这就是第一类错误；如果小明作弊了，我们却判断他没有作弊，这就是第二类错误，如表 3-3 所示。

表 3-3　第一类错误和第二类错误

		实际	
		小明没作弊	小明作弊
判断	小明没作弊	决策正确	第二类错误
	小明作弊	第一类错误	决策正确

假设检验的过程中，理想的情况是 H0 为真的时候接受 H0，H1 为真的时候拒绝 H0。统计推断不可能保证完全正确，根据假设检验做出的决策当然也存在犯错误的可能，总结起来为以下 4 种情况，如表 3-4 所示。

表 3-4　假设检验的第一类错误和第二类错误

		实际情况	
		H0 成立	H0 不成立
判断	接受 H0	决策正确	第二类错误
	拒绝 H0	第一类错误	决策正确

在 AB 实验中，原假设 H0 一般都是假设实验组和对照组无差异，也就是实验没有效果。第一类错误是 H0 为真但是被拒绝了，即虽然实验没有效果，但是被判断为有效果。第二类错误是 H0 为假但是接受了，即虽然实验有效果，但是被判断为无效果。一般来说，第一类错误的危害更大，要重点控制发生的概率。同时，我们也需要关注第二类错误，虽然第二类错误不会直接对产品和用户造成损失，但是对于公司而言，进行任何一项实验的开发都是有成本的，如果第二类错误发生的概率过高，会导致团队的成绩无法被客观证实，提升产品效果的策略无法上线，错失产品发展的机会。

除了第一类和第二类错误，还有第三类错误，就是虽然实验组和对照组有差异，系统也检测出来了，但是差异的方向反了，也就是本来实验组是好于（或者差于）对照组的，系统给出的结果却是对照组差于（好于）实验组。这种情况理论上是存在的，因为实际发生的概率较低，所以应重点关注的还是第一类和第二类错误。

为了控制第二类错误，引入一个概念——功效（power）。功效是指当 H0 不成立时，做出拒绝 H0 的结论正确的概率。功效 =1− 第二类错误发生的概率 β，即功效越大，第二类错误发生的概率越小。功效越大，第三类错误发生的概率也越小，基本会趋近于 0。

结合 P 值，基本判断流程如下。

如果 P 值 $<\alpha$，则拒绝原假设 H0，认为策略有效。

如果 P 值 $\geq\alpha$，不能拒绝原假设 H0，也不能接受 H1，此时不能说策略有效，但是也不能说策略无效。需要进一步观察功效，如果功效 >80%（一般选择 80%），说明犯第二类错误的概率也很低了，即策略有效却被判断为无效的概率很低，此时策略大概率就是无效的。如果功效 <80%，此时策略有效却被判断为无效的概率还是比较大的。策略有可能是真的没效果，那么怎么办呢？这就需要我们继续观察实验，直到 P 值或者功效达到可以判断。

根据这个思路可以绘制基本的判断流程如图 3-6 所示。

图 3-6 中继续观察这一步，本质上就是希望通过一些手段（如增加样本容量等）增加 Z 值，进而达到某个可以作出拒绝原假设 H0 的临界值。Z 值的计算中，只有两个变量可以操作，一个是样本数量 n，另一个是方差 σ。可以通过增加 n 或者减少方差 σ 去增加 z，从而拒绝 H0。这个过程就是通过增

加样本量或者降低方差来提升检验精度，在第 8 章会详细介绍如何提高实验精度。

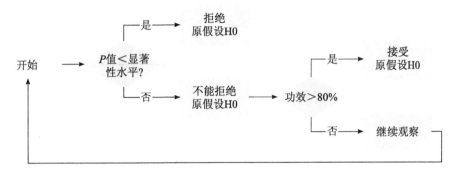

图 3-6　根据 P 值、显著性水平、功效进行判断

3.4.4　如何计算功效

本节通过一个实例来说明如何计算功效。

$$t = \frac{(\bar{t}_A - \bar{t}_B) - u_0}{\sqrt{\dfrac{s_A^2}{n_A} + \dfrac{s_B^2}{n_B}}}$$

根据上面的公式，当显著性水平 $\alpha = 0.05$ 时，对于双侧检验 $t_{\alpha/2} = t_{0.025} = 1.96$，如果 $t \leqslant -1.96$ 或者 $t \geqslant 1.96$，可以反推出一个可以拒绝 H0 假设的 $\Delta t = \bar{t}_A - \bar{t}_B$。

$$t = \frac{\Delta t - 0}{\sqrt{\dfrac{s_A^2}{n_A} + \dfrac{s_B^2}{n_B}}} \geqslant 1.96$$

当 $\Delta t > 0.11$，或者 $\Delta t < -0.11$ 时，就可以拒绝原假设 H0，认为 $t_A \neq t_B$。

第二类错误是我们做出接受 H0：$t_A = t_B$，即 $\Delta t = 0$ 的假设，但实际上 $t_A \neq t_B$。要满足这个条件，需要选择一个 $-0.11 < \Delta t < 0.11$ 的 u 值。现在我们选择 $u = 0.05$，认为真实人均时长差值的均值为 0.05，此时如果接受 H0：$\Delta t = 0$，犯第二类错误的概率是多大呢？转化问题为当真实差值的均值为 0.05 时，求样本均值 $-0.11 < \bar{\Delta}t < 0.11$ 的概率，如图 3-7 所示。

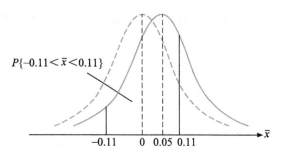

$$P\{-0.11 < \bar{x} < 0.11\}$$

$$-0.11 \quad 0 \quad 0.05 \quad 0.11 \qquad \bar{x}$$

图 3-7　当 u=0.05 时发生第二类错误的概率

$$t(0.11) = \frac{0.11 - 0.05}{\sqrt{\dfrac{s_A^2}{n_A} + \dfrac{s_B^2}{n_B}}} = 1.06 \qquad t(-0.11) = \frac{-0.11 - 0.05}{\sqrt{\dfrac{s_A^2}{n_A} + \dfrac{s_B^2}{n_B}}} = -2.83$$

当样本均值为 0.11 和 –0.11 时，分别对应的概率为 0.855 4、0.002 3，对应样本均值在 –0.11 到 0.11 之间的概率为

$$P\{-0.11 < \bar{x} < 0.11\} = 0.855\,4 - 0.002\,3 = 0.853\,1$$

表示此时发生第二类错误 β 的概率为 0.853 1，此时功效 =1–0.853 1=0.146 9。同理，如果假设接受 u=0.02，则计算公式如下。

$$t(0.11) = \frac{0.11 - 0.02}{\sqrt{\dfrac{s_A^2}{n_A} + \dfrac{s_B^2}{n_B}}} = 1.59 \qquad t(-0.11) = \frac{-0.11 - 0.02}{\sqrt{\dfrac{s_A^2}{n_A} + \dfrac{s_B^2}{n_B}}} = -2.30$$

当样本均值为 0.11 和 –0.11 时，分别对应的概率为 0.944 1、0.010 7，对应样本均值在 –0.11 到 0.11 之间的概率为

$$P\{-0.11 < \bar{x} < 0.11\} = 0.944\,1 - 0.010\,7 = 0.933\,4$$

表示此时发生第二类错误 β 的概率为 0.933 4，此时功效 =1–0.933 4=0.066 6。

我们发现如果 u 逐渐向假设的均值 u_0=0 靠近，发生第二类错误的概率会逐渐变高。为什么 u 越接近原假设值 u_0 时，犯第二类错误的概率越高；远离原假设值 u_0 时，犯第二类错误的概率逐渐降低？其实 u 越大时，越靠近拒绝 H0 的区域，也就是 H0 越可能为假，此时接受 H0 的可能性也就变低了，犯第

二类错误的概率变低了。当 u 变成 u_0，即 $u=0$ 时，此时 $z=1.96$，接受 H0 的概率为 $(0.975-0.5) \times 2=0.95$，达到第二类错误的概率上限 95%。因为我们设定的置信度是 95%，从图 3-7 中可以看到，一旦进入其余 5% 的区间，我们会拒绝 H0；只有在 95% 的区间内，我们可能会接受 H0，所以第二类错误的最大概率为 95%。

3.5　非参数检验

无论是 t 检验还是 z 检验，基于参数的检验方法都有一个隐含的前提，即要求符合独立同分布。基于这个前提，可以得到用于推断一个或多个总体参数（例如总体均值、总体标准差）的抽样分布。实际上，有时可能样本总体的概率并不符合独立同分布。比如，在搜索中，各条目间不一定独立，可能存在干扰，比如用户读过更好的条目或者相似的条目，可能不会再点击新的条目等。现在很多实验系统开始采用非参数的方法对总体进行推断。非参数的方法对总体概率没有分布形式的要求，不对模型做任何参数假设，完全是基于数据模拟的方法。因为没有假设，无须标准差的理论计算，所以也不关心估计的数学形式有多复杂，即使不符合正态分布，也一样适用。

目前用得比较多的是 bootstrap 和 jackknife 这两种非参数的检验方法，它们的差异在于 bootstrap 进行有放回的采样，jackknife 进行无放回的采样。假设所有样本被随机分为 N 份，jackknife 每次从 N 份样本中删除一份样本，将剩余的样本形成一个新样本，jackknife 利用更少的样本，即更少的信息来进行估计，工程实施上也更容易计算。事实上，jackknife 方差为 bootstrap 方差的一阶近似。

下面通过一个计算案例来简单介绍 bootstrap 的原理。

30 个中学生身高（单位为 cm）从低到高排列：137.0、138.5、140.0、141.0、142.0、143.5、145.0、147.0、148.5、150.0、153.0、154.0、155.0、…、156.0、157.0、158.0、158.5、159.0、160.5、161.0。下面用 bootstrap 方法来求置信区间。

第一步，从原始样本中有放回地抽取一个容量为 20 的样本：138.5、138.5、140.0、…、158.5、160.5。

第二步，计算样本均值 $u=153.5$。

第三步，重复前两步 1 000 次，得到 bootstrap 统计量的经验分布，绘制密度函数图形如图 3-8 所示。

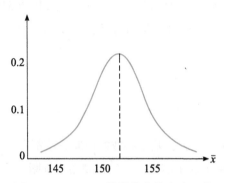

图 3-8　bootstrap 抽样均值的密度函数

基于密度函数，可以计算出 95% 的置信区间。在求置信区间的时候，由于选择不同的区间长度，会得到不同的边界值，因此可以通过最短区间长度法来确定唯一的置信区间。假设获得的置信区间为 [148.5,155.3]，区间长度为 6.8，这是选择样本容量为 20 获得的置信区间。通过实验可以得到，当样本容量变小的时候，同等置信水平下，置信区间会变大，估计精度也会随之变低。在选择样本容量的时候需要考虑估计精度。

在实际应用中，jackknife 方法应用得更多，一般不是把每个用户作为一个样本点，而是将聚合后的 n 个用户分为一个桶，一个桶作为一个点，然后采用 jackknife 方法去获取整个样本的分布，从而减少计算量。

3.6　方差估计问题

在区间估计、假设检验中，均值和方差是置信区间、P 值等指标计算的核心基石，而且减少方差是提升实验检测精度的主要手段之一。如果错误地估计方差，那么 P 值和置信区间都将是错误的，从而使假设检验得出错误的结论。高估方差导致假阴性，低估方差导致假阳性。

首先回顾一下均值指标方差的计算过程，假设有 $i=1,2,3,\cdots,n$ 个独立同分布的样本。在大多数情况下，i 既可以是用户，也可以是会话、页面等。

均值为 $\bar{Y} = \dfrac{1}{n}\sum_{i=1}^{n} Y_i$。

样本方差为 $\text{var}(Y) = \hat{\sigma}^2 = \dfrac{1}{n-1}\sum_{i=1}^{n}(Y_i - \bar{Y})^2$。

计算均值的方差为 $\text{var}(\bar{Y}) = \text{var}\left(\dfrac{1}{n}\sum_{i=1}^{n} Y_i\right) = \dfrac{1}{n^2} \times n \times \text{var}(Y) = \dfrac{\hat{\sigma}^2}{n}$。

方差估计中的常见问题主要有：对于不同类型指标（变化绝对值、变化相对值、比率类指标、特殊类指标）方差估计的不同方法，以及异常值对于方差估计的影响等问题。

3.6.1　变化绝对差和相对差的方差估计

以 Y_t 表示实验组中某个实验指标的结果，Y_c 以表示对照组中该实验指标的结果，绝对差和相对差的定义如下。

绝对差：$\Delta = Y_t - Y_c$。

相对差：$\Delta\% = \dfrac{\Delta}{Y_c} = \dfrac{Y_t - Y_c}{Y_c}$。

在报告实验结果时，一般更多地使用相对差异，而不是绝对差异。因为绝对差没有参照，所以很难定义这个绝对差变化的大小。举例来说，在一个实验中，如果用户使用产品时长多了 0.1min，仅凭 0.1min，很难判定使用时长是否是多了很多，或者与其他指标的影响情况如何。实验者或者决策者通常能更好地理解变化的相对幅度。一般来说，0.5% 的涨幅就是一个相对较小的涨幅，而 5% 是一个相对大的涨幅。为了正确估计绝对差异 Δ、相对差异 $\Delta\%$ 上的置信区间，我们需要分别估计绝对差异、相对差异的方差。

绝对差异 Δ 的计算只涉及两个正态随机变量的差 $\bar{\Delta} = \bar{Y}_t - \bar{Y}_c$ 的分布问题，由于正态随机变量的差或和仍然是正态的，因此比较容易处理。绝对差异的方差是每个分量的方差之和，公式如下。

$$\text{var}(\Delta) = \text{var}(\bar{Y}_t - \bar{Y}_c) = \text{var}(\bar{Y}_t) + \text{var}(\bar{Y}_c)$$

相对差异 $\Delta\%$ 的方差估计涉及两个正态随机变量的商 $\bar{Y}_t / \bar{Y}_c$ 的分布，而正态性在商的运算中并不能保持，这个问题就变得复杂了，在统计学上称为随机变量的比率分布。对于两个正态随机变量的商的分布，从 20 世纪 30 年代开始就有不少学者进行研究。这个问题的一个经典例子是人的颅骨的高宽比例的分布。在医学上，比较两种药物的有效性，也经常涉及比率分布问题。

相对差异的方差估计：$\mathrm{var}(\Delta\%) = \mathrm{var}\left(\dfrac{\bar{Y}_t - \bar{Y}_c}{\bar{Y}_c}\right) = \mathrm{var}\left(\dfrac{\bar{Y}_t}{\bar{Y}_c}\right)$。

3.6.2　比率类指标的方差估计

许多重要的指标来自两个指标的比率。例如，点击率通常定义为总点击量与总页面浏览量之比，每次点击收益定义为总收益与总点击量之比。与每个用户点击量或每个用户收入等指标不同，当使用两个指标的比率时，分析单位不再是用户，而是页面浏览量或点击量。当实验按用户单位随机化时，可能会给估计方差带来挑战。

方差基础公式很简单：$\mathrm{var}(Y) = \hat{\sigma}^2 = \dfrac{1}{n-1}\sum_{i=1}^{n}(Y_i - \bar{Y})^2$。

这背后有一个关键假设：样本 $Y_1, Y_2, \cdots, Y_n$ 需要满足独立同分布假设，或者至少不相关。独立同分布是指在随机过程中，任何时刻的取值都为随机变量。如果这些随机变量服从同一分布，且互相独立，那么这些随机变量就是独立同分布的。

在进行 AB 实验的时候，如果分析单元与实验（随机化）单元相同，则满足该假设。比如，对于用户级指标，由于每个 Y_i 代表用户的度量，分析单元与实验单元匹配，因此独立同分布假设是满足的。如果分析单元与实验（随机化）单元不相同，通常会违反该假设。比如，对于页面级指标，每个 Y_i 代表一个页面的度量，或者一篇文章的曝光量、点击量时，由于实验是由用户随机化的，因此 Y_1、Y_2 和 Y_3 可能都来自同一个用户，并且是"相关的"。基于这种"用户内相关性"使用简单公式计算的方差将是有偏差的。

要正确估计方差，可以将比率指标写为"用户级别指标的平均值"的比率：$M = \bar{X}/\bar{Y}$，因为 $\bar{X}$、$\bar{Y}$ 是极限联合二元正态，M 是两个平均值的比值，所以也是正态分布。我们可以通过 delta 方法估计方差，公式如下。

$$var(M) = \frac{1}{\bar{Y}^2}var(\bar{X}) + \frac{\bar{X}^2}{\bar{Y}^2}var(\bar{Y}) - 2\frac{\bar{X}}{\bar{Y}^3}cov(\bar{X},\bar{Y})$$

计算比率类指标的相对百分比方差时，由于实验组指标 Y_t 和对照组指标 Y_c 是相对独立的，因此计算公式如下。

$$var(\Delta\%) = var\left(\frac{\bar{Y}_t}{\bar{Y}_c}\right) = \frac{1}{\bar{Y}_c^2}var(\bar{Y}_t) + 2\frac{\bar{Y}_t^2}{\bar{Y}_c^4}var(\bar{Y}_c)$$

3.6.3　其他指标的方差估计

在本章大多数讨论中，假设的统计数字是平均值、比率值，如果对其他类型统计数据感兴趣，比如分位数，该怎么计算呢？当涉及基于时间序列的指标时，通常使用分位数，而不是平均值来衡量。

大多数基于时间的指标是在事件、页面级别进行的，而实验是在用户级别随机进行的。在这种情况下，可以用密度估计和 delta 方法的组合。需要特别注意的是，有些比率类指标不能以两个用户级指标的比率的形式得出，例如页面加载时间的第 90 百分位数。对于这些指标，我们可能需要使用 bootstrap 方法或者 jackknife 方法，模拟随机抽样获得方差估计，从而不需要预设指标的任何参数，也不需要满足正态分布。尽管 bootstrap 的计算量比较大，但它是一个强大的工具，应用广泛，是 delta 方法很好的补充。

3.6.4　异常点对方差估计的影响

在数据收集的过程中，异常值以各种形式出现，通常是由爬虫、作弊用户、僵尸程序或垃圾邮件行为引入的。异常值对均值和方差都有很大影响，在统计测试中，对方差的影响往往大于对均值的影响。比如给实验组增加一个单一的异常值，当我们改变异常值大小时，会注意到虽然异常值增加了实验组整体的平均值，但它增加的方差更多。在估计方差时，去除异常值是至关重要的。一个实用而有效的方法是简单地将观测值限制在一个合理的阈值内。例如，正常用户不太可能在一天内执行超过 500 次的搜索或超过 1 000 次的页面浏览。还有许多异常值去除技术，感兴趣的读者可以阅读相关文章。

3.7 多重测试问题

本节介绍在 AB 实验中经常说的多重测试，以及发生多重测试后我们应该如何控制这个错误发生的概率。

3.7.1 什么是多重测试问题

通过假设检验的方式来判断实验结果，每一次判断都存在一定的概率判断错误。多重测试问题的本质是，如果判断的次数变多，这个错误的概率就可能增加。

举个简单的例子，假设我们以 5% 显著性水平，来判断实验结果，那每次判断正确（不犯第一类错误）的概率是 95%。如果我们对同样的事情进行多次判断，比如开设了 N 个相同的实验组，并且进行 N 次判断，此时我们全部判断正确的概率变为 $(95\%)^N$，判断错误的概率就变为 $1-(95\%)^N$，都随着 N 的增加而增加，这时实验结论容易导致假阳性。在 AB 实验中，我们首先要尽量避免进行多重测试。如果多重测试无法避免，就需要对这个错误的概率进行控制。

3.7.2 如何避免多重测试

为了尽量避免多重测试的发生，首先需要明确哪些行为可能会导致多重测试。在 AB 实验的应用中，多重测试问题的主要来源有以下几个方面。

- 多次重复进行相同的实验。比如进行一次实验后发现实验结果不符合预期，没有显著的正向效果，又重复进行几次相同的实验，可能某一次就出现了正向显著效果，这种情况就极有可能是多重测试产生的结果。图 3-9 所示的实验 A 中，实验 A* 和 A** 是在不同的时间进行的与 A 相同的实验。
- 多次进行相同对比。比如一个实验组有多个对照组进行多次对比（图 3-9 中的实验 B），或者一个对照组有多个相同的实验组进行多次对比（图 3-9 中的实验 C），或者多个实验组与多个对照组之间进行多多对比，都属于这种情况。这里需要强调的是，多个实验组一定都是策略相同的实验才构成的多重测试。如果是不同策略的实验组，与同一个对照组对比不构成多重测试。在实践中，这种情况也非常常见，实验者出于各种考虑，开设了多个相同的实验组，实验结果发现有一个实验组有显著效果，其余实验组没有显示显著效果，很容易采用有效果的实验组数据作为实验决策数据，这非常容易导致实验结论的假阳性。

- 实验进行过程中多次查看实验结果（图 3-9 中的实验 E），即常说的实验偷窥，也容易导致多重测试。因为在进行实验的过程中，实验数据未达到稳定时会处于一个波动的过程中，有可能某个时刻呈现显著正向效果，某个时刻无显著效果，甚至某个时刻会显著负向。如果随机在实验过程中偷窥实验结果，刚好看到某个显著正向，就很有可能导致实验过早停止，导致实验结论假阳性。

- 同一个实验有多个指标的情况（图 3-9 中的实验 D）。在一些大型公司的实验平台上，每个实验都有成百上千个指标在运行和计算。在为每个实验计算了数百个指标之后，我们通常会从产品专家、实验人员那儿听到这样的疑问：为什么某个不相关的指标出现了显著变化？这里有一个简单的方式来看待这个问题，假设我们为实验计算了 100 个指标，那么即使产品功能什么也不做，也会有一些指标在统计上显著变化。由此可见，有多个实验指标的时候，容易出现假阳性，错误发生的数量会增加，这时就会出现多重测试问题。

当我们有成百上千个实验、每个实验都有多个指标、多个对照、多次迭代、多次中途查看实验结果时，问题就会变得非常糟糕。进行比较的次数越多，造成假阳性的可能性就越大。为了尽量减少多重测试带来的问题，采取一些措施和规范是很有必要的。

- 在构建实验指标体系的时候，核心实验指标的设置和选择要尽量少，一旦核心指标增加了，就会出现多目标的比较，造成假阳性的可能性就会变大。

- 在实验过程中不要多次查看实验结果，不以实验过程的数据作为实验结果的判断依据。

- 在不可避免要进行多重测试的时候，选择适当的统计方法来处理多重比较的问题，控制第一类错误的发生率（假阳性率），对于提升实验推断的可靠性和成功率至关重要。

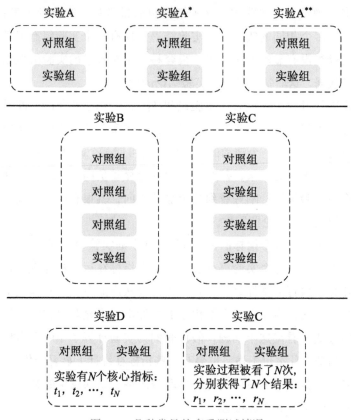

图 3-9 几种常见的多重测试情况

3.7.3 如何控制多重测试问题

有时不可避免地要进行多重测试，比如实验有多个关键指标需要观察。在这种情况下，需要确保多次测试中，第一类和第二类错误仍得到合理控制。

控制总体第一类错误，最常用的是 Bonferroni 法，其基本原理是：若进行 n 次检验，显著性水平（检验水准）α 应校正为 α/n，或将 P 值乘以 n 后再与 α 比较。比如，某 AB 实验具有 3 个指标，采用 Bonferroni 法进行多重性校正后的检验水准 $\alpha = 0.05/3 = 0.016\,7$。Bonferroni 法虽然可以控制有多个指标实验的总体第一类错误率，但该方法太保守了，要求太严苛了。后来，Bonferroni 法也出现了多种扩展形式。

1. Fallback 法

以一个信息流实验为例，该实验关注的结果指标有两个——用户人均使用时长和次日留存率。由于该实验具有两个结果指标，因此采用 Bonferroni 法，在双侧 $\alpha=0.05$ 的水平上控制总体第一类错误率，但总体第一类错误率在不同指标之间进行了不均匀分配。如图 3-10 所示，该实验中检验分为两步。

第一步，进行人均使用时长的组间差异检验，定义在 P 值≤0.01 的水平。如果人人均时长指标差异显著，则确证次日留存率获益的概率可能会增加。

第二步，做如下考虑：如果第一步中人均时长差异显著，那么次日留存率的分析将设定在更高的水平，P 值≤0.05；否则，第二步的分析将设定为 P 值≤0.04。

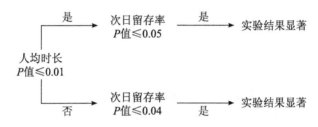

图 3-10　Fallback 检验决策规则

2. Holm 法

Holm 法显示了将 α 平均分配检验策略，如图 3-11 所示。

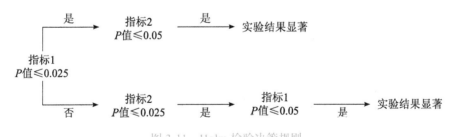

图 3-11　Holm 检验决策规则

第一步，指标 1 的显著水平建立在 P 值≤0.025 的水平。

第二步，如果指标 1 效果显著，那么指标 2 的显著性水平为 P 值≤0.05；如果指标 1 的效果不显著，那么指标 2 的显著性水平为 P 值≤0.025。

第三步，如果第一步中指标 1 效果不显著，那么可以对指标 1 再次检查。

如果第二步中指标 2 的效果显著，并且指标 1 的 P 值≤0.05，那么指标 1 的显著效果被确证。注意这里的指标 1 和指标 2 一般是有先后顺序的，在检验指标 2 之前先检验指标 1。

Fallback 法和 Holm 法也可以简单扩展到具有 3 个或者更多指标和对比的实验中。这两种修正方法，比较简单和保守，使用了一个一致但小得多的 P 值阈值（比如 Holm 法，α 除以指标数）。这在目标指标非常多的时候通常不适用，那应该怎么做呢？这里还有一个简单的经验法则。

- 将所有指标分成 3 组：一阶指标，那些预计会受到实验影响的指标；二阶指标，那些可能会受到影响的指标；三阶指标，那些不太可能受到影响的指标。
- 对每一组应用分级显著性水平（例如，分别为 0.05、0.01 和 0.001）。

这些经验法则基于一种有趣的贝叶斯解释，在进行实验之前，你相信 H0 是正确的吗？信念越坚定，应该使用的重要性级别就越低。

通过对 AB 实验相关统计学知识的系统学习，我们清晰地掌握了方差估计、假设检验、显著性水平、置信区间、第一类错误、第二类错误、统计功效、非参数检验、多重测试等重要的概念。

第 4 章

AB 实验参与单元

实验参与单元是在实验中被随机分流的对象，也叫最小随机化单元。实验参与单元并不一定是一个用户或者一个设备，它可能只是用户浏览的一个页面、一篇文章或者用户的一次会话。实验参与单元的颗粒度可粗可细，选择什么样的实验参与单元取决于实验评估的需要，而且在实验评估时需要选择与实验参与单元相匹配的颗粒度。为了保证实验评估结果的准确性，还需要实验参与单元满足一定的假设条件，比如个体处理稳定性假设。

在不满足假设的情况下，需要通过一些策略来降低这些干扰对于实验结果的影响。同时在实验中，为了达到一定的实验评估精度，还需要实验参与单元达到一定数量。如何计算所需的实验参与单元数量，以及在不同的计算方式下需要注意什么问题，都是 AB 实验设计中需要考虑的。

4.1　实验参与单元的选择

实验参与单元的选择在实验设计中至关重要，它关系到用户体验，也会影响用来衡量实验影响的指标选择。一旦选择好实验参与单元，在整个实验过程中，就会按照选定的实验参与单元进行实验标记，以及实验数据的计算和分析。

4.1.1　常见的实验参与单元

在互联网产品的 AB 实验中，有以下几种比较常见的实验参与单元。

- 元素级别（item-level）：指对实验元素，比如一篇文章、一首歌曲等进行随机分流并标识实验 id 的随机过程。在 Interleaving 实验方法中就采用了类似的方法，Interleaving 最初被 Netflix 用来进行视频内容的推荐。如图 4-1 所示，其基本过程是，用户不进行随机分组，所有用户会收到算法 A 和算法 B 的推荐内容交替混合后的结果。这使得用户可以同时看到算法 A 和算法 B 的推荐结果，却不知道内容是由算法 A 还是算法 B 推荐的。实验通过计算不同算法推荐内容的用户观看时长等实验指标，来比较算法 A 和算法 B。这种方法主要用于用户无感知的搜索算法中的搜索结果或者推荐算法中的推荐结果。

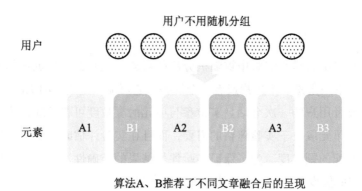

图 4-1　元素级别的随机对象

- 页面级别（page-level）：产品页面被视为实验参与单元，进行实验的页面每打开一次，就会被随机函数分配到不同的实验组中。如图 4-2 所示，不同的用户打开相同的页面，相同的用户在不同的时间打开多次页面，都会分别算作一次实验参与，进而被分配实验 id 和实验组。页面级别实验在 Web 端比较常用，一般不用于 App 端。

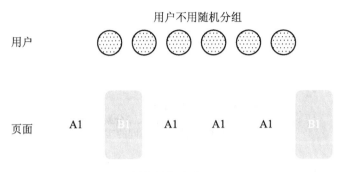

图 4-2　页面级别的随机对象

- 会话级别（session-level）：会话的概念在 Web 端和 App 端都存在，基本含义是用户在网站的一次访问时查看的一组页面或是启动一次 App 后在 App 内的行为，通常从启动 App 到退出 App 定义为一个会话，需要考虑前后台切换、时间限制、刷新机制等问题。比如一般采用 App 切到后台 30 分钟，用户再启动就算一个新会话，如果 30 分钟内启动且进程没有被杀掉，仍然算作同一个会话；切换到后台不管多少分钟，只要进程被杀掉，再启动就算新会话。这往往和机型、品牌和用户操作习惯相关，因而也可能会给实验统计带来一些偏差。如图 4-3 所示，同样不对用户进行分组，用户形成了 1、2、3、1、4、2 的会话序列，同一个用户不同会话被视为不同的会话，这些会话被随机分到不同的实验 id，分别进入实验组 A、B，最后统计实验组 A、B 的数据进行实验效果分析。

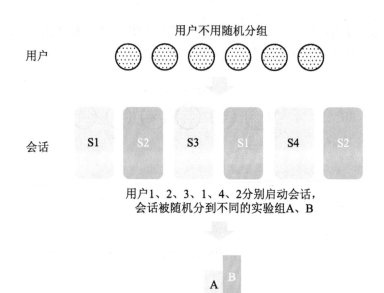

图 4-3　会话级别的随机对象

- 用户级别（user-level）：用户级别相对容易理解，就是以用户为实验参与单元。在实验过程中，一旦用户被分到 A 组，直到实验结束，该用户都一直属于实验组 A，而不会被分到同一个实验的 B 组中，有可能被分到其他层的实验中。这里的用户是一个虚拟的概念，它既可能是一台设备，也可能是一个账号，用来代表背后的用户。如图 4-4 所示，用户被随机分为 A、B 两组，分别体验不同的策略 A、B，然后计算 A、B 两组用户的各项实验指标并分析实验效果。

以上 4 个级别的实验参与单元的粒度从小到大，粒度越小，可以使用的分割单元越多，所能同时进行的实验量也越大。从用户体验的角度来看，粒度越小，用户体验的连续性越差。如何平衡这个关系，选择合适的实验参与单元呢？主要有两个关键考虑因素：1）实验所需要的流量以及实验检测精度；2）用户体验的连续性。

一般在流量足够的情况下，为了保证体验的稳定性和连续性，最好采用用户级别。在不影响用户体验的前提下，采用更细粒度的随机单元，能更精准、快速地获取实验效果。什么类型的实验会影响用户体验呢？简单来说，就是看策略 A 和策略 B 切换时，用户能不能明显感知这个变化。比如实验的内容是字体大小、界面颜色等，如果采用文章、页面、会话粒度，用户显然会明显感知变化，如果在 A 页面看到蓝色字体，在 B 页面看到绿色字体，这些变化会干扰用户的行为和决策，从而影响实验对于字体颜色这一特征的评估，实验结果的可信度也就降低了。如果是推荐类、搜索结果类的实验，用户无法感知一篇文章究竟是 A 算法推荐的还是 B 算法推荐的，这种情况下，可以用文章、页面、会话等粒度进行随机分流。

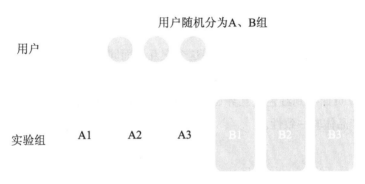

用户随机分为A、B组

用户

实验组　　A1　　A2　　A3　　B1　B2　B3

实验组A、B中用户分别体验不同的策略A、B

A　B

指标　　　　　　　　实验组A、B的指标表现

图 4-4　用户级别的随机对象

选择小粒度的实验参与单元，除了可以增加实验流量外，还有一个好处是可以增加实验效果评估精度。一方面随机化的粒度越细，产生的实验单元越多，使得指标平均值的方差越小，实验将具有更强的统计能力来检测较小的变化。另一方面，实验标记将会更精准地作用在实验区域上，而不会纳入更多非实验范围的数据淹没实验效果。比如以用户为实验参与单元，可能会存在用户分布不均的问题。

以人均时长指标为例，因为非常活跃的用户是少数，他们贡献的观看时长却占较大的比例，所以在将用户分组的 AB 实验中，多数活跃用户被分在 A 组还是 B 组，将对结果产生较大影响。因为这些活跃用户整体占比较少，在随机分配过程中分配不够均匀的概率也很高，从而影响实验结果的概率也较高，所以在不影响体验连续性的前提下，从实验效果评估的角度，应该尽可能选择较小粒度的随机单元进行分流。

需要注意的是，如果实验特征的粒度跨越实验参与单元的粒度起了作用，则不能使用该粒度的实验参与单元进行分流。举个例子，要测试产品页面上一个交互界面的颜色用红色好还是蓝色好。如果这个交互界面只在产品的这一个页面出现，那么可以选择页面级别的实验参与单元，因为这个情况下，页面级别就已经包含了这个实验特征。如果这个交互界面同时还在其他多个页面出现，就不能选择页面级别的实验参与单元。因为如果按照页面进行随机化，就会出现用户在 A 页面看到红色交互界面，在 B 页面看到蓝色交互界面的情况，从而影响用户产品体验一致性。

4.1.2 实验参与单元粒度与实验评估

在实验评估的时候需要注意粒度匹配的问题，即实验随机分流的粒度和评估指标的粒度相匹配。粗粒度的随机分流实验可以往下兼容评估指标，比如一个用户级别的随机分流实验，能往下细分评估会话、页面、元素级别的指标。细粒度的随机分流实验不能往上兼容，一个页面级别的实验，不能评估用户时长、用户留存等用户级别的指标。

通常建议随机化单元与分析单元相同，或者随机化单元比分析单元粒度更粗。当分析单元与随机化单元相同时，由于单元之间的独立性假设在实践中是合理的，因此更容易正确地计算指标的方差。例如，由于按页面随机化意味着每个页面上的点击是独立的，因此计算平均点击率（点击 / 页面浏览量）的方差是标准的。如果随机化单元是用户，并且指标分析单元也是用户，例如每用户会话数、每用户点击数和每用户页面浏览量，则分析相对简单。

如果随机化单元比分析单元粒度粗，例如按用户随机化，分析页面点击率是可行的，只是需要更细微的分析方法，如 bootstrap 或 delta 方法。在这种情况下，使用同一个用户 id 的作弊机器人可能会歪曲实验结果。例如，拥有 10 000 个页面浏览量的机器人全部使用相同的用户 id 完成。如果需要考虑这种类型的场景，可以限制单个用户对更细粒度指标的贡献，或者切换到基于用户级别的指标（例如每用户的平均点击率）。

相反，当在用户级别（例如，每用户会话数或每用户收入）计算指标并且随机化是在更精细的粒度（例如页面级别）时，用户体验可能包含各种特征体（同时来自实验组、对照组的特征体）的混合，这时在用户级别计算指标是没有意义的。当随机化按页面进行时，不能使用用户级别的指标来评估实验。如果这些指标是 OEC 的一部分，那么就不能使用更精细的粒度进行随机化。

4.1.3　用户级别的实验参与单元

综合来看，选择用户级别的实验参与单元颗粒度仍是最主要的一种方式。它具有体验稳定性，同时可以对用户进行长期观察。因为有一些用户行为可能会随着时间推移而发生变化，所以需要更长期的实验观察。比如一些 UI 方面的改变，用户从不喜欢逐渐变得喜欢；一些具备自适应能力的算法，用户从一开始不太习惯使用到逐渐接受等。如果采用非用户级别的随机化单元，就无法追踪用户的这种变化过程。采用用户级别的随机化单元时，常见的用户标识有如下两类。

- 登录账户类，比如账号、手机号等，这类用户 id 稳定性最好，跨平台，跨设备之后都可以识别，从而保持了对同一个用户行为实验数据采集的稳定性。同时也存在一些小问题，比如一些产品的账号体系（比如视频 App 的会员账号）允许同时运行在多个设备中，一个家庭的多个用户在同一账号下观看的是不同的视频内容，这样的账号对于实验的分析评估其实会存在一定的干扰。
- 设备 id 类，指绑定到某一个设备号，虽然设备 id 不具跨设备或跨平台一致性，但这类用户 id 在一定时间内也具备一定的稳定性，对于短期实验来说影响相对较小。从更长周期来看，也会存在设备更新等情况。对于 iOS 设备来说，一般设备 id 指广告标示符，对于安卓设备来说，一般设备 id 指国际移动设备识别码。

在应用中，出于各种实际的限制或者需求，AB 实验中用户随机分组的方式会变得更加复杂。比如一些含收费项目的产品，有时就不能对全量用户进行随机分组，因为有一些功能只有一部分付费用户才能体验，所以在优化这个付费功能的时候，就只能对订阅了这些功能的付费用户进行随机分组。这种针对一部分用户进行 AB 实验的情况非常常见。

- 客户端版本实验只对最新版本的用户生效。
- 基于用户静态特征的实验，比如只对三四线城市的用户生效。
- 针对用户行为、状态特征的实验，只对新用户、高活跃用户生效。

这种定向实验对一部分用户群体进行随机分流，会涉及如何处理用户中另一部分未被选择进行实验的用户的问题。一般有两种处理定向用户群流量下发的方法。

- 先锁定全部流量，然后从流量中筛选符合条件的进行实验打标，其余不符合条件的流量虽然不进行实验，但这部分流量也被实验占用。这种方法的优点是可以避免后面的实验用户分布不均匀，缺点是会造成比较大的流量浪费。
- 直接从流量中选取符合条件的用户进行实验，不符合条件的回归流量池。这种方法的优点是可以尽可能充分地使用流量，缺点是可能会造成同层级后续开启实验用户的分布和大盘用户分布不一致，从而导致无法很好地评估这些实验全量后对于大盘指标的提升效果。

下面通过一个具体的例子来说明这两种方法的差异。一个产品有 100 万个用户，其中新用户 20 万个，老用户 80 万个，新用户人均使用时长为 10min，老用户人均使用时长为 20min，大盘人均使用时长为 18min。现在需要对 10 万个新用户进行实验，有如下两种实验方案。

方案一：如图 4-5 所示，实验 1 锁定 10 万个新用户，分为 A1、B1 两组进行实验。剩下的 90 万个用户（10 万个新用户和 80 万个老用户）进行实验 2，不区分新老用户，对用户整体进行随机分流，分为 A2、B2 两组进行实验。实验 2 对新用户使用时长提升 2min，对老用户使用时长提升 1min。

实验组 A2 的人均使用时长为 $[80 \times (20+1) + 10 \times (10+2)] / (80+10) = 20 \, \text{min}$。

对照组 B2 的人均使用时长为 $(80 \times 20 + 10 \times 10)/(80+10) = 18.89\text{min}$。

实验组 A2 提升：$(20-18.89) / 18.89 \approx 5.87\%$。

实际上对产品来说，整体新老用户的构成是 2：8 而不是 1：8，修正后实验

2 的影响如下。

修正后实验组 A2 的人均使用时长为 $[80 \times (20+1)+20 \times (10+2)]/(80+20)=$ 19.2min。

修正后对照组 B2 的人均使用时长为大盘平均时长 18min。

实验组 A2 提升：$(19.2-18)/18=6.67\%$。

可以看到，修正后的实验组 A2 对于大盘提升了 6.67%，高于没有修正时的 5.87%。也就是说这种方式可能给大盘实验效果估计带来偏差。

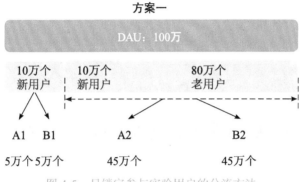

图 4-5　只锁定参与实验用户的分流方法

方案二：如图 4-6 所示，实验 1 需要 10 万个新用户，按照新老用户比例抽取大盘中的 50 万个用户，将其中的 10 万个新用户分为 A1、B1 两组进行实验，其余 40 万个被抽取的老用户不参与实验且被锁定，不再参与其他实验的分流。剩下的 50 万个用户（10 万个新用户和 40 万个老用户）进行实验 2，不区分新老用户，对用户整体进行随机分流，分为 A2、B2 两组进行实验。此时实验 2 的结果和大盘预估是一致的，因为用户比例和大盘是一致的。

实验组 A2 的人均使用时长为 $[40 \times (20+1)+10 \times (10+2)]/(40+10)=19.2$min。

对照组 B2 的人均使用时长为 18min。

实验组 A2 提升：$(19.2-18)/18=6.67\%$。

在流量够用的情况下，建议使用方案二。如果流量比较紧张，采用方案一时需要特别注意正确评估实验对于大盘的影响。方案二还有一种情况是，40 万个用户也参与实验指标的计算。这样虽然实验分流处理更简单，但是这 40 万个不参与实验的用户会稀释实验效果，影响实验评估的精度。

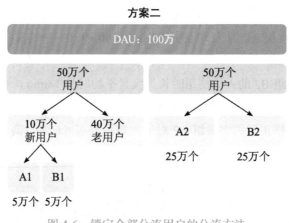

图 4-6　锁定全部分流用户的分流方法

4.2　实验参与单元的 SUTVA 问题

实验参与单元满足 SUTVA 是实验分析的前提，如果实验单元不符合 SUTVA，得到的实验结论大概率是无效的。究竟什么是 SUTVA，为什么需要让 SUTVA 成立，哪些情况会导致 SUTVA 不成立，以及如何解决 SUTVA 不成立的问题，都是我们在进行 AB 实验时需要掌握和关注的。

4.2.1　什么是 SUTVA

SUTVA（Stable Unit Treatment Value Assumption，个体处理稳定性假设）是指在 AB 实验分析中，假设实验中每个实验参与单元的行为是相互独立的。对于以用户为实验参与单元的情况来说，独立的意思就是一个用户的行为不受其他用户影响。在大多数应用中，这是一个合理的假设，比如使用带有折扣券的新结账流程的用户更有可能完成购买，并且该行为独立于其他用户；领取了红包的用户更愿意回到 App 进行消费，并且这个行为独立于其他用户。如果 A 组用户相互干扰和沟通，或者不同组之间的用户相互干扰，比如 A 组用户与 B 组用户沟通，B 组用户发现自己没有红包，通过一些方法也去领了红包，这个时候 SUTVA 就不成立了。如果 SUTVA 不成立，实验结果分析将导致结论不正确。我们将违反 SUTVA 的情况称为干扰了个体处理稳定性假设，也称为实验参与单元之间的溢出或泄漏。

4.2.2　为什么需要让 SUTVA 成立

AB 实验因果分析主要基于鲁宾因果模型（Rubin Causal Model，RCM）进行，这是 AB 实验分析的一个标准框架。鲁宾因果模型的分析框架有 3 个基本要素。

- 潜在结果
- SUTVA
- 分配机制

潜在结果的意思是，给定一个实验单元和一系列动作，把一个"实验单元－动作"确定为一个潜在结果。"潜在"这个词表达的意思是并不总能在现实中观察到这个结果，但理论上可能发生。对于任何一个实验单元，"处理动作"与"不处理动作"这两个潜在结果之间的差别就是处理的因果效用或者处理效果。处理效果定义为 $E=Y$（处理动作）$-Y$（不处理动作），表达式中括弧内的是干预动作，Y 表示这个动作的效果。以头疼吃药为例，要评估头疼吃药是不是有作用，存在 4 种可能性的组合。

- Y（吃药）= 不头疼；Y（没吃药）= 头疼
- Y（吃药）= 头疼；Y（没吃药）= 头疼
- Y（吃药）= 不头疼；Y（没吃药）= 不头疼
- Y（吃药）= 头疼；Y（没吃药）= 不头疼

对应的实验效果 E 如下。

- 吃药使头疼消失了（即有效，证明因果关系陈述成立）。
- 吃药没有效果。
- 吃药有没有效果未知。
- 吃药阻止头疼消失（反效果、负效果，虽然不常见，但理论上存在这种可能）。

因果推断的基础问题是，对于同一个实验单元，最多只有一个潜在结果被实现，从而只有一个潜在结果能被观测到，总有一个观测不到，即缺失值。因为因果效应是指在同一时间，对同一单元的处理和不处理的对比，处理效果的计算依赖于所有的潜在结果，而不只依赖于实际观测到的结果，所以就无法直接结算因果效应。而且，实际上参与实验效果评估的往往不止一个实验单元，当考虑多于一个实验单元时，事情会变得更复杂。

举一个例子，假设 Andy 和 Cathy 在同一个办公室，并且都在为同一门课准备教案。两个人可能同时头疼，并且两个人都可以选择吃药或不吃药。现在每个人都有 A、B、C、D 共 4 种潜在结果，针对 4 种潜在结果的两两组合，一共有 6 种组合（$C_4^2 = 6$）。

为什么两个人的行为要一起考察呢？这是因为两者的行为可能存在相互影响。影响因素可能是，Cathy 说："对不起，我头疼做不了教案了。"那么 Andy 要做更多的工作，因此也头疼了。当只有 1 个人时，只需进行两个潜在结果（吃药或不吃药）的比较，并可以观测到 1 个数据点（1 个人的 1 个实现）；当变成 2 个人后，就需要进行 4 个潜在结果的 6 种比较，而实际上只能观测到 2 个数据点（2 个人的各 1 个实现），情况就变成了 2 个数据点的 6 种比较，这样观测到的数据就更少了。当有更多的实验单元时，添加了更多的潜在比较，用于比较的潜在结果数据就越发不够了。这样，我们将永远无法获得足够的数据去估计想要的东西。

想要解决相互影响导致的更多结果不可观测的问题，可以假设 Cathy 不影响 Andy，Andy 也不影响 Cathy，每个人吃或不吃药与另一个人做什么互不影响，会使问题变得简单一些。把这个想法扩展到多个单元，可以做出定义：任何单元的潜在结果不会因分配给其他单元的处理而变化，并且对于每个单元，不同的处理对应唯一不同的结果。这就是 SUTVA。

SUTVA 可以解决这种相互影响导致更多潜在结果无法获得，从而无法进行因果效应估计的问题。即使在 SUTVA 的基础上进行因果效应的估计，还需要分配机制满足一定的要求。如果分配机制不合理，得到的实验结果也是有偏差的。因为一些个体参与实验，另一些个体没有参与实验，本质上无法观测到同一批用户的两个结果，所以需要从可以观测的结果出发，通过分配机制，估计未观测的结果，从而得到因果效应。如果没有合理的分配机制，会出现什么情况？还是以头疼吃药为例，可以先找一群吃了头疼药的人记录结果后取平均，再找一群没有吃头疼药的人记录结果后取平均，两者之差如下。用 $T=1$ 表示实验组吃药的人，$T=0$ 表示对照组不吃药的人。

$$\text{diff} = E(Y_i \mid T_i = 1) - E(Y_i \mid T_i = 0)$$

上式中，由于需要实际观测数据，实验组只能观测到吃药的效果，对照组只能观测到不吃药的效果，因此上面的等式等价为

$$\text{diff} = E(Y^{\text{obs}} \mid T_i = 1) - E(Y^{\text{obs}} \mid T_i = 0) = E[Y_i(1) \mid T_i = 1] - E[Y_i(0) \mid T_i = 0] \text{。}$$

上式中，$E[Y_i(1) \mid T_i = 1]$ 是实验组吃药的效果，$E[Y_i(0) \mid T_i = 0]$ 是对照组不吃药的效果。为方便比较，引入一项无法观测的数据，实验组不吃药的效果为 $E[Y_i(0) \mid T_i = 1]$，等式变为

$$\text{diff} = E[Y_i(1) \mid T_i = 1] - E[Y_i(0) \mid T_i = 1] + E[Y_i(0) \mid T_i = 1] - E[Y_i(0) \mid T_i = 0] \text{。}$$

其中，$E[Y_i(1) \mid T_i = 1] - E[Y_i(0) \mid T_i = 1]$ 是实验效果，$E[Y_i(0) \mid T_i = 1] - E[Y_i(0) \mid T_i = 0]$ 是选择偏差。选择偏差代表在实验组和对照组都不接受处理时存在的系统偏差。如果选择偏差非常大，处理效果甚至会相反。

选择偏差是很常见的，比如去医院的都是病人，他们的身体状况通常很差，吃头疼药的都是头疼的人等。分配机制就是要小心翼翼地保证实验组和对照组的人事先并不存在这种系统性的偏差。

由于鲁宾因果模型在 3 个基本要素的共同作用下才能进行因果效应的估计，因此实验参与单元需要满足 SUTVA。

4.2.3　导致 SUTVA 不成立的原因

干扰个体处理稳定性的方式主要有两种——直接连接和间接连接。直接连接比较好理解，比如发生互动等直接的关系。间接连接是由于某些潜在变量或共享资源存在而产生的关系，例如共享相同广告活动预算的对照组与实验组。两种连接的相似之处在于，都有一种媒介连接实验组和对照组，并允许它们相互作用。连接介质可以是物化的社交网络上的友谊连接，也可以是实验组和对照组用户共享一个广告预算池。了解干扰的作用机制非常重要，因为解决问题的最佳方案可能会因机制不同而有所不同。为了使问题更具体，本节通过一些例子进行讨论。

1. 直接干扰

如果两个实验单元是社交网络上的朋友，或者他们同时访问相同的物理空

间，则两个单元可以直接连接。由于两个直接相连的单元可以分成实验组和对照组，因此在两个组之间会造成干扰。比如，对照组中的用户会受到实验组中用户所采取动作的影响。对照组只是一个名义上的对照组，不再反映实验组不存在时将会观察到什么结果。如果忽略网络互动，就会得到对实验组效果的有偏见估计。而这些网络交互是正在进行 AB 实验的产品和场景不可避免的。目前还没有一种单一的方法可以减轻网络相互作用对估计实验效果准确性的影响。下面是一些常见的直接干扰例子。

在 Facebook、LinkedIn、微博、抖音等社交网络以及拼多多等电商购物中，用户行为可能会受到其社交社区行为的影响。用户发现一项新的社交参与功能更有价值，可能是因为有很多的朋友使用它，所以自己更有可能使用。从用户的角度看：

- 如果我的朋友使用 Facebook，我更有可能在 Facebook 上使用视频聊天；
- 如果我的朋友在微博上给我发消息，我更有可能在微博上给他们发消息；
- 如果我的朋友邀请我在拼多多注册，我更有可能在拼多多购物。

在 AB 实验中，这意味着如果实验对使用者有重大影响，这种影响可能会蔓延到他们的社交圈，无论是在实验组中还是在对照组中。例如，LinkedIn 上"你可能认识的人"算法中有一种更好的推荐算法，它鼓励用户发送更多的邀请链接。然而收到这些邀请的用户可能就是对照组成员，当他们接受邀请访问 LinkedIn 时，可能会发现有更多的人可以联系。如果感兴趣的主要度量指标是发送邀请的总数，则实验组和对照组邀请都可能会增加，实际增量会被抵消一部分，从而不能完全捕获新算法的好处。如果实验组鼓励用户发送更多消息，对照组也会看到随着用户回复而发送的消息增加了。

作为沟通工具，QQ、微信上的每一次沟通都至少涉及两方。显然，如果用户决定用微信给朋友打语音电话，朋友最终会更多地使用微信，至少是为了接听这个语音电话。这位朋友很可能还会使用微信给他的朋友打语音电话。在 AB 实验中，假设微信改善了实验组的呼叫质量，增加了来自实验组的呼叫，这些呼叫可以拨打给处于实验组或对照组的用户。结果是由于对照组中的用户也增加了使用微信进行通话的次数，因此实验组和对照组之间的差值被低估了。

2. 间接干扰

通过某些潜在变量或共享资源，两个实验单元可以有间接连接。与直接连接一样，这些间接连接也可能对实验效果造成干扰。间接干扰的情况更为普遍。下面是一些间接干扰的例子。

假设 Airbnb 改善了实验组用户的转换流程，促成了更多的预订，自然会导致对照组用户的库存减少，这意味着对照组产生的收入比没有实验组时要少。比较实验组和对照组会导致高估实验效果。

假设滴滴要测试一种新的涨价算法，让实验组的乘客更有可能选择搭车，从而导致路上可用的司机少了，因为实验组的价格上涨了，导致对照组可用的司机减少，所以比较实验组和对照组的增量被高估了。

在向用户显示相同广告不同排名的实验中，如果鼓励更多的广告点击，就会更快地耗尽广告预算。因为同一个给定活动的预算在实验组和对照组之间共享，所以对照组最终的预算少了。实验和对照之间的差值被高估了。

无论是直接干扰还是间接干扰，最终都会使得实验组和对照组之间的差异被错误估计，所以我们需要想办法尽量降低这种干扰对于实验结果评估带来的偏差。

4.2.4　如何解决 SUTVA 不成立的问题

虽然 4.2.3 节列举的干扰是由不同原因造成的，但它们都可能导致有偏差的结果。有几类实用的方法来解决 AB 实验中的干扰问题，了解干扰的机理是找出好的解决方案的关键。

1. 建立监控和报警

虽然不是每个实验都能获得精确的测量，但重要的是要有一个强大的监测和警报系统来检测这些极端干扰问题。比如，实验期间所有的广告收入都来自预算受限的广告商或不受预算约束的广告商，那么实验结果在推出后就不能推广了。再比如，一次实验消耗所有 CPU。

2. 隔离法

干预连接实验组和对照组的介质发生作用，可以通过识别连接介质并隔离用户来消除潜在干扰。要创建隔离，必须考虑其他实验设计，以确保实验单元和对照单元被很好地分开，以下是一些实用的隔离方法。

（1）共享资源隔离

如果共享资源造成干扰，那么将其在实验组和对照组之间分开显然是首选。例如，可以根据用户量分配来分割广告预算，只允许 20% 的流量消耗 20% 的预算。在应用此方法时需要注意两件事。

- 干扰资源是否可以完全按照用户的流量分配进行划分，虽然预算数据很容易实现这一点，但这通常是不可能的，例如，在共享机器的情况下，单个机器之间存在异构性，服务于实验组和对照组的机器不同可能引入难以识别的混杂因素。

- 流量分配（资源分割大小）是否存在偏差，对于训练数据，模型的性能随着训练数据的增加而提高。如果实验模型只获得 5% 的数据来训练，而对照模型获得 95% 的数据，这就引入了对照模型的偏差。这也是建议流量分配为 50∶50 的原因之一。

类似的市场效应也会影响在线广告实验。在线广告实验中增加了实验组对广告预算的消耗，从而增加了广告收入，由于实验组和对照组共享预算池，实验组其实是在窃取对照组的预算，因此当实验发布给所有用户时，总收入不会增加。防止预算窃取的一种方式是按照暴露于实验组和对照组的用户流量百分比来分割所有广告预算。虽然这样解决了预算窃取的问题，但并不能帮助我们了解实验是否会导致收入增加。合理地选择实验观测指标也是至关重要的，比如这个问题中，对比预算使用率是更好的实验观测指标。

（2）地理位置隔离

在双边市场中，由于需求和供给曲线，因此不同用户的行为是相互关联的。以乘车服务为例，当一名司机与一名乘客匹配时，乘客附近其他司机匹配的可能性就会降低。将乘客或司机简单随机分成实验组和对照组会导致市场状况的变化，从而使估计的实验效果产生偏差。为了减少用户之间的网络交互，Lyft 通过在不同大小的空间区域或时间间隔之间进行随机抽样来进行整群抽样，以确保不同变量之间的市场状况相似。实验单位越粗糙，持续存在的干扰偏差就越少，尽管这会增加估计方差。优步已经尝试将这种方法引入一组随机的市场，并用一种合成控制来预测反事实。

两个单元的地理位置接近，出现干扰的例子很多，例如两间酒店争夺同一名旅客，或两辆出租车争夺同一名乘客。可以合理地假设来自不同地区的单元是彼此隔绝的，这使得实验可以在区域水平上进行随机化，以隔离实验组和对照组之间的干扰。需要注意的是，在地理水平上的随机化可以通过地理位置的大小来限制样本大小。但这种隔离也会导致 AB 实验的方差较大，功效较小。

（3）网络族群隔离

与基于地理的随机化类似，在社交网络上，可以根据节点干扰的可能性构建彼此接近的节点的簇，然后将簇作为"巨型"单元独立、随机分为实验组或对照组。这种方法有两个局限性。

- 在实践中很少有完全孤立的情况，对于大多数社交网络而言，连接图通常过于密集，无法分割成完全隔离的簇。例如，当试图在整个 LinkedIn 网络创建 10 000 个相互隔离、平衡的集群时，集群之间仍有超过 80% 的连接。
- 与其他大单元随机化方法一样，有效样本量（聚类数）通常较小，这导致在构建聚类时需要权衡方差和偏差。虽然簇的数量越多，方差越小，但也给我们带来了更大的偏差和更少的孤立性。

在 LinkedIn 和 Facebook 的许多产品中，用户会彼此影响。这些影响有助于设计更好的 AB 实验。LinkedIn 使用 egoClusters 方法，创建大约 20 万个 ego 簇，其中包括"自我"（指标被测量的个人）和"改变者"（接受实验，但对其指标不感兴趣）。在所有簇中，"自我"都得到了处理。在实验组簇中，所有"改变者"都会得到处理。在对照组簇中，所有"改变者"都不做处理。对于简单的双样本 t 检验，在实验簇的"自我"和对照簇的"自我"之间，给出了所有连接都得到处理与不处理的近似一阶效应。Facebook 和 Google 采用了类似的基于簇的随机化技术。关于基于网络关系划分簇，然后以簇为单位做 AB 实验，感兴趣的读者可以阅读相关领域的论文。

3. 边缘度分析

一些泄漏发生在两个用户之间明确定义的交互中，这些相互作用很容易识别，因为交互一般是从一个用户到另外一个用户，所以可以看作数学上的一条有方向的边。可以对用户进行随机化，然后根据用户的实验分配将边标记为 4 种类型之一：从实验组到实验组的边、从实验组到对照组的边、从对照组到对照组的边和从对照组到实验组的边。

对比发生在不同边的交互（例如消息、点赞）的量，能够了解这些网络互动效果的影响程度。例如，使用实验组到实验组和对照组到对照组之间的对比度来估计无偏增量，或识别实验中的单元是否更喜欢向其他处理单元发送消息，以评估实验策略的互动效果，以及由实验组创建的新操作是否获得更高的应答率。LinkedIn 在分析一对一消息传递实验时，明确计算消息数，包括留在实验组内的消息、留在对照组内的消息和 2 个组相互交叉的消息，将这些类别的消息总数通过实验进行对比，以衡量网络交互的影响。

在 Skype 上，将一些与呼叫质量相关的实验在呼叫级别进行随机化，每个呼叫被处理或控制的概率相等，然后观察实验组的各项呼叫指标是否有明显改善，其中也包括这 4 种类型的呼叫边的数量。在实验过程中，单个用户可能会进行多个呼叫，这种以呼叫为随机单元的方法不考虑来自实验用户的内效应。

4. 生态经验法

并不是所有的用户操作都会在不同组间相互干扰。可以确定可能会溢出的操作，并且只有这些操作在实验中受到实质性影响时才会担心干扰。这表示我们不仅需要关心一阶动作，还需要关心一阶动作的潜在反应。

例如，考虑在社交网络上进行实验的指标，包括发送的消息总数和响应的消息总数、创建的帖子总数、帖子收到的点赞总数和评论总数以及这些点赞和评论的创建者总数。这些指标可以在一定程度上反映一阶动作的下游影响。通过测量，可以估计一阶动作对潜在生态系统影响的深度和广度。对一阶动作有积极影响而对下游指标没有影响的实验，不太可能产生可测量的溢出效应。一旦确定了能反映下游影响的指标，就可以建立关于每个行动如何转化为整个生态系统的价值或参与的普适指导，例如，来自用户 A 的消息翻译成来自 A 及其邻居的访问会话的数量是多少。建立这一经验法则可以使用被证明具有下游影响的历史实验，并使用工具变量法将这种影响外推到其他行动的下游影响。

这种经验法则相对容易实现，只需要建立生态系统价值，可以将其应用于任何实验。然而，这种方法确实有局限性。从本质上讲，经验法则只是一个近似值，并不一定适用于所有场景。例如，由某种实验产生的额外消息可能会对生态系统产生比平均水平更大的影响。

5. 双边随机化

在很多产品中，用户角色之间存在明显的生产者、消费者区别。例如，在抖音、快手等视频内容 App 中，有内容生产者，也有内容消费者。在这种场景下，进行内容相关的实验时通常使用双边随机化。例如，测试给内容贴上不同类型的标签是否能增加消费，这里有两个正交实验同时进行，一个控制生产体验，另一个控制消费体验。

生产实验允许实验中的用户将标签添加到他们的帖子中，消费实验允许实验中的用户在他们的提要上看到标签。如果我们做一个简单的 AB 实验，把这两个功能放在一起，那么实验就会出错：生产者效应被低估了，因为一般实验流量控制在 10% 以下，即潜在的消费者不到全体用户的 10%。就这个例子而言，如果生产实验中实验组的用户可以发布标签，但并不是每个人都能看到它们，那么该用户很可能会减少参与。消费者效应也被低估了，因为潜在的生产者太少了。能够看到标签可能会让用户更投入，但如果使用它们的人太少（即只接受实验的人可以看到），就不会有这种效果。使用双边随机化的优点是，当 95% 的消费者可以看到生产的内容时，生产者的效果（比如 50% 的灰度）更准确；当 95% 的生产者"启用"时，消费者测试（比如 50% 的灰度）更准确。

这种方法可以不考虑生产商之间的竞争影响，在这种情况下，如果有足够的功率，比起 50% 的灰度，95% 的灰度更常用。此外，有的情况下可能无法在功能中将消费者从生产者中分离出来。例如，如果用户提到另一个使用"@ 提及"功能的用户，则必须通知该功能的使用者被提及。这样的情况下，可以考虑采用一些其他的度量手段，比如将其视为一种互动进行评估。

4.3　最小实验参与单元数量

从统计理论上，实验样本量（即实验参与单元数量）越多越好，因为如果实验参与单元数量太少，实验容易被个别样本点带偏，造成实验结果不稳定、难以得出准确的结论。样本数量变多，实验就有了更多的"证据"，实验的可靠性也就越强。然而，在现实操作中，进行实验的样本量应该越少越好，原因有如下两点。

- 流量有限。大公司因为用户数量足够多，所以不用过于精打细算，同时跑几十个甚至上百个实验也没问题。小公司一共就那么点流量，还要开发这么多新产品。在保证不同实验的样本不重叠的情况下，产品开发的速度会大大降低。

- 试错成本高。假设我们对 50% 的用户进行实验，不幸的是，1 周后结果表明实验组的总收入下降了 20%。算下来，实验在一周内给公司带来了 10% 的损失，这个试错成本太高。

不难看出，选择样本数量是个技术活，样本量太小，结果不可信；样本量太大，试错成本太高。问题的关键变成，如何确定一个"最小"的样本数量，在保证实验"可靠性"的同时，不会浪费过多流量。在确定最小实验样本数量的时候，主要受到哪些因素的影响呢？根据统计学的知识，需要考虑以下 4 个因素。

1. 显著性水平

显著性水平一般常用 α 表示，其含义是第一类错误出现的概率，可用于控制第一类错误。第一类错误在实验中表现为实验没有效果，却判断为有显著效果。在商业背景下，第一类错误意味着新产品对业务其实没有提升，我们却错误地认为有提升，把不好的新功能推向全部用户，损害用户体验。这样的决定，不仅损害公司的长期利益，浪费了公司的资源，而且还让部分人得到了不应得的奖励，这种错误是实践中最为常见的。在做 AB 实验时，公司一般会选择一个可以接受的 α 作为上限，最常见的是 5%。5% 的含义就是在做实验的时候，保证第一类错误出现的概率不超过 5%。

2. 统计功效

统计功效一般用 $1-\beta$ 表示，是指实验本身有效果同时也被判断为有效果的概率。统计功效越高越好，如果功效太低，比如只有 50%，意味着实验结果只有 50% 的概率被检测出来，这种情况是对团队资源的极大浪费。β 对应的就是第二类错误，表示实验有效果但是被判断为无效果。一般来说，统计功效要在 80% 以上。

对于一个 AB 的实验。

- 第一类错误不超过 5%，即 $\alpha \leq 5\%$。
- 第二类错误不超过 20%，即 $1-\beta \geq 80\%$。

这表明了实验者对于两类错误上限的选取。这两个数据背后代表的理念是，宁可砍掉 4 个好的产品，也不应该让 1 个不好的产品上线。这也是绝大多数 AB 实验所秉持的基本思想。每个产品可以根据自己的实际情况控制两类错误。

3. 基线水平

基线水平是指在实验开始之前，对照组中所关心的实验指标的表现情况，也就是产品不做改变时的指标水平。常见的指标类型有比率类指标（比如用户付费转化率、点击率等）和均值类指标（比如人均时长、人均支付金额等），下面分别讨论这两种指标的情况。

比率类指标，以推荐系统中的点击率为例，如果对照组的点击率是 15%，意味着基线水平是 15%。对于这种比率类的指标，从直观上来理解，当基线水平很大（接近 1）或者很小（接近 0）的时候，实验更容易检测出差别。举个极端的例子，假设之前的推荐系统非常不准确，对照组的点击率为 0，基线水平为 0，如果新的推荐算法只有一个用户点击，相对于对照组来说也是挺大的提升。此时，即便是微小的变化，实验效果也会更容易地检测出来。更容易检测出变化，意味着功效变大，如果保持功效不变，那么所需要的样本数量变少。同理，当基线水平居中（在 0.5 附近）的时候，实验的功效会变小，如果保持功效不变，那么所需要的样本数量会变大，如图 4-7 所示。

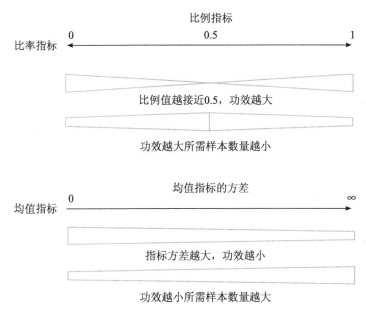

图 4-7　不同类型指标的基线水平与功效、实验样本量的关系

对于均值类的指标，主要是考虑对照组的方差分布，也就是这个指标的波

动，数据整体偏离平均值的情况如何。如果方差小，意味着波动小，那么实验更容易检测出差别，功效大，如果保持功效不变，那么所需要的样本数量变少；如果方差大，意味着波动大，那么实验更不容易检测出差别，功效变小，如果保持功效不变，那么所需要的样本数量变大，如图 4-7 所示。

4. 最小检出水平

顾名思义，最小检出水平用于衡量实验判断精确度的最低要求。参数越大说明期望的精度越低，比如 10%，说明我们希望实验能够检测出 10% 的差别即可。检测这么大的差别当然比较容易（功效变大），保持功效不变的情况下，需要的样本量会变小。参数小（比如 1%），说明我们希望实验可以有能力检测出细微的差别。检测细微的差别当然更加困难（功效变小），如果要保持功效不变，需要的样本量会增加。

在工作中，最小检出水平参数的选定往往需要和业务方一起商定。比如在的实验中，我们选定最小检出幅度为 5%。这意味着，如果绿色按钮真的提高了 5% 以上的点击率，我们希望实验能够有足够把握检测出这个差别。如果低于 5%，我们会觉得这个差别对产品的改进意义不大（可能是因为点击率不是核心指标），能不能检测出来也就无所谓了。

计算最小实验单元数的过程，总结起来就是为了将第一类和第二类错误控制在一定范围内，达到一定的实验置信度和业务评估精度，需要实验单元的参与数量满足最小样本量。影响这个最小样本量计算的有 4 个因子——显著性、统计功效、指标（方差）、最小检出水平。计算方法可以参考 3.3 节和 3.6 节，也可以直接采用 http://www.evanmiller.org/ab-testing/sample-size.html 的小工具。

第 5 章

AB 实验的随机分流

在对实验参与用户进行随机分组时，需要重点关注几个问题：1）用户如何被随机分为实验组和对照组；2）实验量增加后，流量不够用的问题如何解决；3）不同层之间的正交性是如何实现并保证的；4）随机分流时如何选择散列算法。本章针对这些问题展开讨论。

5.1 单层分流模式

先来介绍在 AB 实验中，变量分配是如何实现的，也就是用户是如何被随机分为实验组和对照组的。通常使用散列函数将用户随机地分配给不同的桶（bucket）。比如，把 1 000 万个用户用散列函数映射到 1 000 个桶中，每个桶中包含随机分配的 10 000 个用户。如果我们的实验计划是要获得 20% 的流量，那么就从中随机选取 200 个桶的用户进行实验。将用户分配到桶必须是随机的，且必须是确定性的、不相交的。比较运行相同实验的任意两个桶，须假定它们在统计上相似，这才具有可比性。这种相似性可以通过 AA 实验（见第 7 章）进行验证。

- 每个桶中的用户数量应该大致相同。如果按关键维度（如地域、平台或性别）进行细分，则各个桶的切片数据也将大致相同。

- 关键指标（目标、保护、质量）应该具有大致相同的值（在正常可变性范围内）。

随机过程看似简单，往往也会出现很多问题，我们应该配置相应的监控任务。Google、Microsoft 等公司通过监控桶特征发现了随机化代码中的错误。还有一个常见的问题是残留效应，先前的实验可能会污染当前实验的桶。对每个实验中的桶进行重新随机化或洗牌，使它们不再连续，也是一种常见的解决方案。

在运行实验初级阶段，实验数量通常很少，采用单层分流模式就可以满足。单层是指不重复利用用户，在同一个时间内，用户最多只会参与一个实验。当同时运行的实验很少时，这是一个看似合理的选择。然而，这么做的缺点是对并发实验数量有限制，必须确保每个实验有足够的实验样本量以获得足够的功效。操作上，在单层系统中管理实验流量可能很有挑战性，即使在早期阶段，实验也是并发进行的，只是不是在单个用户上。

LinkedIn、Microsoft 和 Google 都是从手动管理实验流量的方法开始管理并发的（所有可以参与实验的实验参与单元数量统称为实验流量）。LinkedIn 团队使用电子邮件协商实验流量范围。Microsoft 由项目经理管理实验流量。而Google 从电子邮件和即时消息协商实验流量开始，然后转移为项目经理管理。然而，手动管理流量的方法太影响效率，随着时间的推移，这三家公司都转向了程序化分配。不管采用什么样的分配方式，都会面临实验流量不足的问题，迫切需要解决这个问题。

5.2 正交分层模式

为了解决单层随机分流模式下流量不够用的问题，要将实验扩展到单层方法所能实现的范围之外，需要转移至某种并发实验系统。在这种并发系统中，每个用户可以同时进行多个实验。实现方法是拥有多个实验层，其中每一层的行为类似于单层方法。为了确保层间实验的正交性，在把用户分配到桶时，会添加层 id，也称为盐值。层与层之间的正交性就是靠散列函数加层 id 的方式来保证。这就是业界通用的正交分层模式，即通过散列函数和加盐值的方法实现实验流量的复用。本节介绍正交分层模式中的两个关键点：1）正交性是如何保证的；2）如何确定分多少层且如何使用。

5.2.1　正交性问题

简单来讲，如果第一层所有用户都均匀随机地分布到了其他层的实验里，则可以认为第一层实验是符合正交性的，其他层的实验可以依次类推。各层之间类似平行关系，不相交、不影响，这样各层之间的影响就通过正交随机打散的方式被抵消了，每一层看到的仍然是该层中这个特征的实验效果。

在多层正交正常的情况下，实验期如果实验组 A 应用了新策略，实验组 A 相对于对照组 B 的指标数据有变化，则这个变化一定是 A 的新策略导致的。虽然 A 组中的用户也可能会参与其他层的实验，但是这些实验对于 A、B 的影响是一样的。

下面来简单推导一下正交性是如何实现的，如图 5-1 所示。

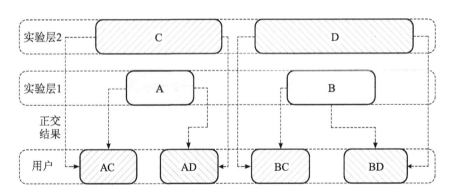

图 5-1　层与层之间的正交性

实验层 1 中有实验组 A、实验组 B，分别占用流量比例为 $N(A)$、$N(B)$。

实验层 2 中有实验组 C、实验组 D，分别占用流量比例为 $N(A)$、$N(B)$。

如果实验层 1 和实验层 2 符合正交性，就有如下等式成立，$N(AC)$ 表示同时命中实验组 A 和实验组 C 的用户数量。

$$N(AC) = N(A) \times N(C) \qquad N(BC) = N(B) \times N(C)$$

$$N(AD) = N(A) \times N(D) \qquad N(BD) = N(B) \times N(D)$$

$$N(\text{A}) : N(\text{B}) = N(\text{AC}) : N(\text{BC}) = N(\text{AD}) : N(\text{BD})$$

假设实验的观察指标是点击率，当实验组 A、B、C、D 都不应用任何策略时，$R(\text{A}) = R(\text{B}) = R(\text{C}) = R(\text{D}) = p$，$R$ 代表点击率。

假设实验层 2 的实验组 C 应用了新策略，点击率相对提升为 α，那么此时 $R(\text{C}) = (1+\alpha) \times p$。

实验组 C 对实验组 A 的影响分两部分，一部分是被 C 策略影响的用户 $N(\text{AC})$，效果为 $(1+\alpha) \times p$，一部分是没有被 C 策略影响的用户 $1-N(\text{AC})$，效果仍然为 p，此时原来 A 策略作用人群总效果，以 R' 表示，计算公式如下。

$$R'(\text{A}) = \frac{N(\text{AC})}{N(\text{A})} \times (1+\alpha) \times p + \left[1 - \frac{N(\text{AC})}{N(\text{A})} \right] \times p$$

因为正交性 $N(\text{AC}) = N(\text{A}) \times N(\text{C})$，上面等式可以变为

$$R'(\text{A}) = \frac{N(\text{AC})}{N(\text{A})} \times (1+\alpha) \times p + \left[1 - \frac{N(\text{AC})}{N(\text{A})} \right] \times p = N(\text{C}) \times \alpha \times p + p$$

实验组 A 观察指标变化为

$$\Delta R(\text{A}) = R'(\text{A}) - R(\text{A}) = N(\text{C}) \times \alpha \times p + p - p = N(\text{C}) \times \alpha \times p$$

这个变化说明实验 C 对于实验 A 的影响和 $N(\text{A})$ 没有关系，同样的实验 C 对于实验 B 的影响也和 $N(\text{B})$ 没有关系。

$$\Delta R(\text{B}) = N(\text{C}) \times \alpha \times p$$

实验层 2 中的实验组 C 对于实验层 1 中实验组 A、B 的影响是完全一样的，在对比 A、B 两组实验效果的时候，实验组 C 的效果就完全被抵消了，从而实现了层与层之间实验效果相对独立。如图 5-2 所示，两个正交层，实验层 1 中 10% 的用户命中实验组 A，实验层 2 中 30% 的用户命中实验组 C，从用户视角来看，应该有 3% 的用户同时命中实验组 A 和实验组 C。分层的同层之间的实验比例 $N(\text{A}) : N(\text{B}) = 1 : 2$，从用户视角看保持不变，即 $N(\text{AC}) : N(\text{BC}) = 1 : 2$。有如下等式：

$$N(\text{AC}) = N(\text{A}) \times N(\text{C}) \qquad N(\text{BC}) = N(\text{B}) \times N(\text{C})$$

$$N(\text{AD}) = N(\text{A}) \times N(\text{D}) \qquad N(\text{BD}) = N(\text{B}) \times N(\text{D})$$

$$N(\text{A}) : N(\text{B}) = N(\text{AC}) : N(\text{BC}) = N(\text{AD}) : N(\text{BD})$$

$$N(\text{C}) : N(\text{D}) = N(\text{CA}) : N(\text{DA}) = N(\text{CB}) : N(\text{DB})$$

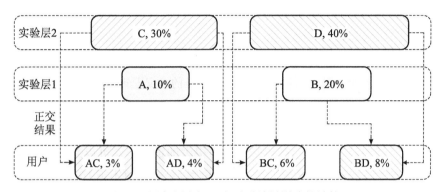

图 5-2　层与层之间正交后对效果影响的计算

5.2.2　分层问题

通过正交分层解决流量的复用问题后，接下来要考虑分多少层的问题。一种极端的情况是，将每个实验都单独作为一层，这也被称为全析因实验设计，每一种可能的因素组合都作为变量进行实验。如果我们将其扩展到一个平台，那么用户可能同时参与所有实验。对于每个运行的实验，用户都会被分配一个变量（对照组或任意实验组）。由于每个实验都与唯一的层 id 相关联，因此所有实验彼此正交。相同实验的迭代通常共享相同的散列 id，以确保用户获得一致的体验。这种简单的并行实验结构允许以分散的方式轻松地扩展实验数量。

这种平台设计的主要缺点是不能避免潜在碰撞，如果两个不同实验中的某些实验参数同时发生变化，用户的体验会很差。例如，有两个实验，在实验 1 中测试蓝色文本，在实验 2 中测试蓝色背景。对于碰巧同时接受这两个实验的用户来说，这将是一次可怕的体验，显示屏是一片蓝色，完全看不清字体。用统计学的术语来说，这两个实验是"互动"的。在没有考虑两个实验之间产生交互的情况下，每个实验单独测量出的结果也可能是不正确的。需要注意的是，并不是所有的相互作用都是对抗性的，有时两种策略方法都有帮助，只是不是简单叠加。直观来讲，分的层数越多，碰撞的概率就越大。

为了避免糟糕的用户体验，可以使用有限层的划分方式，将系统参数划分为多个层，不同层运行不同类的实验，组合在一起可能会产生较差用户体验的实验必须在同一层中，并防止设计为向同一用户运行。例如，可能有一层实验用于通用 UI 元素实验（例如页面的标题和标题中的所有信息），第二层用于内容实验，第三层用于后端系统实验，第四层用于算法实验等。有限层有以下两个关键点。

- 同类业务互斥且进入同一层。同类业务的含义是改变同一类参数的实验都属于同类，进入同一层是指这一类实验只能放在同一个实验层进行。核心目的还是避免参数碰撞、互动的发生。这里同类的定义不是绝对的，而是相对的，例如，在实验量不是很大的情况下，可以采用较粗粒度，比如 UI 层算作同类。如果实验量很大，一个层放不下 UI 实验，就需要继续拆分，比如 UI 层还可以拆分为文字字体、文字颜色、文字大小等不同的实验参数，放入不同的实验层。还能继续往下拆分为按钮颜色、字体颜色吗？建议最好不要拆到特别细的类目中，这样容易出现冲突和碰撞，带来不好的用户体验。在推荐算法的分层里面，召回、粗排、精排等都可以独立成为一层。

- 不同类业务可以拆分到不同层，并行进行，保证实验流量足够，通过正交实现层间效果相互影响的隔离。

仅约束层数有时候不能完全满足实验需求。例如，把字体、大小和颜色都拆分为不同的层，如何做一个同时改变字体、大小和颜色的联合实验呢？为了解决这种层细分后无法进行联合实验的情况，可在层的基础上进行打通，形成贯穿域。在贯穿域中，可以进行各种跨层的联合实验。

在实际工程中，为满足复杂的需求，将层和域演变为各种复杂的组合，这些不同层和域的构造组合，使用的是一种嵌套平台设计。具体选择什么样的组合，取决于业务的实际情况和复杂度。Google、LinkedIn、Microsoft 和 Facebook 的实验架构都使用了这种设计的不同变体。无论选择什么样的构造，在实现层和域的架构时，最好具备灵活组合的能力，否则后期一旦需求变得复杂，就无法满足了。如图 5-3 所示是一些经典的层域架构。

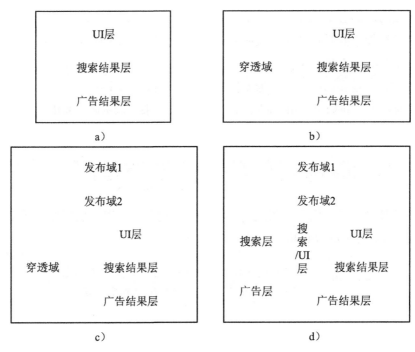

图 5-3　常用层域嵌套框架

图 5-3 中，a 图是包含三层的正交层基本框架，b 图是包含穿透域、正交层的框架，c 图是包含穿透域、正交层、发布域的框架，d 图是一个层域嵌套的复杂框架。简单来说，没有被分为多个层的流量称为域。层和域不是绝对关系，可以在层中分域，在域中分层。以图 5-3b 中的架构为例，一个实验要么在穿透域实验中，要么在分层实验中。在分层实验中，一个实验参与单元最多可以同时命中 3 个实验（UI、搜索、广告），但是绝对不会同时命中穿透域实验和分层实验。也就是说，域和域之间的实验是不会重复的，同一个用户只会被分到一个域的实验中。

5.3　散列算法

我们都知道，随机分流的随机性是通过散列算法来实现的。如何选择散列算法呢？不同的散列算法是否会对分流结果有影响呢？一般在工程实践中，对散列算法的评估主要考虑 3 个方面——计算性能、均匀性、相关性。

计算性能主要是指开始分流时散列算法的速度，如果速度不够快，可能会影响线上的响应速度。

均匀性是指在同层之中分为不同实验组的时候，每个组分到的参与用户的数量尽量一致。我们可以用组间差异（Hash_diff）来表示不同实验组之间参与用户数量的差异。Hash_diff 越小，均匀性越好。

$$\text{Hash\_diff} = \frac{\text{同层不同组的实验参与用户数量标准差}}{\text{同层不同组的实验参与用户数量均值}}$$

相关性是指在不同层的组之间的混合尽量均匀，可以用层间差异（Layer_diff）来表示，Layer_diff 越小，相关性越低。

$$\text{Layer\_diff} = \frac{\text{不同层间不同组实验参与用户数量交集标准差}}{\text{不同层间不同组实验参与用户数量交集均值}}$$

比如有 1 000 万个用户，分为 20 层，每层 100 组。

均匀性是在理想的情况下，每个层每个组都有 100 000 个用户，这样同层不同组的实验组数量的标准差为 0，Hash_diff=0。

相关性是在理想的情况下，每个层每个组和其他层某个组的交集的数量都是 1 000，这样不同层间不同组实验参与数量交集的标准差为 0，Layer_diff=0。

常见的散列算法有 MD、SHA、JDB、Murmur 等。其中最为常用的是 MD 和 Murmur，Murmur 的运算性能更好，抗碰撞性更强，表现出的均匀性、相关性也是最好的，在工程实践中也是运用最多的。

虽然散列算法能从理论上保证分流的均匀性，但是在实际情况中，由于各种复杂的原因，用户的分布可能不是完全均匀的，就有可能导致随机分流的实验组之间出现不均匀的情况。分流不均的一个重要观察指标就是，两组策略完全一致的用户的实验指标数据出现显著的不一致。

这里需要特别强调的是显著的不一致。如果只观察数据绝对值，两组均值通常是不相等的，这是因为存在天然的波动，而且用户量级越小，波动越大，如果是在满足了一定用户量的情况下出现了显著差异，这时大概率是出现了分流不均的情况。分流不均的原因很多，可能是系统出错，也可能是随机过程用户不同质，例如有一小部分特别活跃的用户，因为占比低，所以容易出现各个组之间的不均匀分配，或者受到遗留实验的影响等。为了防止这个问题的出现，一般在实验开始前需要进行检验（如 SRM 校验、AA 实验），以确保实验的基础没有偏差。

第 6 章

AB 实验的 SRM 问题

很多人认为实验一定是按照设计进行的，实际上这一假设失败的概率远高于人们的预期。失败的实验分析结论通常是有严重偏颇的，甚至一些结论是完全错误的。样本比例不匹配问题（Sample Ratio Mismatch，SRM）是常见的一种导致实验失败的原因。多家公司都在实验中发现了 SRM 问题，并认为在 AB 实验中测试 SRM 是非常有价值的。推荐的做法是每一次实验都包括 SRM 测试，以保证实验结果的内部有效性和可信性。本章会重点讨论 SRM 问题发生的原因以及应对方法。

保护指标是一类关键指标，旨在提醒实验者注意可能违反实验假设的情况。保护指标有两类：组织性保护指标和实验可信度保护指标。组织性保护指标用于保护业务不受伤害，实验可信度保护指标针对的是实验本身的可信度，SRM 指标就是一种实验可信度保护指标。

6.1 什么是 SRM 问题

SRM 问题主要是指实验组和对照组之间的实验参与单元数量（比如用户数、页面数、会话数等）的比率不匹配。比如，实验设计要求将一定比例的用户暴露给这两组变量，结果应该与设计非常匹配。由于可能受实验影响，不同实验组的指标会出现差异不同，将用户暴露于不同实验组必须独立于实验处理，因此不同实验组中的用户比例应该与实验设计相匹配。

　　举例来说，在一个实验中，实验组和对照组分别被分配 10% 的用户，理想的情况是在每个组中看到大致相等的用户数，而实际结果是实验组有 821 588 个用户，对照组有 815 482 个用户。两者的比率是 0.993，而根据实验设计比率应该是 1.0。0.993 的样本比率的 P 值为 1.8×10^{-6}（计算方法见 6.3.1 节），意味着在实验组和对照组具有相同用户数量的设计中，出现此比率或更极端情况的概率为 1.8×10^{-6}。于是，我们认为这属于观察到了一个极不可能发生的小概率事件。

　　由于小概率事件发生了，因此我们倾向于认为实验的实现过程有较大概率存在错误。因为大概率存在错误，所以不应该信任该实验的任何指标和结果。简单来说，在样本比例的 P 值较低，且实验样本量足够大的时候，大概率存在 SRM 问题，此时其他的指标也无法被信任和采用，基本都是无效的。SRM 问题体现为实验组和对照组的实际比例和理论比例有所偏差，而分析基于的是理论比例，这个偏差使得分析结果失真，严重时甚至会得到完全相反的结论。

　　需要特别注意的是，SRM 问题中用户比率采用的数量是暴露给实验的全部用户，而不是实验后续漏斗路径中的用户，漏斗用户量的差异可能是实验效果导致的，这不属于 SRM 问题。

6.2　导致 SRM 问题的原因

　　导致 SRM 问题的原因很多，在实验的部署、执行、数据处理和分析阶段都有可能出现 SRM 问题。

6.2.1　部署阶段

　　在实验部署阶段，有缺陷的用户随机化是引起 SRM 问题的主要原因，主要涉及随机性算法的性能和稳定性，如能否完成理想的正交分层，能否完成大量、实时的随机分组，能否在一段时间后依然保持效率和稳定等。虽然基于实验设计比例对实验组和对照组的用户进行简单的 Bernoulli 随机化是很容易理解和想象的，但由于实验逐步放量（例如从 1% 开始实验，逐渐增加到 50%）、排除和选择（比如实验 A 中的用户不应该在实验 B 中）以及试图通过回溯历史数据并调整权重来平衡协变量等问题，因此实验在实践中会变得更加复杂。此外，一些实时服务的漏洞，也会导致分组不符合预期。实验平台在有重要迭代或修改后，尤其需要验证是否对分层分组产生了影响。SRM 测试为结果的可信性提供了有效的保障。在随机分流时，有几个典型的问题会导致 SRM 问题。

1. 残留效应

残留效应是指前一个实验污染了相同用户分组的后续实验。通过 AB 实验发布产品特性的过程通常涉及多个迭代，这些迭代逐步增加，以此降低新特性发布带来的风险，提高新特性发布过程中产品的稳定性和质量，防止发生大面积用户崩溃，甚至回退等严重损害用户体验的情况。为了保持用户体验的一致性，在不同迭代、新特性逐步发布的过程中，需要保持相同的用户分组。具体来说就是在上一个迭代中被分到实验组的用户，在下一个迭代中继续保留在实验组。如果实验改变了用户重新触发实验的概率，这将产生潜在的残留效应。如果一个用户从实验开始就被标记为唯一的用户标识，样本大小和比率就应该符合期望。

然而，为了避免 Simspon 悖论，人们通常需要在增加实验时重新启动分析。在这种情况下，当用户重新被触发，实验的概率被改变时，样本大小和比率将不符合预期，这是因为用户是从实验开始后的一个时间点计数的。在一个评估"可能认识的人"算法的实验中发现了这个现象。实验表明，虽然这个帮助用户发现"可能认识的人"的算法使得用户有更好的参与度，但在第一次迭代之后开始出现 SRM 问题。经过仔细调查发现，这是由于该算法非常好，使用户更经常使用这一功能。区分用户中第一次触发实验的用户和返回的用户后发现，在第一次触发实验的用户上没有不匹配，主要是返回用户造成了 SRM 问题。当残留效应是主要原因时，随着分析周期的延长，样本量比率通常会收敛于预期比率。

这种偏差可以通过重新随机化，或者从实验开始计数唯一的用户来纠正。比如修复漏洞的后遗症也会带来 SRM 问题，当有漏洞时，一般会重新启动实验。当实验策略对用户可见时，由于要保持一致的体验，不希望改变实验组的用户，因此将分析开始日期设置为引入错误修复之后的时间点。如果漏洞严重到足以让用户放弃，那么就会出现 SRM 问题，因为实验组的用户数明显低于对照组的用户数。

2. 触发前状态偏差

虽然在代码中触发实验的可能只是一行简单的代码，但应用代码的逻辑顺序可能决定实验是否会导致 SRM 问题，下面用一个例子来说明。某产品推出了一个功能，允许用户通过跟踪他们关心的内容来重建自己的信息流。为了提高用户对该功能的认知，在提要页面的顶部向用户展示了一个交叉推广的小部件。小部件是通过 AB 实验启动的，这样我们就可以测量它的双重影响，一方面，小部件有可能改进后续新功能产品的使用情况；另一方面，因为小部件分散了用户的注意力，所以它可能会影响用户对信息流的浏览和阅读。此外，为了避免用户每次回来都重复看到小部件，当用户看到小部件超过两次或至少点击一次时，用户就会进入冷却状态。最初，这个交叉推广实验是用下面的逻辑来实现的，虽然代码的逻辑看似为实验提供了正确的逻辑，但在实验启动后，观察到了严重的 SRM 问题。

```
(1) If(member in cool-off):
(2)       Do not show widget
(3) Else if (member in control):
(4)       Do not show widget
(5) Else:
(6)       Show  widget
```

因为触发分析依赖于在实验评估期间触发的跟踪事件（第 3 行代码），所以当用户处于冷却状态时，上面的逻辑不会触发跟踪事件。由于只有实验组的用户在满足条件后才会处于冷却期，因此除非我们从实验开始就计算成员，否则实验组的独特用户就会相应地减少。一旦分析重新开始，就会出现 SRM 问题。

基于以上逻辑，用户的分析通常是偏负向的，因为更活跃的用户更有可能在早期触发实验，所以更有可能被排除在分析报告之外。解决这个问题的方法是交换第 1 行和第 3 行代码。

```
(1) If(member in control):
(2)          Do not show widget
(3) Else if (member in cool-off):
(4)          Do not show widget
(5) Else:
(6)          Show  widget
```

3. 动态定向目标

定向目标是指实验运行在特定的用户集上，基于用户的属性和活动特征为他们提供个性化的产品体验。用于确定目标的属性可以是静态的（如性别）；也可以是动态的，如用户参与度或当时状态（如活跃程度、求职状态、参与度等）等。如果目标属性是静态的，则目标用户集是固定的，几乎不会产生偏差。

动态的目标属性容易发生频繁的变化。如果需要基于这些动态属性来确定目标，则需要在属性的更新时效性和潜在偏差之间进行权衡。如果不考虑用户属性的最新状态，可能会影响用户的体验，比如一个用户已经很活跃了，还在不停采用使其活跃的策略进行刺激，或者一个用户已经不属于新用户，还在对其采用新用户策略。如果考虑用户的最新状态，并因此而改变策略，这种处理方式又可能会改变目标用户的数量。如果在实验开始后更改目标属性，可能会得到不具有可比性的实验组。

在大多数情况下，来自动态定向目标的偏差和残留效应的偏差相似，上一次迭代通常会导致下一次偏差。比如，针对流失用户的实验，实验策略尝试用推送、小红点等拉活手段重新召回他们。当一些用户通过这些活动被召回时，他们不再被归类为沉睡用户，从而导致下一次迭代产生偏差。例如招聘网站对求职信息不完整用户进行实验，试图使用户完成求职信息的填写，当他们填完信息后，就不再属于沉睡用户了。

在一些特殊的情况下，即便是第一次迭代，也会出现 SRM 问题。有一个测试"你可能感兴趣的工作"算法的相关性 AB 实验。首先建立实验，对主动求职者随机提供算法 A 或算法 B 服务，其余用户随机提供算法 C 或算法 D 服务。同样的随机用户拆分应用于活跃的求职者和其他用户。用户是否主动求职者是一个独立机器学习算法生成的目标属性，主要考虑用户交互的情况。

这个实验的 SRM 测试失败了。有趣的是，SRM 测试只在主动求职者分组之间失败了，也就是算法 A 和算法 B 之间的比较测试失败了。事实上算法 C 的性能非常好，它提升了页面浏览量和页面点击等活动。这些活动在分类模型中用来识别求职者的特征。一些用户被转换为活跃的求职者，并落入算法 A 的用户组，导致算法 A 中的用户计数超过预期。即使剩余用户的 SRM 测试没有失败，算法 C 和算法 D 之间的比较仍然被污染了，因为一些被包括在算法 C 中的人实际上得到了算法 A。

这样类似的案例在实际中有很多，假设根据存储在用户配置文件数据库中的数据属性对休眠用户进行实验。如果实验效果足以使一些休眠用户变得活跃，那么在实验结束时基于该属性识别用户将会出现 SRM 问题，早期休眠而现在活跃的用户将被触发条件排除在外。分析应该在实验开始之前（或分配给每个用户之前）触发休眠属性的状态。基于机器学习算法的触发条件尤其可疑，因为模型可能会在实验运行时更新，并受到模型效果的影响。如果没有进行 SRM 测试，就很难发现其中存在的问题。

6.2.2　执行阶段

实验部署后进入执行阶段，执行阶段需要下发策略，下发策略时需要对齐时机，保持下发人群的可对比性。假设客户端需要给用户展示两套 UI，同时对实验组和对照组下发，以避免下发时机不同带来的偏差。如果实验组下发完，再下发对照组，很可能两个时间段网络情况不一致，用户活跃度有差异，引入不必要的变量，最终会体现到实际样本的偏差上。

即使是同时下发，也需要注意避免引入"不必要的过滤条件"。以一个我们经常会遇到的实验场景为例，如图 6-1 所示，A 组下发新策略，B 组不下发策略。如果实验执行时是 A 组下发策略而 B 组不下发策略，最后用 A 组下发策略成功的用户来和 B 组对比，可能引入一个"过滤条件"，因为 A 组并非 100% 能下发成功，所以拿 A 组中下发成功的用户对比整个 B 组，可能会出错。如图 6-2 所示，如果我们采用 A 组下发策略，B 组下发空策略，那么下发成功这一层过滤就可以避免掉。

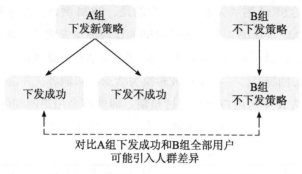

图 6-1　是否下发策略可能引入用户过滤

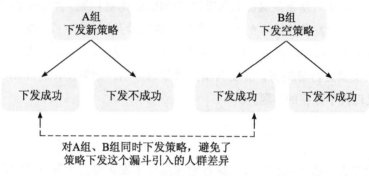

图 6-2　通过下发空策略避免用户过滤

6.2.3　数据处理和分析阶段

在数据处理阶段，检查数据处理管道的各个阶段和步骤是否有可能导致
SRM 问题的漏洞。SRM 的一个常见的来源是机器人过滤。数据处理中的一个常
见操作是删除机器人流量，因为它们增加了噪声，降低了分析的敏感度。据统
计，Bing 在美国地区有超过 50% 的网络流量被识别为机器人行为。这是什么意
思呢？简单以一个视频网站举例来说，这个网站 50% 的视频播放都是机器人的
行为，而不是真实的用户在播放。在微软的一个案例中，有一种机器人过滤处
理方法过滤掉了最好、最活跃的用户，这不仅触发了 SRM 问题，更为关键的是
导致了数据失真。在数据处理的各个阶段需要非常谨慎。

在数据分析阶段，SRM 问题主要是分析过程中一些样本偏差被忽视，以理论的
样本比例进行分析而造成的错误。在第五部分会结合一些具体实验案例进行讨论。

6.3　SRM 指标计算和定位

SRM 问题会导致 AB 实验无效，本节介绍 SRM 指标计算和定位。

6.3.1　SRM 指标计算

虽然导致 SRM 问题的原因很多，但最终影响实验分析结果时，都是通过实验组和对照组实验参与单元的可比性来实现的。当采样比例指标的 P 值较低时（一般低于 0.001 时），应该假定大概率是系统中的某个地方存在错误。在找出出错的地方之前，甚至都不用查看其他指标，因为对于实验结论没有参考价值。下面通过一个例子来说明如何计算采样比例指标的 P 值。

假设有一个实验组和一个对照组，两组样本的期望用户数量是一样的，分别为 447 500 和 447 500。预期的理想情况是，实验组用户数 / 总用户数 =447 500/(447 500+447 500)=0.5。实际观测发现，实验组用户为 445 000，对照组用户为 450 000，实际的实验组用户数 / 总用户数 =445 000/(445 000+450 000)=0.497 2。根据比率类指标的方差计算公式计算方差和 Z 值如下。

$$\sigma = \sqrt{\frac{p(1-p)}{n}} = \sqrt{\frac{0.5 \times (1-0.5)}{895\,000}} = 0.000\,528\,5$$

$$z_{\alpha/2} = \frac{x-u}{\sigma} = \frac{0.497\,2 - 0.5}{0.000\,528\,5} = -5.298\,0$$

根据 Z 值反查 P 值，P 值等于 1.17×10^{-7}，P 值很低（远低于 0.001），倾向于认为这个实验中出现了 SRM 问题。

6.3.2　定位 SRM 问题

当从 SRM 指标中发现 SRM 问题后，需要定位 SRM 的具体原因。定位 SRM 通常都很困难，以下是一些常见的定位方法。

验证随机化点或触发点上游没有差异。例如，如果因为更改了结账功能而从结账点开始分析用户，确保该结账点上游的变量之间没有差异。如果在结账处评估五折和买二送一哪个方案更好，不能在主页上提到这些选项中的任何一个，如果提到了，就必须从主页开始分析用户。否则就很容易导致 SRM 问题。

- 验证变量分配是否正确。用户是否在数据流水线的顶端进行了适当的随机化？虽然大多数变量分配系统开始基于用户 id 的简单随机化方案，但随着时间的推移，分配变得复杂，以支持并发实验和隔离组，其中保证不同的实验不会暴露给相同的用户。

- 是否有相同的初始区间。有没有可能这两个变量组并不是一起开始的呢？在某些系统中，一个对照组在多个实验组之间共享，各个实验组的开始时间不同也可能会导致 SRM 问题。例如，缓存需要时间来启动，应用程序需要时间来推送，手机网络可能离线导致延迟。这种情况出现的概率是很高的，在实际中经常在实验开始后，追加一个实验组，这个追加的实验组和之前的对照组和实验组之间很容易出现 SRM 问题，以及一些其他的数据不均匀问题。

- 查看细分市场的样本比率。
  - 分别查看每天是否有异常事件，例如，有没有人在某一天提高了实验的实验百分比或者另一个实验开始"窃取"流量？
  - 有没有某个细分市场的数据很突出？
  - 新用户和老用户是否显示出不同的比例？查看与其他实验的交集，实验组和对照组应该有与其他实验相似的百分比变化。

在某些情况下，如果了解了 SRM 出现的原因，就有可能在分析阶段修复问题，例如，修复机器人爬虫导致的数据问题。然而，在其他情况下，涉及流量分配等问题，无法用数据分析来处理时，最好重新运行实验。

第 7 章

AA 实验

随机选取两组用户，对这两组用户使用一样的策略，除了参与实验的对象之外没有其他不同的实验称为 AA 实验，也称为 AA 测试、空转测试。简单来说，AA 实验就是实验组和对照组的参数完全相同的 AB 实验。运行 AA 实验是建立实验平台信任的关键。AB 实验在实际实施中存在很多陷阱和问题，比如常见的实验参与对象分布不均、不同质、平台异常、数据异常等，这些问题都会导致实验结果不可信。AA 实验能帮助我们发现其中的问题。

AA 实验的想法非常朴素和直观，简单设想一下，如果我们在 AA 实验阶段发现，相同的策略只是作用在不同的用户组上，观察实验评估指标相差了 5%，AB 实验的结果也差了 5%，就很难说清楚 AB 实验的 5% 的差异究竟是用户不同产生的，还是因为 AB 实验组策略不同带来的。如果在 AA 实验阶段发现，相同的策略在两组用户上指标表现无差异，然后应用不同策略后出现了差异，那就可以认为差异有很大概率是因为策略不同导致的。

7.1 AA 实验的意义

因为 AA 实验的两个组的策略完全一样，只有实验参与人群不同，所以我们可以运用 AA 实验来做以下的事情：1）控制第一类错误；2）确保用户同质，即确保实验组和对照组用户之间具有可比性，不存在实验以外的其他差异；3）数据指标对齐，评估指标的可信度和可变性；4）估计统计方差。

7.1.1 控制第一类错误

通过 AA 实验可以将第一类错误控制在预期范围内。第一类错误是实验无效却被判断为有效果的情况。因为 AA 实验中的两组策略没有任何不同，如果一切运行正常，在不断重复实验中，给定指标在 P 值小于 5% 的情况下，统计指标有显著变化的情况应该不高于 5% 的概率。在进行 t 检验计算 P 值时，重复实验的 P 值分布应接近均匀分布。如果出现了指标显著异常的情况，且概率高于 5%，那么基于该实验数据做出的实验结论，犯第一类错误的概率就很高。

导致第一类错误的原因有很多，比如对于某些指标，标准方差计算的方法可能不正确，或者实验偷窥等。AA 实验将帮助实验者发现这些必须解决的问题。

下面通过一个例子了解 AA 实验如何发现和控制第一类错误。实验参与单元可能有不同的随机化粒度，比如网页浏览的实验，可以按用户分析，也可以按页面分析。例如，由于监控系统通常通过近实时地聚合每个页面来查看页面的加载时间和点击率，因此有时也需要按照页面来估计实验效果。计算点击率有两种常用方法，每种方法有不同的分析单元。第一种方法是先计算点击量，然后除以页面浏览量；第二种方法是先对每个用户的点击率进行平均，然后对所有点击率进行平均。如果采用用户随机化方式，则第一种计算方法采用与随机化单元不同的分析单元，这违反了独立性假设，使得方差计算更加复杂。下面对两种方法进行分析和比较。

设 n 为用户的数量，K_i 为用户 i 的页面浏览量，则页面浏览量总数 N 为 $N = \sum_{i=1}^{n} K_i$。

$X_{i,j}$ 是用户 i 在其第 j 个页面上的点击次数。现在来看一下我们对点击率 ctr 的两个定义。

定义 1：计算所有点击量并除以总的页面浏览量。

$$ctr_i = \left(\sum_{i=1}^{n} \sum_{j=1}^{K_i} X_{i,j} \right) / N$$

如果有两个用户，一个没有点击，只有页面浏览量，另一个有两次点击，两个页面浏览量各一个，那么：

$$ctr_1 = \frac{0+2}{1+2} = \frac{2}{3}$$

定义 2：对每个用户的 ctr 进行平均，然后对所有 ctr 进行平均，实质上是两次平均。

$$ctr_2 = \left[\sum_{i=1}^{n} \left(\sum_{j=1}^{K_i} X_{i,j} / K_i \right) \right] / n$$

应用定义 1 中的示例，计算出此时 ctr 如下。

$$ctr_2 = \left(\frac{0}{1} + \frac{2}{2} \right) / 2 = \frac{1}{2}$$

这些定义没有对错之分，都是 ctr 的有用定义，但使用不同的用户平均值会产生不同的结果。在实践中，更推荐定义 2，因为它对异常值更健壮，不会被一个拥有巨大页面浏览量和巨大点击的机器人账号干扰太多。

如果 AB 实验由用户随机化，则在计算定义 1 的方差时得到以下结果。

$$VAR(ctr_1) = \left(\sum_{i=1}^{n} \sum_{j=1}^{K_i} (X_{ij} - ctr_1)^2 \right) / N^2$$

这个方差计算其实是不正确的，因为它假设点击之间是独立的，实际上由于随机的粒度是用户，因此点击之间并不是独立的。要计算方差的无偏估计，可以使用 Delta 或 Bootstrapping 方法。观察到这一点并不是由于它明显违反了独立假设，因为这种不满足理论假设的问题通常很难被直观地发现，而是因为在 AA 实验中，ctr_1 出现了的显著性差异。

除了上面提到的方差计算问题，实验偷窥也会导致第一类错误。通常使用的统计数据假设在实验结束时只进行一次测试，而在实验进行过程中多次"偷看"违反了这一假设，导致的假阳性比使用经典假设检验时预期的要多得多。这里的"偷看"是一个比较形象的比喻，意思就是在实验预定的结束时间之前去偷偷查看结果，就像还不到答案揭晓的时刻提前去偷窥答案。

提前偷看结果的问题在于，看到的实验可能还没有稳定，或者还没有到达预定所需的实验参与单元数量等。早期一些 AB 实验鼓励实验过程中提前多次"偷看"实验结果，从而让实验提早停下来，导致了许多"伪成功"的实验。伪成功的意思是这些实验其实并没有获得正向效果，由于过程中多次偷窥，实验者误以为是获得了正向效果。当一些实验者开始进行 AA 实验时，他们认识到了这一点。AA 实验能帮助实验者发现很多难以直接发现的问题，从而控制第一类错误。

7.1.2　确保用户同质

AA 实验在识别偏差方面非常有效。确保实验用户和对照用户之间不存在偏差，特别是在重复使用先前实验中的人群的情况下。例如，使用连续的 AA 实验来确定残留效应，先前的实验会影响在相同用户上运行后续的实验。

通过观察两组策略完全一样的 AA 实验的指标，如果两组指标差异很大，那么说明这两组用户本身就存在差异，不能进行后续的 AB 实验。两组用户如果是同质的，在策略一样的情况下，指标不应该出现大的差异。如果在 AA 实验阶段，所有观察的指标差异都是不显著的，则可以继续进行 AB 实验。

引起用户不同质的原因比较多，一部分原因在第 10 章进行讨论，还有一些系统平台的问题也会导致用户不同质的问题。比如，不均衡的分组比例可能会导致潜在的不同质问题。例如，10% 和 90% 的分组，其中 90% 的分组，在占用共享资源的时候，可能会有比较明显优势。具体地说，在对照组和实验组之间共享的最小最近使用缓存对于较大的组具有更多的缓存条，运行 10% 和 10% 的分组实验更容易避免缓存问题。实验分组百分比不等，除了共享资源时可能会出现不同，还有一个问题是，收敛到正态分布的速度也不同。如果某一指标具有高度倾斜的分布，则中心极限定理规定平均值将收敛到正态分布，但当百分比不相等时，比率将不同。

此外，硬件问题也会导致潜在的差异。Facebook 有一项服务在一组机器上运行，他们构建了该服务的新机器，并希望对其进行 AB 实验。他们在新旧机器之间进行了 AA 实验，尽管他们认为硬件是相同的，但是没有通过 AA 实验。微小的硬件差异可能会导致意想不到的差异。

在实施过程中，有各种各样意想不到的原因会导致用户的不同质，AA 实验能很好地帮我们检测到不同质情况的发生，虽然有时候甚至找不到原因，但也能通过重新开启实验组的方式，保证实验结果的可信度。

7.1.3　数据指标对齐

AA 实验另一个重要作用是，将实验数据与日志系统进行比较。在组织中开始使用 AB 实验之前，通常将 AA 实验作为第一步。如果实验数据是使用单独的日志记录系统收集的，一个好的验证步骤是确保关键指标（例如，用户数、版本、点击率）与业务指标计算系统进行数据对齐。因为实验数据处理的过程中如果有一些特殊的数据处理逻辑，难免在某些环节出现差异或者问题，所以需要进行指标数据的对齐。

在 AA 实验中，有一个最重要的环节，就是将实验的指标数据和大盘指标数据对齐。具体来讲，一般有两个重点检查的环节，1）生效的用户量是不是和预估的实验流量匹配；2）各项比率、人均指标是不是和大盘日志监控系统的数据对齐。举例来说，某 App 的日活用户为 1 000 万，做一个 10% 流量的 AA 实验，每组 5%，那么每个组的参与用户数为 50 万是符合预期的。再看，App 整体的人均时长是 20min，那么 AA 实验中，各实验组的人均时长也应该在 20min 左右，如果实验组的人均数据时长为 25min 左右，这个时候需要检查实验流程中的相关环节，常见的检查环节如下。

- 实验分流是不是针对某个特殊群体生效了。例如，有一些实验是跟随客户端版本发布后才能生效的，只是在大于某个版本以上的用户中生效了。因为这些升级版本的用户本来就是活跃度较高、时长偏高的用户，所以导致实验组的人均时长高于大盘人均时长。实验是否真正在预期的场景对预期的用户生效，一般要通过染色日志来观察。
- 上报、计算规则问题，即实验平台指标的上报、计算规则有没有对齐。例如，在计算时长的时候，一般会剔除一些明显异常的用户，比如一天的活跃时长超过了 24 小时等这样一些明显不符合常识的用户。如果实验指标计算的时候没有保持和业务指标一样的逻辑，实验指标的人均时长就会明显高于大盘人均时长指标。

实验系统的数据指标与日志系统、大盘数据对齐，是建立实验系统使用者对实验系统数据信任的基础。如果没有对齐指标，实验分析、评估和决策就如空中楼阁，无从谈起。

7.1.4　估计统计方差

当确定了 AA 实验中的两组用户是同质的，且与大盘数据指标计算能对齐的时候，就可以使用 AA 实验来估计当前状态和用户构成情况下，不同指标的方差。基于方差和给定的最小可检测效果，可以计算出最小的实验参与量，以及相应的 AB 实验需要运行的时间。同时，还可以通过来自 AA 实验的数据，确定随着更多的用户加入实验，不同指标的方差如何变化。可以观察随着用户量的增加，指标的方差是不是会降低，降低到什么程度后，指标的方差就不会再变化等。因为理论上样本容量越大，抽样分布的方差就越小，公式如下。

$$\sigma_{\bar{x}} = \frac{\sigma}{\sqrt{n}}$$

进而根据抽样分布的方差，计算出在一定置信水平下，在不同的样本容量下，各个指标的天然波动区间。

总体方差已知：$\left[\bar{x} - z_{\alpha/2}\frac{\sigma}{\sqrt{n}}, \bar{x} + z_{\alpha/2}\frac{\sigma}{\sqrt{n}}\right]$

方差未知：$\left[\bar{x} - t_{\alpha/2}\frac{s}{\sqrt{n}}\sigma_{\bar{x}}, \bar{x} + t_{\alpha/2}\frac{s}{\sqrt{n}}\right]$

在了解天然波动区间后，就可以根据这个阈值，确定实际业务提升的阈值，或者说最小可检测效果。一般最小可检测效果要大于天然的波动水平才有意义。如何理解呢？举例来说，有一对双胞胎兄弟，他们的身体初始条件是一样的（即可以理解为用户是同质的），随后的一周中，给他们完全一样的外部环境（意味着策略也是一样的），然后在每天的不同时间随机测一次他们的体重，由于代谢、习惯等各种原因，两兄弟的体重总是会有一定的差异，如表 7-1 所示。

表 7-1　数据对比

序号	1	2	3	4	5	6	7	8	9	10
哥哥	55.1	55.2	55.2	55.3	55.2	55.0	55.0	55.4	55.5	55.1
弟弟	55.2	55.2	55.1	55.0	55.1	55.2	55.4	55.3	55.3	55.2
差值	−0.1	0	0.1	0.3	0.1	−0.2	−0.4	0.1	0.2	−0.1

体重均值为 $x_{A1}=55.2$，$x_{B2}=55.2$，其中 A 代表哥哥，B 代表弟弟。

体重均值差为 $\Delta_1 = \bar{x}_{A1} - \bar{x}_{B1} = 0$。

在总体方差未知的情况下，采用样本方差估计：$s = \sqrt{\dfrac{\sum(xi-\bar{x})^2}{n-1}} =$

$\sqrt{\dfrac{0.38}{10-1}} = 0.205$

体重波动区间：

$$\left[\bar{x} - t_{\alpha/2}\frac{s}{\sqrt{n}}, \bar{x} + t_{\alpha/2}\frac{s}{\sqrt{n}}\right] = \left[0 - 2.228 \times \frac{0.205}{\sqrt{10}}, 0 + 2.228 \times \frac{0.205}{\sqrt{10}}\right] = [-0.144, 0.144]$$

这意味着，在一样的环境策略下，95% 的时候两兄弟体重差异在正负 0.144kg 内波动。第二周，对兄弟两人采用不同的策略，哥哥吃健康餐，弟弟吃和上周同样的饮食，其他不变，一周之后分别得到两个人的数据。

两兄弟体重分别为 $x_{A2}=55$，$x_{B2}=55.2$。

体重差为 $\Delta_2 = \bar{x}_{A2} - \bar{x}_{B2} = -0.2$。

有 0.2kg 的绝对值差异，根据前面的计算的 0.144kg 的天然波动，从直观上可以判断，这兄弟俩的体重有比较显著性的差异，也就是说这个健康餐起到了减轻体重的作用。计算一下 t 值：$t = \dfrac{x-u}{s/\sqrt{n}} = \dfrac{0.2-0}{0.205/\sqrt{10}} = 3.16$，计算出相应的 P 值为 0.5%，小于显著性水平 5%，说明在假设健康餐没有作用的情况下，小概率事件发生了，此时需要拒绝健康餐没有作用的假设，接受健康有作用的假设。

基于上面谈到的这些原因，强烈建议在进行实验的同时运行连续的 AA 实验，以发现各种可能存在的问题，从而提高实验的可信度。

7.2 如何运行 AA 实验

本节介绍如何判断 AA 实验是否通过、什么时候需要运行 AA 实验以及运行多少个 AA 实验才能保证系统是可靠的。

7.2.1 什么时候运行 AA 实验

一般在 AB 实验系统刚开始运行，或是 AB 实验系统采用了新的随机分流机制（新随机函数、新增加实验层、实验域等）、采用新的数据计算流等任何可能影响实验结果的重大变化的时候，建议随机运行尽可能多的 AA 实验。理想情况下，可以模拟 1 000 个 AA 实验，并根据实验结果绘制 P 值分布图。如果 AA 实验的 P 值分布不均匀，则 AB 实验系统的可信度存疑。在解决这个问题之前，不要信任这个 AB 实验系统，不能用这个系统的实验结果进行决策。假设有一个简单的 H0 假设是实验指标的平均值相等（假设指标值是连续值类型），即各个实验组的均值相等，那么在 H0 假设下，P 值的分布应该是均匀的。如果 P 值分布明显不均匀，如图 7-1 所示，说明实验系统的 AA 实验失败了。图 7-1 中 AA 实验的 P 值分布均匀的原因是，分析单元和随机单元不均匀导致指标的方差计算错误。根据 3.6 节介绍的，这种情况可以使用 delta 方法来处理方差。处理方差后，P 值分布的均匀性得到较大的改善，如图 7-2 所示。

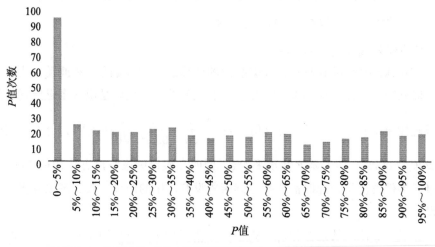

图 7-1　AA 实验指标的 P 值分布不一致

　　大规模的 AA 实验通过测试后才开始运行 AB 实验。为保证实验的可靠性，防止各种意外情况的发生，一般在运行 AB 实验前会运行实验级别的 AA 实验。实验级别的 AA 实验是相对于大规模的系统级别的 AA 实验而言的。系统级别的 AA 实验是不针对任何实验，而是针对整个系统的。实验级别的 AA 实验是指在开启 AB 实验之前，先启动 AA 实验，AA 实验进行 3 ~ 7 天，如果多项指标有显著差异，则 AA 实验不通过，需要重新开启 AA 实验。如果 AA 实验通过，则将其中一个 A 策略修改为 B 策略，开始 AB 实验，实验效果是从 A 策略被修改为 B 策略开始计算的。AA 实验开展的时机如图 7-3 所示。

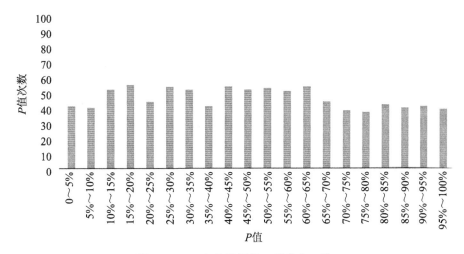

图 7-2　AA 实验指标的 P 值分布一致

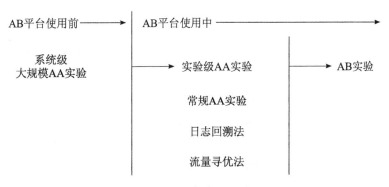

图 7-3　AA 实验开展时机

虽然常规的实验级别 AA 实验保证了实验的可信度，但是运行 AA 实验意味着增加了实验的周期。有没有什么办法能缩短 AA 实验的时间，加速整个实验进程呢？目前有两个比较常用的方法——日志回溯法、流量寻优法。

日志回溯法是通过日志回溯实验开始前一个时间段两个实验组中用户的各项指标，查看各项指标是否一致，如果一致，就认为 AA 实验通过。回溯法的前提是数据系统存储了历史周期内相关的原始日志数据。这种方法也有局限性，比如无法发现性能问题或共享资源等实时性比较高、比较动态的问题。虽然如此，这也是非常有价值的方法，可以帮助我们发现绝大多数的问题，而且节省了宝贵的时间，提高了实验效率。

回溯法的基本思想很直观，认为在开始实验之前，这两拨用户是没有差异的，是通过对历史数据的回溯，得到 AA 实验的结论。AA 实验的核心目的是看这一次随机分组的两组用户，在相同的策略下，表现有没有出现明显的差异。这里有一个隐含假定是，如果这两组用户的指标在过去是一致的，且他们没有受到其他干扰，那么未来这两组用户的指标也应该是一致的。

如果系统的流量寻优机制不够好，AA 实验失败的概率很高，为了提高 AA 实验的效率，还可以采用流量换时间的方法。具体做法是同时多开始几组 AA 实验，比如 5 ~ 6 组，3 ~ 7 天之后选择两个无显著差异的组进行 AB 实验，其他分组可以释放。

7.2.2　AA 实验失败的常见原因

AA 实验失败的原因比较多，常见的有以下一些原因。

- 随机分流不随机，导致两组用户不同质、出现 SRM 问题等。
- 指标方差估计错误，比如指标分析单元小于随机化单元，违反了独立性假设，需要使用 delta、jackknife、bootstrap 等方法正确估计方差。
- 最小样本量不符合要求，指标的分布如果是高度偏态的，设置指标上限或最小样本量就是必要的。因为样本量不足可能会导致正态逼近失败。
- 脏数据问题，如果 P 值在 0.32 附近，表明可能存在异常值问题。例如，假设数据中有一个非常大的异常值 o。当计算 T 统计量时，

$$T = \frac{\Delta T}{\sqrt{\text{var}}}$$

异常值将落入两个变量中的一个，均值的差值将接 o/n（或其负值），因为其他数字都将被该异常值淹没。由于该变量的平均值的方差也将接近 o^2/n^2，因此 T 值将接近 1 或 −1，该值映射到 P 值约为 0.32。如果看到这一点，则需要调查异常值的原因，或者对数据进行封顶。对于如此大的异常值，t 检验很少会产生统计上显著的结果。

以上都是常见的导致 AA 实验失败的原因，在实践中需要根据实际情况，分析导致 AA 实验失败的原因。

第 8 章

AB 实验的灵敏度

对于业务体量特别大的数据驱动决策公司来说（比如 Amazon、Apple、Facebook、Google 等），有大量依赖实验优化的决策，关键指标之间的微小差异，甚至在千分位、万分位的数量级上，都可能会产生非常严重的业务影响。在这些公司里，对年收入产生数百万美元，甚至数千万美元影响的实验并不少见。每年要运行成千上万个实验，如果能提高实验的灵敏度，就可以更精确地评估收益，在更少的人群上运行实验获得等效统计功效，可以支持更多的实验或缩短实验所需的时间，从而改善实验反馈周期和产品迭代灵活性。无论从哪个角度来看，提高实验灵敏度都非常有必要。

8.1 什么是实验灵敏度

灵敏度是指某种测量方法对单位浓度或单位量待测物质变化所致的响应量变化程度。在进行 AB 实验时，我们希望检测新特征在用户身上的作用，效果有大有小，能有效检测出多大程度的变化，取决于 AB 实验系统的检测能力，检测能力的大小就被称为实验灵敏度。

如何理解实验灵敏度呢？举例来说，一个电商交易平台做了一个 AB 实验，实验目标是提升交易的商品交易总额，假设这个实验效果提升了 0.5%，由于实验平台的检测能力只能检测出 1% 的提升，因此只有 0.5% 提升的实验可能就被当作没有显著效果的实验而放弃了。实际上，虽然实验效果提升比较小，但这个实验确实带来了提升，这样就导致了实验结果的误判。大部分的时候，特别是在成熟的业务中，单个实验优化所能带来的提升是非常有限的，这个时候如果实验检测的灵敏度不高，就很容易给出错误甚至相反的结论。实验系统的检测灵敏度是一项关键指标，提升实验灵敏度是实验系统建设中的一项关键任务。

8.2　如何提升实验灵敏度

从统计学的角度看实验灵敏度，其实就是我们对样本指标所在区间估计的准确程度。区间估计得越准，指标天然波动的范围控制得越小，我们就越有把握知道指标的变化是实验带来的还是一个天然随机波动，从而获得的实验灵敏度也越高。区间估计由边际误差 $z_{\alpha/2}\dfrac{\sigma}{\sqrt{n}}$ 决定，其中 $z_{\alpha/2}$ 是由显著性水平控制的，减小边际误差，提高灵敏度的方法主要有两种，一种是降低方差 σ，另一种是增加样本量 n。

增加样本量 n 很简单，虽然操作起来比较容易，但是实际上受到实验参与用户数量的限制，往往这一选择并不总是可行的。一方面许多实验性产品功能只影响一小部分用户群。另一方面，人们总是希望加快步伐，通过扩大实验数量进行创新，每个实验的可用用户可能会不足。即便用户量不是问题，由于实验效果的未知性，为了避免伤害更多的用户，也尽可能使用较小的实验参与用户。

由于上述原因，一般不轻易通过增加分配给实验的用户数量来提升实验灵敏度，即增加样本量这个操作不是提升实验灵敏度的第一选择。当然，设计让业务指标变化、提升更大的产品策略进行实验，也能变相提升实验的灵敏度。这更多属于产品团队如何设计产品、做增长的范畴，不是本章讨论的重点。相对来说，这个方式可控性也要低一些，因为在实验进行过程中已经难以改变，所以减小方差就成为提高灵敏度的重要手段。

很多方法都可以达到减小方差的目的，我们总结了一些实验中常用的方差减少的方法，可以有效地提高实验灵敏度。如图 8-1 所示，主要可以从 3 个方面入手。

- 选择指标，选择方差更小的指标或者通过数据处理、标准化等手段减少方差。
- 选择实验参与单元，选择粒度更小的参与单元以减小方差，通过触发分析等手段聚焦实验结果的分析人群，排除非实验参与用户，从而减少方差。
- 在实验分组的过程中，通过分层法、CUPED（见第 8.6 节）等方法减小因不同特征用户组间分配不均匀带来的方差，以及采用配对法消除组间用户差异以减小方差。

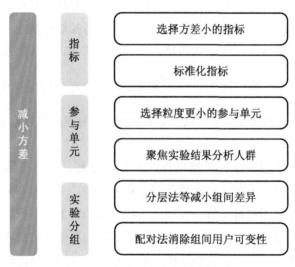

图 8-1　实验评估方差减少技术

8.3　选择指标

8.3.1　选择方差较小的评估指标

在选择实验评估指标时，选择方差较小的评估指标可以减小方差。比如，搜索次数和搜索人数都能反映搜索的相关信息。一般情况下，搜索次数的方差大于搜索人数的方差。虽然购买金额和是否购买都能反映购买转化效果，但是购买金额实数（具体数额）的方差一般高于购买的布尔值（是否购买）的方差。不难理解，一个是否购买的布尔值序列的方差，比如 $[0,0,1,0,1,0,0,0,1,0,0,\cdots]$，大概率比购买具体金额序列的方差小很多，比如 $[0,0,100,0,30,0,0,0,80,0,0,\cdots]$。

8.3.2　标准化评估指标

在数据处理中，可以通过数据的标准化、二值化或对数转换等手段来转化指标，从而达到减少方差的目的。例如，Netflix 使用二进制度量来表示用户在指定时间段内信息流传输是否超过 x 小时。对于繁重的长尾指标，可以考虑指标的转换，特别是在可解释性不是问题的情况下。

下面是一些常见的标准化方法。

1. 二值转化

也称为布尔化，浏览时长小于 10min，转化为 0；浏览时长大于 10min，转化为 1。

2. 对数转化

也称为 log 转化，可以将大范围的数据压缩到一个较小的范围，从而达到减少方差的目的。比如转化前数据为 1、10、100、1 000，方差为 175 380，转换后分别为 log1、log10、log100、log1 000，方差为 1.25，减小了约 14 万倍。需要注意的是，对于某些指标（如收入），对数转换不一定是针对业务进行优化的正确目标，因为会导致业务优化的失真，所以相当于对业务提升中高消费用户的效果进行了压缩。

3. 截断法

来自大家熟知的二八原则，80% 的收入是由 20% 的用户贡献的，大部分产品存在这种头部效应，头部 1%、0.5%、0.1% 的高活跃高消费用户，消费额度远远高出平均水平，他们是真实存在的合法用户，虽然不会在剔除异常数据的时候被剔除，但是他们的存在会导致方差过大。可以在实际应用中考虑截断指标 Top 0.01% 的数据。

表 8-1 是一个 AA 实验中，按照不同阈值过滤用户后，指标均值、均值差值变化的情况。可以看到，过滤的用户越多，AA 实验的相对差值越小，

数据的波动减小后,方差也变小了。截断法有一个问题,表 8-1 中过滤头部用户后,整体指标的均值出现了较大幅度的下降,这导致实验的指标,特别是均值数据无法与大盘整体指标对齐,从而无法对大盘影响进行正确的估计。在使用截断法时,建议重点过滤那些非法用户有假量,保持指标与大盘的一致性。

表 8-1 通过截断法过滤头尾部数据以降低方差

类型名称	过滤用户占比	过滤后指标均值下降比例	A/A 相对差值
原始数据	0%	0%	2.91%
avg+3 × std	0.04%	−2.5%	2.22%
avg+2 × std	0.35%	−6.1%	2.10%
avg+1 × std	2.30%	−17.2%	1.30%

还有一些标准化手段,如 min-max 标准化、atan 函数转换、z-score 标准化等,读者可以根据实际情况选择合适的标准化方法来降低方差。

8.4 选择实验参与对象

8.4.1 采用更细粒度的单元随机化对象

在第 5 章我们了解了不同的实验参与单元粒度,会影响实验指标的计算。如果降低实验参与单元的粒度,一般情况下会降低指标方差。例如,搜索业务计算结果点击率指标时,按照搜索查询参与单元采样,指标方差会小于按照用户会话 id 采样的指标。注意,使用比用户粒度小的随机化单元也有不利之处,在一致性方面,如果实验是对 UI 进行明显改变,则给予同一用户不一致的 UI 会造成糟糕的用户体验;不可能衡量随时间推移的任何用户级别的影响(例如用户留存)。

8.4.2 使用触发分析

触发分析通过将实验结果聚焦在接受实验的对象上,获得更精准的实验分析人群,从而降低其他非实验人群对实验带来的干扰、噪声以及实验效果的稀释等影响。使用触发分析,可以获得更低的方差,用更少的用户量就可以获得相同的功效。触发分析是一种常用的提升精度的手段，在使用过程中有不少注意事项，将在 8.6 节中详细讨论。

8.5　选择实验分组

8.5.1　使用分层、控制变量或 CUPED 方法

使用分层、控制变量或使用实验前数据（Controlled-experiment Using Pre-Experiment Data，CUPED）等方法也能降低方差。分层方法是将实验对象分成几层，每一层内分别取样，然后将各层的结果结合起来进行整体估计，这通常比不分层估计得到的方差要小。常见的分层维度包括平台（PC 端或移动端，iOS 或 Android）、星期、人群属性等。虽然分层通常在随机采样阶段进行，但大规模实施的代价很高。大多数应用程序使用后期分层，即在分析阶段回溯应用分层。需要注意的是，当样本量较大时，分层抽样可以减少方差；当样本量较小，且样本之间的差异性较大时，可能不会减小方差。

控制变量基于类似的思想，使用协变量作为回归变量，而不是用于构建各个层。CUPED 是这些技术在在线实验中的应用，其重点是实验前数据的利用。Xie 和 Aurisset 在 Netflix 实验上比较了分层、后分层和 CUPED 的性能。基于实验结果，他们建议在大规模对照实验中使用后分层和 CUPED 等分配后方差减小方法。这类方法适用于多种关键业务指标，实用性强，易于实现。在 Bing 的实验系统上取得了非常显著的效果：可以将方差减小约 50%，在只有一半用户或一半持续时间的情况下达到相同的统计能力。

下面通过一个例子来理解分层法。在产品中，往往有一小部分高活跃用户，虽然数量少，但是对指标的影响比较大。因为他们数量少，所以随机分组不均的概率就比较大。如果各组高活用户分布不均匀，用户指标差异会很大，经常导致 AA 实验无法通过，即使通过也使得方差变大，实验精度变低。

如表 8-2 所示，高活跃用户的人均时长为 10min，但是低活人群的人均时长只有 5min，因为两个实验组中分到的用户比例不一致，所以整体人均指标也出现了较大的差异。对于某些指标，分布情况会更加极端，比如互动指标，Top0.1% 的用户贡献超过 50%，对于极端用户，随机分桶的策略基本是无效的。

表 8-2　不同活跃度用户群的指标分布

分组 1	用户数（人）	人均时长（min）	分组 2	用户数（人）	人均时长（min）	UV 差
高活用户	2 000	10	高活用户	1 000	10	+1 000
低活用户	4 000	5	低活用户	5 000	5	−1 000
合计	6 000	6.67	合计	6 000	5.83	0

下面我们采用分层法的思想，再结合异常数据清洗等手段，尝试解决这个问题，步骤如下。

1）异常用户剔除，将历史月停留时长大于 x 万秒、每天互动行为次数大于 y，或单类互动次数大于 z 的用户，作为异常用户剔除。

2）对用户历史属性进行计算，对于某天出现的用户，计算前 n 天的总停留时长，作为历史活跃度属性，并基于活跃度对用户活跃度进行分桶。如果考虑更多维度，可以在此基础上对属性维度进行扩充。

3）对不同实验组进行计算，获得不同分层用户桶的权重。

4）基于权重，计算实验后用户的指标，继续进行显著性判断。

我们延用表 8-2 中的数据，通过一个简单的示例来演示计算过程，如表 8-3 所示。

表 8-3　高低活跃用户分布不均匀的分组

分组 1			分组 2		
用户分层	用户数（人）	人均指标	用户分层	用户数（人）	人均指标
高活用户	2 000	10	高活用户	1 000	10
低活用户	4 000	5	低活用户	5 000	5
高活用户占比	2/6		高活用户占比	1/6	

如表 8-3 所示，在分组 1 和分组 2 中出现了明显的高低活跃用户分组不均的情况，导致总体人均指标差异较大。

分组 1 的总人均指标为 $(2\,000 \times 10 + 4\,000 \times 5)/6\,000 = 6.67$

分组 2 的总人均指标为 $(1\,000 \times 10 + 5\,000 \times 5)/6\,000 = 5.83$

假设现在基于分组 2 对分组 1 中不同用户组的权重进行调整。分组 2 中高活用户占比为 1/6，分组 2 中高活用户占比为 2/6，分组 1 中高活用户的权重需

调整为 $(1/6)/(2/6) = 1/2$。同理，低活用户权重调整为 $(5/6)/(4/6) = 5/4$。

分组 1 进行加权调整后的总人均指标为 $\left(\dfrac{1}{2} \times 2\,000 \times 10 + \dfrac{5}{4} \times 4\,000 \times 5\right)/$

$6\,000 = 5.83$。

经过调整后，两个分组的总人均指标就一致了，达到具有可比性的标准。这就是分层法的核心思想。

8.5.2　设计配对实验

如果可以在配对实验设计中向同一个用户展示实验组方案和对照组方案，同一个用户可以同时对这两组方案作出反馈，这样可以消除用户之间的差异性，这就是配对设计实验最朴素的思想。一种比较流行方法是交错设计，即交错两个排名列表，同时将联合列表呈现给用户，比如 interleaving 实验，因为消除了用户本身的差异，方差会减小。当然，也会有一些其他考虑，比如实验组和对照组的内容呈现给用户的先后顺序的影响等。

8.6　定向触发技术和评估

触发技术为实验者提供了一种提高实验灵敏度的方法，即过滤掉不会受到实验影响的用户所产生的噪声。一般随着实验成熟度的提高，会更多地运行触发实验，以满足各种特殊场景的需求。如果用户所在的组与其他组存在系统或用户行为差异，则触发用户进入实验分析。虽然触发分析是一个很有价值的工具，但是有几个常见的陷阱可能会导致错误的结果，比如，没有为所有触发的用户执行分析步骤；在运行时记录触发事件，导致更容易识别触发的用户群体；由于所做的更改仅影响某些用户，因此对未受影响的用户的实验效果为零；只分析可能受到更改影响的用户，这对实验分析有着深远的影响，并且可以显著提高实验灵敏度或统计功效。

为什么只对受到实验影响的用户分析，能提高实验灵敏度呢？举一个简单的例子。

给定具有标准偏差 σ 和期望的灵敏度级别 Δ（想要检测的变化量）的 OEC，

置信度为 95%，功效为 80% 的最小样本计算公式如下。

$$n = \frac{16\sigma^2}{\Delta^2}$$

下面以一个电子商务网站为例，在实验期间访问的用户中有 5% 最终进行了购买，转换事件是伯努利实验，转化率 $p = 0.05$。比例类指标的标准偏差如下。

$$\sigma = \sqrt{p(1-p)}, \quad \sigma^2 = 0.05 \times (1-0.05) = 0.047\,5$$

根据上面的公式，至少需要的样本数量如下。

$$n = 16 \times 0.047\,5 / (0.05 \times 0.05)^2 = 121\,600$$

如果更改结账流程，则只分析启动结账流程的触发用户。假设 10% 的用户开始结账，那么给定 5% 的购买率，其中一半的用户完成结账，方差如下。

$$p = 0.5, \quad \sigma^2 = 0.5 \times (1-0.5) = 0.25$$

需要的样本数量如下。

$$n = 16 \times 0.25 / (0.5 \times 0.05)^2 = 6\,400$$

即 6 400 个用户能完成结账。因为 90% 的用户不会发起结账，所以实验中的用户数量至少是 64 000 人，几乎是之前一半的人数，由此可知，实验可以在大约一半的时间内获得相同的能力。

8.6.1 触发的方式

在定向触发中，有几种不同的触发方式，不同的触发方式，在应用过程中需要注意的事项也有所不一样。

1. 特征触发

特征触发主要是依据事先设定的特征属性来触发用户，如地域、性别、年龄、设备、活跃程度等信息。比如对一线城市的用户运行实验，应该只分析来自一线城市的用户，来自其他地域的用户没有接触到这一变化，因此对他们的处理效果为零，将他们添加到分析中只会增加噪声，降低统计能力。这里需要注意的是，如果有一些"混合"用户可以看到变化，比如一个用户开始在一线城市，后来转移到二线城市，在实验期间必须将这种"混合"用户包括在分析中。在看到变化后，即使是在二线城市进行活动，也一定要包括他们的所有活动，因为他们被暴露在实验中了，可能会对在二线城市期间的访问也产生影响。这也适用于其他的情况，比如对重度用户（在上个月至少访问网站 3 次的用户）进行实验，后续实验期间这个用户可能会变成非重度用户，在分析中需要包含他所有的行为。请注意，这个特征属性必须基于实验开始前的数据进行明确定义。

2. 行为触发

行为触发是指在用户使用产品的过程中，由于某个动作触及更改，从而触发实验。因为哪些用户会有哪些行为事先是不明确的，所以在实验开始前不知道参与实验的用户都是谁。比如实验针对的是访问购物网站结账的用户，或使用某项功能的用户，并且只分析这些用户。在这些示例中，一旦用户接触到更改，就会触发实验，因为存在一些差异，所以条件暴露是一个非常常见的触发场景，下面是一些例子。

- 实验为修改红包策略，只有看到红包的用户触发实验。
- 实验为修改互动策略，只有参与互动的用户触发实验。
- 实验进行个人页的更改，只有达到个人页的用户触发实验。

8.6.2　触发范围变化

在触发过程中，随着实验的进行，难免需要改变触发范围，当范围发生改变的时候，在实验和评估的过程需要特别注意。常见的改变触发范围的方式有以下几种。

1. 扩大触发范围

扩大触发范围主要是让更多用户进入实验组。比如，一个电商网站准备通过提供免费送货服务来提升用户下单率。一开始向结算金额超过 99 元的用户提供免费送货服务，效果很好。下一步准备测试将结算金额降至 79 元的情况。一个关键的观察是，这一变化只影响在某个时段开始结账，且价格在 79 元到 99元之间的用户。结算金额超过 99 元和低于 79 元的用户的策略没有发生变化。

只有结算金额在 79 元到 99 元之间时，用户才会看到免费送货优惠并触发实验。对照组表示为一些用户提供免费送货和实验，从而增加了策略对更广泛用户群体的覆盖。在评估的时候，只有结算金额在 79 ~ 99 元的用户产生了变化（灰色的群体），需要评估其改变，而其他用户都没有变化，如图 8-2 所示。

图 8-2　触发范围增加

2. 触发范围改变

当覆盖率没有增加只是更改时，事情会变得有点复杂。例如，对照组向购物车总价值大于、等于 99 元且实验开始前 60 天内无退货的购物者提供免费送货服务，实验组向购物车总价值大于、等于 79 元且实验开始前 60 天内无退货的用户提供免费送货服务。如图 8-3 所示，对照组中收费和免费的人，在新的策略中，实验组中都有变化的人群（灰色的群体）。这个时候评估实验效果对实验组和对照组都必须评估"其他"条件，即反事实，并仅在两个变量之间存在差异时才将用户标记为触发。这对实验标记和评估都提出了更高的要求。

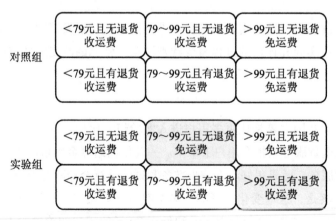

图 8-3　触发范围改变

3. 机器学习模型触发范围

机器学习模型在使用的过程中，也非常容易产生触发范围的改变，因为不容易观测所以容易被忽略。假设有一个机器学习分类模型将用户分为三类，或者一个推荐模型推荐与页面上显示的产品相关的产品。现在训练了新的分类模型或推荐模型，并且新版本在离线测试中做得很好。现在要看它是否可以提高实验关键指标。那我们如何知道哪些新模型中有变化的用户呢？通过生成反事实的方式，对照组将同时运行老模型和新模型，并在记录两个模型输出的同时将用户暴露给老模型；实验组将同时运行老模型和新模型，并在记录两个模型输出的同时将用户暴露给新模型。如果实验组新老模型触发的用户与对照组不同，说明事实与反事实存在差异，模型触发范围发生了变化。注意，由于必须执行两个机器学习模型，因此这种方式的计算成本会增加。如果两个模型不同时运行，实验的时效性和真实差异性也可能受到影响。

8.6.3　触发实验的分析

由于触发实验的特殊性，因此在计算和分析时，有几个需要特别注意的点。

1）一旦用户被实验触发，后续的实验分析必须将这个用户包含在其中。

由于体验上的一些不同，实验可能会影响用户未来的行为。按天或会话对触发用户进行分析，容易受到先前经验的影响。例如，假设实验提供了很差的用户体验，以至于用户显著减少了访问。如果按天或会话分析用户，将低估实验的效果。在分析实验的过程中，不仅需要看每个用户的人均统计量是否有明显变化，还需要关注触发访问的用户量是否有变化。比如第一天的用户 100% 被触发，第二天的用户被实验触发的比例较小，有些用户在第一天触发，第二天只有访问没有被触发，访问用户和触发用户开始出现不同的趋势，通常是随着时间的推移，实验效果逐渐减弱。更好的做法是，每天同时画出当天访问、当天触发的用户。

2）分析时间粒度的选择。

当用户被触发时，只能获取触发点之后记录的活动。触发点之前的数据不受实验的影响，但是用户的会话被触发这个时间点切断了，一部分为触发前，一部分为触发后，这可能会导致它们的指标是异常的（例如，触发之前曝光的用户，点击产生在触发之后）。采用什么粒度的时间计算周期更合理呢，采用整个会话？或者一整天的数据？或者从实验开始时的所有用户活动？从计算难度上看，会话粒度的数据计算复杂度更大，实际中一般采用整天或者整个实验期间的数据更为常见。

3）如何合理计算触发实验计算提升量。

在计算被触发人群的实验效果时，必须将该效果稀释到全体用户，如果为10%的用户提高了3%的收入，那么总体收入是否提高了10%×3%=0.3%？不是的！总体影响可能在0到3%之间！这是最常见的陷阱之一，通过下面几个实际例子来了解。

比如对结账过程做了更改，触发的是那些发起结账的用户。如果产生收入的唯一方法是开始结账，那么你的触发收入和总体收入都提高了3%，没有必要稀释这一百分比。

如果对平均花费很低的用户进行实验，这些用户的花费仅为总体用户平均花费的10%，那么对于花费10%的用户来说，收入提高了3%，总收入提高了3%×10%×10%=0.03%，这一改进几乎可以忽略不计。

下面来推导一下不同情况下的计算公式。假设 N 代表用户数量，ω 代表未触发的用户，θ 代表触发用户，C 代表对照组，T 代表实验组。给定一个指标 M，$M_{\omega C}$ 代表未触发（全部）对照组，$M_{\omega T}$ 代表未触发（全部）实验组，$M_{\theta C}$ 代表触发的对照组，$M_{\theta T}$ 代表触发的实验组；$\Delta_\theta = M_{\theta T} - M_{\theta C}$ 代表触发用户的绝对效果，$\delta_\theta = \Delta_\theta / M_{\theta C}$ 代表触发用户的相对效果，$\tau = N_{\theta C} / N_{\omega C} = N_{\theta T} / N_{\omega T} = (N_{\theta C} + N_{\theta T}) / (N_{\omega C} + N_{\omega T})$ 代表触发率。

下面介绍如何计算触发实验的全局影响。

实验组的绝对效果除以总数如下。

$$\frac{\Delta_\theta \times N_{\theta C}}{M_{\omega C} \times N_{\omega C}}$$

实验组的相对提升除以未触发的对照组指标如下。

$$\frac{\Delta_\theta}{M_{\omega C}} \times \tau$$

因为 $\tau = N_{\theta C} / N_{\omega C}$ ，所以两个等式是相等的。

当触发的总体是随机样本时，计算仍然有效，如果触发总体是倾斜的（通常是这种情况），则此计算不准确，其系数为 $M_{\omega C} / M_{\theta C}$ 。为了获得全局影响，需要使用更精细的公式。请注意，比率指标可能会导致辛普森悖论。在该悖论中，虽然触发人群中的比率有所改善，但稀释后的全局影响会倒退。

在实际中，有很大一部分比例的实验是触发实验，也就是局部用户参与的实验。对于这种实验，其实验指标的完整计算应该包含两部分，一部分是触发实验部分的影响，主要用于评估实验效果；另一部分是对全体用户影响的指标。如果我们只采用一套实验系统标记，尤其是触发总体是倾斜的时候，很难同时计算这两部分的效果，一般需要两套实验标记来处理。比如全局的指标分流可以称为染色日志。所有大盘用户都参与指标计算，计算出的指标称为染色指标，代表的是大盘的影响和变化，优点是可以反映大盘的变化，缺点是不容易检出实验效果。真实参与实验用户被称为实验参与用户，也就是触发用户、命中用户。计算出的指标称为参与指标、触发指标，优点是容易检验出效果，缺点是可能无法直接反映对大盘的整体效果。

8.6.4　触发检验

要确保可靠地使用触发，应该执行两项检查。

- SRM 问题：如果整个实验没有 SRM，但触发分析显示 SRM，则存在一定的偏差。通常是因为反事实触发没有正确完成。
- 补充分析，为从未触发的用户生成记分卡，进行 AA 实验：如果指标在统计上有显著差异，那么触发条件很有可能是不正确的，可能是影响了未包括在触发条件中的用户。

8.6.5　触发技术的局限性

触发技术也存在一定的局限性，如果触发的人群占总体比例太小，那么就算在触发人群上的实验指标提升很大，稀释到全部用户后，提升可能也是微不足道的。具体来说，如果一个触发实验将实验指标提升了 5%，但是触发的用户仅占总体用户的 0.1%，根据公式计算总体提升值的时候，提升值如下。

$$\frac{\Delta}{M} \times \tau$$

其中，Δ 是百分比 5%，M 是指标的绝对值，τ 是占总体用户的比例 0.1%。可以看到，提升值被占比大幅度稀释。需要注意的是，这个公式仅用于用户指标可以同比例扩大的情况，大部分时候可能还不满足这个情况，可能更差也可能更好，比如触发的是高活用户，其为产品指标带来的贡献值高于大盘。在计算机体系结构中，Amdahl 定律经常被提到，我们需要避免只专注于提升系统中占总执行时间一小部分功能的性能。实验也是一样的，需要避免发生这种情况。

由于触发实验触发的是部分人群，为了计算实验效果，需要记录被触发的人群，以及反事实日志，比如在算法模型类的触发实验组，对照组和实验组都要执行对方的代码，这对于系统资源以及系统效率都有较大的影响。

常见的提升实验灵敏度的方法，如增加流量和减少方差，也会导致出现功效不足的情况。第二类错误发生概率等于 1-power，如果功效很低，说明犯第二类错误的概率很高。为了降低犯第二类错误的概率，需要提升功效。有哪些方法可以提升功效呢？假设我们分别做了两个一模一样的实验，这两个实验都产生彼此独立的 P 值，直觉上，如果两个 P 值都小于 0.05，那就比只有一个 P 值小于 0.05 更能证明实验有效果。Fisher 在他的 Meta 分析方法中形式化了这一直觉，可以将来自多个独立统计检验的 P 值组合成一个检验统计量。

$$X_{2k}^2 = -2 \sum_{i=1}^{k} \ln(p_i)$$

其中 p_i 是第 i 个假设检验的 P 值，如果所有 k 个零假设均为真，则此检验统计量遵循 $2k$ 个自由度的卡方分布。Brown 将 Fisher 的方法推广到 P 值不独立的情况。还有其他的 P 值组合方法，如 Edgington、Mudholkar 等。总体而言，Fisher 的方法对于提高能力和减少假阳性都是非常有用的。可能有的实验，即使应用了所有功效增加技术，仍然出现功效不足的情况。在这种情况下，可以考虑同一实验的两个或多个重复，并通过使用 Fisher 方法组合结果来获得更高的功率。

8.7　如何验证实验灵敏度的提升

在使用了各种提升实验灵敏度的方法后，我们如何验证这些方法确实提升了实验灵敏度，要从哪些方面去验证呢？可以通过模拟实验的方法来验证灵敏度的提升，模拟实验就是采用和线上完全相同的实验抽样算法，复现线上抽样效果的方式。

有两种模拟实验，第一种是空转实验，采用和线上完全相同的抽样算法，进行 1 000 余次不同流量的 AA 实验，统计指标显著性的实验的比例，然后对比使用灵敏度提升方法、不使用灵敏度提升方法的第一类错误率。因为是 AA 实验，理想情况下指标不应该出现显著差异，所以统计获得的指标显著的实验的比例，就是一类错误率。一类错误率即实验本身没有效果却被实验系统判断为有效果的概率。理论上，使用了灵敏度提升方法后，相同流量大小下，相同指标的第一类错误率应该会降低。

第二种是模拟固定收益实验，采用和线上完全相同的抽样算法进行抽样，进行 1 000 余次不同流量的 AB 实验，其中 A 组实验为对照组，B 组实验中每个用户模拟一个固定比例的收益，然后计算 B 组实验中指标的显著性情况，指标的显著性结论与模拟收益方向一致为正确，否则为错误，整体正确率为召回率。这个模拟的收益大小可以根据需要确定，一般都会采用较小的固定收益。这是因为较大收益的情况下，采用了灵敏度提升方法和不采用灵敏度提升方法的差异可能不明显，而且业务上更需要的是对于小收益提升的检测。在选择具体大小的时候，可以从业务实际情况进行考虑，即从业务层面看希望实验能检测出多大的收益提升，是 0.1%、0.2%，还是 0.5% 等。

下面是一个实验系统采用了某种灵敏度提升方法后获得的实验结果。如图 8-4 所示，使用灵敏度提升方法后，在 1% 的流量下，指标的一类错误率有所下降。比如人均消费指标的一类错误率从 5.5% 降到了 3.8%，这个数据意味着，以前有 5.5% 的无效实验会被认为是有效的，现在这个比例降低只有 3.8%。

如图 8-5 所示，使用灵敏度提升方法后，在不同的流量下，人均消费这个指标的召回率对比。可以看到，使用灵敏度提升方法后，在相同的流量下，召回率都有大幅提升。以 1% 的流量为例，在相对收益为 0.003 的时候，召回率从 35% 提升到 90%；在相对收益为 0.005 的时候，召回率从 60% 提升到 100%。

60% 到 100% 这个数据意味着，在之前有实际提升的 100 个实验中，只有 60 个被正确判断，而在使用了灵敏度提升方法后，能全部判断正确。

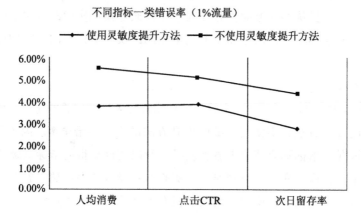

图 8-4　实验灵敏度提升的验证——一类错误率

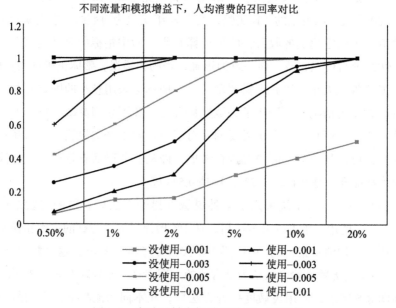

图 8-5　实验灵敏度提升的验证—召回率

第 9 章

AB 实验的长期影响

AB 实验大部分情况下运行 1 ~ 2 周，在这样一个相对较短的时间内测出来的效果称为短期效果或者短期影响。在大部分情况下，即使实验持续更长时间，得到的实验效果与短期效果也是一样的。这意味着在时间维度上，大部分实验的表现是稳定的，即短期效果和长期效果是一样的。我们做实验主要希望观察到的还是长期效果，除非是专门针对短暂周期变化进行实验。当短期效果和长期效果一样的时候，可以直接选择用短期效果来做决策。有的时候短期效果不等于长期效果，例如以下情况。

- 提价商品或者服务的价格，可能会增加短期收入，随着用户放弃产品或服务，长期收入会减少。
- 在搜索引擎上显示更多的与用户期望有一定差异的搜索结果，将导致用户再次搜索，虽然查询份额在短期内增加，但从长期来看，查询量会随着用户切换到更好的搜索引擎而减少。
- 在信息流或者搜索结果中，展示更多的广告或者包括更多的低质量广告，虽然可以在短期内增加广告点击量和收入，但从长期来看，用户会减少点击广告甚至流失，从而导致整体收入减少。
- 在线旅游服务中排名结果的改变对客户满意度的影响可能要等到客户预

订后入住酒店时才能完全了解。

- 在内容提供商服务上引入点击广告可能会由于新奇效应而导致点击量增加，但从长远来看，如果用户了解到较差的内容质量，可能会引起更大的不满。
- 通过更好的用户体验投资于用户留存和满意度，从长期效果来看，可能比短期测量显示的更有益。
- 在双边市场中，一些变化，如广告、拼车服务或房屋共享服务的定价，可能会引入市场效应，导致生态系统中需求或供应的转变，市场可能需要很长时间才能找到新的平衡。

上面这些情况都可能导致短期效果和长期效果不一致。在实验过程中，实验评估指标的一个关键挑战是，必须在短期内是可测量的且需要对长期目标产生因果影响。本章我们会集中讨论长期影响与短期影响不同的原因，以及如何通过改进，评估长期影响和设计影响长期目标的短期指标。

9.1 长短期影响不一致的原因

虽然更改软件产品、软件服务的一部分通常只需要比较短的时间，但这个更改对于关键产品指标的影响可能需要很长时间才能实现，并且时间长短会因产品和方案不同而异。这使得估计变化带来的长期影响变得具有挑战性。以下原因可能造成短期影响和长期影响效果不同。

1. 用户学习的效果

随着用户学习和适应产品变化，他们的行为也会发生变化。例如，产品崩溃是一种糟糕的用户体验，用户可能不会在第一次发生崩溃时就放弃和卸载产品。如果频繁崩溃和出现漏洞，用户会失去耐心，可能决定退出产品甚至卸载产品。如果用户意识到广告质量不佳，他们可能会减少广告点击。用户行为的改变既可能是由于出现了一个新功能，也可能是由于产品变得更有趣、更有吸引力（内容、商品、社区等）。用户可能需要一定时间才能注意到这些变化，但是一旦发现了用处，就会投入时间。用户可能还需要时间来适应一项新功能，因为他们已经习惯了旧功能的操作方式。在这些情况下，长期效果都可能与短期效果不同，虽然短期内用户行为改变比较大，但是拉长窗口期来看，用户行为最终会达到平衡点，只是达到稳定的这个窗口期具体需要多久是因产品而异的。

2. 网络效应

当用户看到朋友在抖音、快手、微博等 App 上使用短视频功能、在拼多多上拼单购买商品时，他们更有可能会使用这些功能和产品。用户行为往往受社交网络中他人的影响，尽管功能在其网络中传播时可能需要一段时间才能达到全部效果。在衡量长期影响时，有限的资源也带来了额外的挑战。例如，在 Airbnb、快手和滴滴等双边市场，虽然新功能可以非常有效地推动用户对某种商品的需求，如出租房屋、浏览短视频或乘车，但供应能力可能需要更长的时间才能赶上。由于没有及时供应，对收入的影响可能需要更长的时间才能显示出来。其他领域也有类似的例子，如招聘市场（求职者和工作）、广告市场（广告商和出版商）、内容推荐系统（内容供给和消费）等。新算法在开始时可能表现得更好，但长期来看，可能由于供给限制逐渐回落到较低的水平。类似的效果可以在更一般的推荐算法中看到，在推荐算法中，新算法可能由于多样性而产生更好的初始表现。

3. 延迟的体验和测量

在用户体验整个实验效果之前可能存在时间间隔。例如，对于携程、Airbnb 和 Booking 这样的公司，从用户在线体验到用户实际到达目的地之间可能需要几个月的时间。重要的指标，比如用户留存率，可能会受到延迟的离线体验的影响。再比如年度合同、年度会员，注册用户在一年结束时有一个决定点，他们在那一年的使用体验决定了是否续签。

4. 生态系统的变化

随着时间的推移，生态系统中的许多事情都会发生变化，并影响用户对实验的反应。

- 推出新功能。如果更多的团队将视频直播功能嵌入自己的产品中，视频直播就会变得更有价值。
- 季节性。例如，在春节期间表现良好的礼品卡实验在非假日季节可能不会有相同的性能，因为用户有不同的购买意图。
- 竞争格局。例如，竞争对手推出了相同的功能，则该功能的价值可能会下降。

- 政府政策。例如，由于欧盟通用数据保护条例（GDPR）改变了用户控制其在线数据的方式，因此产品中哪些数据用于在线广告定向也会发生改变。

- 模型漂移。在没有刷新的数据上训练的机器学习模型，随着时间的推移，其性能会因数据分布的改变而降低。

- 软件更新不及时。新特征推出后，除非它们得到维护，否则往往会随着周围环境的变化而退化。

5. 首要效应和新颖效应

当引入一项产品更改时，用户可能需要时间来适应，因为他们已经习惯了旧功能。机器学习算法也可能学习更好的模型，根据更新周期的不同，这需要时间。新颖效应，或称新奇效应，是一种非持续性效应。当我们引入一项新功能，特别是一项容易被注意到的功能时，最初它会吸引用户去尝试。如果用户不觉得这项功能有用，重复使用的次数就会很少。实验一开始看起来效果很好，随着时间的推移，实验效果会迅速下降。图 9-1 是一个关于自动播放实验的案例，某资讯产品做 AB 实验，其中实验组关闭了列表视频的自动播放实验，对照组保持了列表自动播放，出现了如下实验数据，时长差 = 实验组人均时长 – 对照组人均时长，留存 = 实验组留存率 – 对照组留存率。

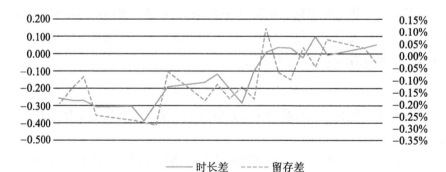

图 9-1　自动播放实验

请根据图 9-1 回答以下问题。

1）试着解读实验数据中发现的信息。

2）为什么会出现这样的现象？

3）一般什么时候会发生这样的情况？

参考解读如下。

1）实验结果一开始负向，后逐渐转为正向。

2）出现这个现象的原因可能是一开始用户不适应这种交互，逐渐习惯后，数据逐渐恢复正向且高于没有自动播放时的表现。

3）一般功能类、交互类改版实验容易出现这样的情况。

以上都是引起长期效果和短期效果不一致的原因，其核心就是随着内在和外在因素的改变，当初作用在用户身上的策略和因素起到的效果不一样了。

9.2　评估长期影响的意义

对于 9.1 节介绍的这些原因，长期影响大概率会与短期影响有所不同，为什么我们需要评估长期影响呢？主要可以归纳为以下三方面原因。

1. 产品归因

具有强力数据驱动型文化的公司使用实验结果来跟踪团队目标和绩效，潜在地将实验收益纳入长期财务预测。在这种情况下，需要对实验的长期影响进行适当的评估和归因。从长远来看，如果现在不引入这一新功能，未来将会是什么样子？这种类型的归因是漫长的，我们既要考虑用户学习效应等内生原因，也要考虑竞争性变化等外生原因。

2. 经验沉淀

短期影响和长期影响有什么不同？如果差异很大，那是什么原因造成的呢？如果有很强的新颖性效应，这可能表示用户体验不太理想。如果用户花了太长时间才发现他们喜欢的新功能，我们可以通过产品内培训来加速学习。如果许多用户被新功能吸引，却只尝试了一次，这可能表明功能质量较低或者出现点击诱饵现象。了解其中的不同之处可以为后续迭代提供洞察力。

3. 通用性

在许多情况下，我们会评估一些实验的长期影响，这样就可以推断其他实验中，类似的变化有多大的长期影响；我们是否可以为不同产品领域推导出一般原理；我们能否创建一个预测长期的短期指标。如果能够概括或预测长期影响，就可以在决策过程中考虑这些经验。为此，我们希望将长期影响与外部因素隔离开来，特别是不太可能随着时间的推移而重演的大冲击。

基于以上这几方面原因，评估实验策略带来的真实的长期影响是一件非常必要和有意义的事情。

9.3 如何评估长期影响

评估长期影响的方法很多，总的来说分为三类，第一类是延长实验时间，包括长周期实验、保留实验等；第二类是在时间轴上做出变化，通过变化来获得长期实验效果，比如反转实验、时间交错实验、后期分析方法等；第三类是分析方法，比如通过圈定特殊用户来减少生存偏差的固定群组分析方法，或者通过寻找可以代理长期影响的短期指标来估计长期影响的代理法。

9.3.1 长周期实验

评估长期影响最简单的方法是让实验长时间运行，然后在实验开始时（第一周）和实验结束时（最后一周）评估实验效果。需要注意的是，这种分析方法不同于典型的实验分析，典型的实验分析将评估整个实验期间的平均效果。长周期实验中第一个时间区间（比如第一周）测量 $P(1)$ 被认为是短期影响，最后一个测量 $P(T)$ 被认为是长期影响，如图 9-2 所示。

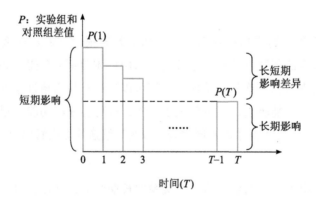

图 9-2　长周期实验的长期影响和短期影响

当我们怀疑有短期的新颖性或用户学习效应时，可以稍微延长实验时间。在微软，虽然大多数实验都不会超过两周，但如果怀疑有新颖性的影响，建议进行更长时间的实验，并使用最后一周的数据来估计长期实验效果。

Twitter 也遵循了类似的做法。Twitter 的一项实验可能会持续 4 周，并对过去两周的数据进行分析。如果在前两周实验中暴露的用户在最后两周没有出现，也会为该用户计入相应的值来避免生存偏差（例如，计入 0 次点击）。虽然这是一个可行的解决方案，但在这种类型的长期实验设计中有几个挑战和限制。

1. 归因问题

长期实验最后一周的测量 $P(T)$ 可能不能代表真正的长期实验效果，原因如下。

- 实验效果稀释。用户可以使用多个设备或入口点（例如，Web 和 App），而实验仅捕获其中的子集。实验运行的时间越长，用户在实验期间使用多个设备的可能性就越大。对于在过去一周内访问的用户来说，他们在整个时间段 T 期间的体验中只有一小部分正在接受实验。如果用户正在学习，以 $P(T)$ 来衡量的不是用户在暴露于时间 T 的实验后所学到的长期影响，而是稀释后的版本。这种稀释可能不会影响所有特征，而是影响其中一部分。

- 如果随机实验单元是 Cookie，则可能会因浏览器清除 Cookie 而遭受重创，正在接受实验的用户可以随机进入使用新 Cookie 的对照组。与前面两个要点一样，实验运行的时间越长，使用者同时经历实验和对照组的可能性就越大。

- 如果存在网络效应，除非在实验变量之间有完美的隔离，否则实验效果可能会从实验组"泄漏"到对照组。实验进行的时间越长，这种效应越有可能在整个网络中产生更广泛的级联效应，造成更大的影响。

2. 幸存者偏差问题

并不是实验开始时的所有用户都能存活到实验结束。如果实验组和对照组的存活率不同，$P(T)$ 将遭受生存者偏差的影响，这会触发 SRM 问题。如果那些不喜欢新功能的实验用户随着时间的推移最终放弃了，$P(T)$ 只会捕捉到那些重新使用该功能的用户（以及接受实验的新用户）。如果实验引入错误或副作用，也可能存在类似的问题。

3. 与其他新功能交互的问题

在长期实验运行期间，可能会推出许多功能，它们可能会与正在测试的特定功能相互作用。随着时间的推移，这些新功能可能会侵蚀原有实验的效果。例如，向用户发送推送通知的第一个实验在推动会话方面可能非常有效，随着其他团队开始发送通知，第一个通知的效果就会减弱。

4. 测量时间外推效应的问题

在没有进一步研究（包括更多实验）的情况下，我们需要谨慎，不要将 $P(0)$ 和 $P(T)$ 之间的差异解释为实验本身造成的有意义的差异。除了上面讨论的使 $P(T)$ 本身的解释复杂化的归因挑战之外，这种差异可能纯粹是由于外部因素，如季节性引起的。一般来说，如果两个时间段之间的基础人口或外部环境发生了变化，我们就不能再直接比较短期和长期的实验结果了。

当然，围绕归因和测量时间外推效应的挑战也使得从特定的长期实验中得出的结果很难推广到更具可扩展性的原理和技术上。关于如何知道长期结果是否稳定以及何时停止实验也存在挑战。

除了上面提到的问题，从工程实践来说，进行长时间的实验通常也不是一个好的答案。大多数软件公司在规划、开发、测试、最终交付新功能方面的开发周期都非常短。较短的开发周期使公司能够灵活、快速地适应客户需求和市场。理解变更影响的测试阶段过长可能会损害公司的敏捷性，这通常是不可取的。

我们需要一些更好的方法来评估长期影响。已经有一些方法用于改进长期运行实验的测量。下面讨论的每种方法都提供了一些改进，但没有一种方法完全解决了所有场景下的问题。在使用这些方法的时候建议先评估是否适用，如果适用，也需要考虑它们会对结果或对结果的解释产生多大影响。

9.3.2 保留实验和反转实验

如果需要在较短时间内对所有用户推出实验策略，长期实验可能是不可行的。可以选择保留组方法，在向大部分用户（90%）推出实验后的一段时间内

（几周或几个月），将一小部分用户（比如 10%）控制保持不变。保留实验是一种典型的长时间运行实验，因为只有比较小的用户量，所以会降低灵敏度，需要确保降低灵敏度不会影响对于实验结果的判断。

也可以选择长期坚持组方法，由未获得更新的用户随机样本组成。这个长期坚持组，不推出任何新策略，只充当对提供给其他人的功能集的对照组。这种选择通常会产生大量的工程成本。产品开发团队必须维护长时间不更新的代码叉。代码的所有上游和下游组件也必须支持这种分叉派生。这种方式仍然不能解决非持久用户跟踪和网络交互的挑战。在许多产品和服务中，用户的首次访问和后续访问都是使用非持久用户标识符（如存储在浏览器 Cookie 中的随机 id）来跟踪的。这种跟踪用户的方式在很长一段时间内不是很持久，如果搅动了用户的 Cookie，我们只能跟踪暴露在实验组中所有用户的有偏见的样本。此外，用户可以从多个设备访问相同的服务，用户的朋友和家人也可以访问相同的服务。随着时间的推移，用户或他们的朋友或家人可能会在实验期间同时接触到实验体验和对照体验，这会冲淡测量实验的效果。

还有一个可供选择的方法叫作反转实验。在反转实验中，我们在对 100% 的用户启动实验几周（或几个月）后，将 10% 的用户重新加入对照。这种方法的好处是，每个人都接受了一段时间的实验。如果实验引入网络效应，或者市场供应受到限制，则反转实验允许网络或市场时间达到新的均衡。这种方法的缺点是，如果实验可能会带来明显的变化，那么将用户重新放回对照组可能会让他们感到困惑。

9.3.3　后期分析法

在后期分析法中，在实验运行一段时间（比如时间 T）后关闭实验，在时间 T 和 $T+1$ 期间测量实验组和对照组的用户之间的差异，如图 9-3 所示。该方法的一个关键点是，在 $(T,T+1)$ 期间，实验组和对照组的用户都暴露于完全相同的特征。除了后期分析法，如果由于用户体验问题，不能停止实验组策略，可以通过逐步增加实验组的用户来应用，即逐步推出新策略到全量用户。在测量期间，实验组和对照组的用户都暴露于完全相同的特征。这两种方式的不同之处在于，在第一种情况下，实验组接触到了对照组没有接触到的一系列特征，在第二种

"逐步放量"的情况下，实验组接触这些特征的时间比对照组长。相同的是，在 $0 \sim T$ 阶段，实验组有一组不同于对照组的特征。

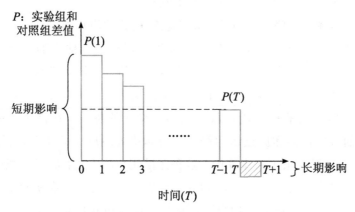

图 9-3　基于后期分析的长期效果测量

Hohnhold 等人将在后期测量的效果称为学习效果。要正确理解它，需要了解实验中的具体变化。学习效应有两种类型，一种是用户习得效应，随着时间的推移，用户已经学会并适应了这种变化。Hohnhold 研究了广告加载增加对用户广告点击行为的影响。在他们的案例研究中，用户学习被认为是后期效应背后的关键原因。另一种是系统学习效应，系统可能已经"记住"了实验期间的信息。例如，实验可以鼓励更多的用户更新他们的简历，并且即使在实验结束之后，该更新的信息也会保留在系统中。或者，用户对电子邮件感到恼火，在实验期间选择退出，他们在后期将不会收到电子邮件。

当系统学习的影响为零时，这个方法能较好地推断长期影响。因为在实验后期，实验和控制用户都接触到完全相同的一组功能，而且这种方法可以有效地隔离影响，使其不受随时间变化的外部因素的影响，也不受与其他新推出功能的潜在交互影响。因为学习的效果是单独测量的，所以它提供了更多的洞察力来解释为什么短期效果和长期效果是不同的。虽然这种方法也可能存在潜在的稀释和幸存者偏差，但是由于学习效果是在后期单独测量的，因此可以尝试对学习效果进行调整以说明稀释，或者通过结合时间队列的分析方法来进行调整。

9.3.4　时间交错实验法

长周期实验或者保留实验都要求实验者在进行长期影响测量之前等待"足够长"的时间。"足够长"是多久呢？一般做法是观察实验效果趋势线，并确定曲线稳定了足够长的时间。这在实践中效果不是很好，因为实验效果很少随着时间的推移而稳定。随着时间的推移，在重大事件、意外事件的影响下，这种波动往往会压倒长期趋势，从而无法确定实验观测的结束时间。

为了解决这个问题，确定实验所需的测量时间，可以让两个版本的相同实验交错运行。一个版本 $T0$ 在时间 $t=0$ 开始，另一个 $T1$ 在时间 $t=1$ 开始。在任何给定的时间，$t>1$，都可以测量两种实验版本之间的差异。注意，在时间 t，$T0$ 和 $T1$ 实际上是 AA 实验，唯一不同的是它们的用户暴露于实验的持续时间。

我们可以进行双样本 t 检验，检查 $T1(t)$ 和 $T0(t)$ 之间的差异是否具有统计学意义，如果差异很小，则得出两个实验已经收敛的结论，如图 9-4 所示。请注意，重要的是确定实际有效的增量，并确保具有足够的统计能力来检测它。在这一点上，我们可以应用时间 t 之后的后期分析方法来衡量长期效果。在测试两组实验之间的差异时，控制比典型的 20% 更低的第二类错误率更重要，即使代价是将第一类错误率增加到高于 5%。

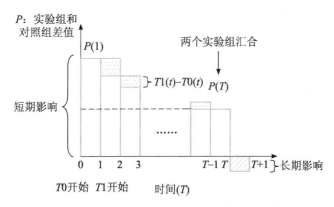

图 9-4　通过观测两个交汇的交叉实验来测量长期影响

这种方法假设两组实验之间的差异随着时间的推移而变小。换句话说，$T1(t)-T0(t)$ 是 t 的递减函数。虽然这是一个合理的假设，但在实践中，还需要确保两个交错处理之间有足够的时间间隔。如果学习效果需要一段时间才能显现，而且两种实验方法开始时间间隔很短，那么在 T1 开始时，两种实验方法可能没有足够的时间来产生差异。

Google 也采用了这种方法来明确模拟用户的学习效果。在长时间的实验中，有多个独占的随机样本的使用者暴露在实验中。其中第一组用户从实验开始就接受实验。第二组实验的开始时间较晚，是在实验开始后的某个时间接受实验，以此类推。在第二组接受实验后的一天，对这些组进行比较，提供了用户从实验中学习的估计。Google 还使用 Cookie-Cookie 日随机化方法来获得自实验开始以来任何持续时间（以天为单位）的用户学习估计值。

在这些实验和随后的分析中，需要仔细设计实验，仔细地分析，以确保实验没有出现其他混淆的影响（例如，其他系统变化、系统学习、概念漂移，以及由于 Cookie 波动、Cookie 生存期短而导致的选择偏差问题）。利用这些信息，可以将用户学习建模为指数曲线，便于使用实验中直接测量的实验短期影响和实验对用户学习的影响预测实验的长期结果。

9.3.5 固定群组分析法

固定群组分析法是在实验之前构建一个稳定的用户群，并且只分析这群用户的短期影响和长期影响。一种方法是基于稳定的 ID（例如，登录的用户 ID、手机号等）选择用户群。这种方法在解决稀释和幸存者偏差方面是有效的，特别是在能够以稳定的方式进行跟踪和测量的基础上。其中有两个重要的考虑事项。

- 用户群的稳定性：这对方法的有效性至关重要。如果 ID 是基于 Cookie 的，当 Cookie 流失率很高时，这种方法不能很好地纠正偏差。
- 用户群的代表性：用户群需要能代表总体，如果不能代表总体，分析结果可能不适用于全部人群。例如，仅分析已登录用户可能会产生偏差，因为他们与未登录用户不同。可以使用其他方法来提高概括性，例如基于分层的权重调整。在这种方法中，首先将用户分层为子组（例如，基于实验前的高、中、低参与度水平），然后计算每个子组实验效果的加权平均，权重反映了总体分布。

9.3.6　长期影响的代理指标法

预测长期结果的良好指标通常被用来估计长期影响。例如，Netflix 使用逻辑回归算法找到了用户留存率的良好预测因子，还使用生存分析将用户数据考虑在内。LinkedIn 创建了基于生命周期价值模型的指标。对于影响整体市场的实验，Uber 发现一些宏观经济模型在寻找好的代理指标方面很有效。这种方法可能有不利之处，因为相关性不一定意味着因果关系，而且这样的代理可能容易被误用，其中实验可能会导致代理指标增加，而最终对长期结果没有影响甚至倒退。开发一个心理因果结构模型来寻找好的替代物可能会更好。Bing 和 Google 已经通过心理因果结构模型来评估用户体验对用户的效用，从而找到了用户满意和保持的指标。

代理指标建模是寻找长期影响良好估计的另一种方式。统计学上的替代物取决于实验和长期结果之间的因果路径，并满足实验和结果相互独立的条件。可以使用观测数据和实验数据来寻找好的替代物。拥有一组丰富的代理指标可以降低只影响少数代理指标而不影响长期结果的风险。Facebook 使用这种方法，仅用 2 ～ 3 天的实验结果，就成功找到了 7 天实验结果的良好替代指标。他们使用分位数回归和梯度增强回归树来对特征重要性进行排名。不过长期使用过多的代理指标可能会使此方法更难解释，这一风险仍然存在。

第三部分
AB 实验评估指标体系

　　指标体系的重要性不言而喻，任何一个组织想要衡量其业务的进度、需要努力的方向和承担的责任时，都需要良好的度量标准。指标体系就是帮助组织进行度量的手段。指标体系可以反映业务的客观事实，看清业务发展现状。通过指标衡量业务质量，把控业务发展情况，解决发现的业务问题，促进业务有序增长。

　　具体而言，在指标体系中，多个不同的指标和维度组合起来进行业务的综合分析，并通过结果指标回溯过程指标，快速发现问题、定位问题，找到问题的核心原因，从而实现通过指标的变化，发现整体业务的变化，建立起业务的变化和指标之间的因果关系。

　　如果没有一个良好且完善的指标体系，那么实验取得成功是比较困难的，因为无法衡量，所以无法改善。目标无法量化，沟通过程中大家的理解各异，沟通成本非常高。

　　建设统一规范的指标体系可以明确基础数据建设的方向，集中资源，避免分析过程和结果遗漏或缺失指标数据。统一指标体系可以帮助企业统一关键指标业务口径及计算口径，统一企业业务目标，实现自上而下的目标驱动。

第三部分将讨论产品指标体系和实验评估指标体系。一般来说，实验评估指标体系是产品指标体系的一个子集，不是所有的指标都适合作为实验评估指标。通过实验发现的、定义的好指标都可以补充到产品指标体系中。

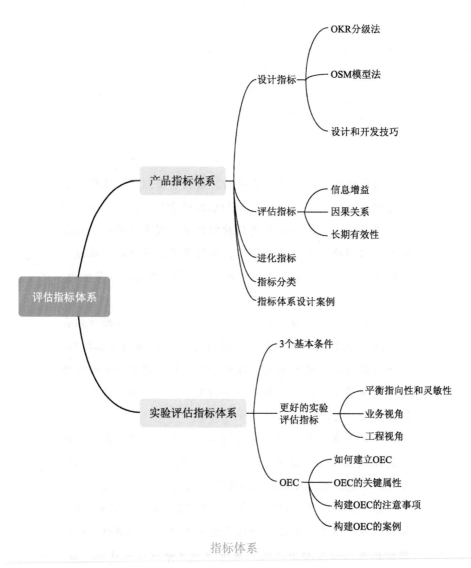

第 10 章

产品指标体系

本章从构建一个完整的产品指标体系出发，讨论基于 OKR 分级法的指标设计方法，以及在指标设计和开发中常用的一些技巧和注意事项。在此基础上，介绍应该从哪些方面进行指标评估，特别是在新增指标的时候。随着业务发展、内外部环境变化、认知深入，指标体系也需要随之变化。指标体系的建设不是一件一劳永逸的事，需要不断迭代和进化，本章将通过具体案例介绍产品的关键指标。数据驱动的组织通常使用关键指标、保护指标来调整和执行业务目标，具有透明性和责任性。本章最后将介绍一些常见的指标分类方式。

10.1 什么是指标体系

指标体系将单点、具有相互联系的一组指标，系统地组织起来。这样做的优势在于可以通过单点看全局，通过全局解决单点的问题。指标体系包含指标和维度，以及基于业务逻辑、业务流程构建的层级、网络关系。指标是将业务单元拆解、细分后量化的度量值，它使得业务目标可描述、可度量、可拆解。指标是业务和数据的结合，是统计的基础，也是量化效果的重要依据。维度是用户观察、思考与表述某事物的"思维角度"。没有维度单说指标是没有意义的，没有指标单说维度也是没有意义的。

指标从产生的类型来看可以分为结果型和过程型。

- 过程型指标：用户在做某个动作时所产生的指标，一般可以通过某些产品的策略来直接影响过程型指标，从而影响最终结果。过程型指标更加关注用户的需求为什么被满足或为什么没被满足。比如打车服务中的"发单数"，这是用户发起订单后就会直接反映的一个指标。
- 结果型指标：用于衡量用户发生某个动作后所产生的结果，通常是延后知道的，很难进行干预。比如打车服务中的"成交率"，它是由"完成订单数 / 发起订单数"计算出来的，虽然很难直接干预这个指标，但是这个指标又能很好地反映用户的打车需求在平台中是否被很好地满足。实际上大部分场景中，结果型指标更多用于监控数据异常，或者监控某个场景下用户需求是否被满足，而比较难被直接干预。

维度主要分为定性维度和定量维度。

- 定性维度主要是离散类型值的描述，如城市、性别、职业等。
- 定量维度主要是连续数值类描述，如收入、年龄等。对于连续数值的维度，在做统计分析的时候，通常需要做分段分组的处理。比如年龄经常划分为小于 18、18 ～ 25、25 ～ 35、35 ～ 45、45 ～ 55、大于 55 等分段。

不只是产品、用户有生命周期，指标体系也有自己的生命周期，一般指标体系都会经历设计定义、生产（计算）、消费（分析、可视化）、下线 4 个阶段。在整个生命周期中，不仅需要对指标体系持续做运维、质量保障工作，为了提高指标数据复用度，降低用户使用成本，还需要做对应的数据运营工作。与此同时，还有一个经常被忽略但是意义重大的事情，即指标的评估和指标的进化。

10.2 设计指标

有两个常见的设计指标体系的方法 —— 基于 OKR（Objectives and Key Results，目标与关键成果）的指标分级方法和 OSM（Objective、Strategy、Measurement，业务目标、业务策略、业务质量）模型法。指标分级方法主要是纵向的思考，是基于组织体系自上而下的分级分解。OSM 模型是指标体系建设过程中辅助确定核心的重要方法，包含业务目标、业务策略、业务度量，是横向的思考。

10.2.1　基于 OKR 的分级法

OKR 是当前流行的组织运行方式，其中目标是指长期目标，而关键成果是朝着目标前进的短期、可衡量的结果。在使用 OKR 分级法时，良好的指标是跟踪实现目标的关键。了解组织需要的关键指标体系、指标需要满足的标准、如何创建和评估指标以及随时间迭代的重要性，有助于形成数据决策所需的洞察力，不论是否进行 AB 实验都非常重要。

在数据驱动的组织中，团队的责任是自下而上的，相应目标的设置也是自上而下、逐层拆解的。每个级别的组织所关注的指标的重点也是不同的。一般都根据企业战略目标、组织及业务过程进行自上而下的指标分级，对指标进行层层剖析，从而形成不同层级的 OKR 指标。从不同层级来看，业务指标主要分为战略级指标、业务策略级指标和业务执行级指标。需要考虑指标之间可能存在此消彼长的负向关系，比如虽然提升广告量能增加收入，但是用户体验可能会变差，如果一味地强调增加广告量来提升收入，虽然短期能获得收益，但是长期可能会导致用户流失，从而给产品带来更大危机。在建立指标体系的时候，还有一类指标是需要被严格观察的，不能掉以轻心，即保护指标。

组织或团队应该充分讨论采用哪些指标作为业务度量，并制定相应的奖惩机制，为执行这些目标提供透明度和问责制。遗憾的是，在一些团队中，这些目标的制定也沦为一种形式，不仅制定的时候没有进行严谨的推演，在问责的时候也不够严格，这种行为其实会为组织带来潜移默化的影响，从而从上到下形成心照不宣的默认，认为"KPI 就是完不成"，这种对于规则的不尊重和对数据的不重视会逐渐扩散，为组织带来更多负面影响。

下面详细讨论 OKR 分级法中的战略级指标、业务驱动指标和守护指标。

1. 战略级指标

战略级指标也称为目标指标、成功指标、北极星指标、第一约束指标等。它能反映当前阶段组织最关心的问题，能够牵引当前阶段产品最重要的增长和努力方向，是团队在当前阶段需要全力达成的最重要的指标。战略级指标用于衡量公司整体核心目标的达成情况，通常由公司战略决策层制定。

这里需要说明的一点是，本章所提到的指标体系是针对一个产品而言的，战略级指标也是指产品的战略指标，而不是公司的战略指标。对于一个有着众多产品线的公司而言，很难为这些产品线设置一个统一的北极星指标。

对于公司整体而言，更多的是关注整体的营收、社会影响、使命等，这不是本章重点讨论的范畴。当我们试图提出一个战略级指标时，建议首先表达清楚为什么这个产品会存在；这个产品存在的独特价值是什么；成功后的产品是什么效果。产品的决策层必须积极回答这些问题。

在回答上述问题的时候，不仅需要考虑产品本身的问题，通常也需要与公司的使命相关联。例如，微软的使命是让世界上每个人和每个组织都能取得更大的成就；Google 的使命是组织世界的信息；腾讯的使命是用户为本，科技向善。能够用语言清楚地表达目标是很重要的，将目标转换为指标是有一定差距的，通常需要随着时间的推移进行迭代。让人们了解指标和目标的限制和区别，对于推动业务朝着正确的方向发展至关重要。目标指标是指正在努力实现的单个或非常小的指标。一般来说，这些指标在短期内不容易移动，因为每个计划可能对指标的影响很小，或是影响需要很长时间才能实现。

为了更好地使用指标，我们在制定北极星指标的时候，需要遵循一些基本原则。

- 简单：指标应容易理解并被利益相关者广泛接受。
- 难作弊：指标不容易作假，比如以总注册用户数作为北极星指标，就有可能通过机器人用户来达成目标。
- 稳定：稳定的意义在于不需要经常更新指标，比如每次添加新功能、上线新策略时都更新目标指标。

除了这 3 个基本原则外，在设立北极星指标的时候，最好能衡量用户价值以及先导性地反映营收指标。一切产品的成功，归根结底都来自对于用户价值的实现，如果没有以用户价值为基础，难免沦为空中楼阁。为什么要营收先导呢？因为所有成功的产品最后都需要好的商业模式和足够强大的盈利能力，如果不能实现独立盈利，最终是无法持续运营的。

定义北极星指标的时候，最快速和最有效的方法是参照成功的同类产品的经验，表 10-1 展示了不同类型产品定义的北极星指标。

表 10-1　不同产品的北极星指标

公司	产品类型	核心价值	北极星指标
亚马逊、淘宝	电商	提供便捷购物	总销售额
Airbnb、滴滴	市场	链接服务	订天数、订单数等
今日头条、抖音	信息流	内容消费	留存、时长等

电商平台的目标是提供更多的成交额，成交量就是一个清晰的北极星指标。O2O 服务类业务，连接服务需求方和服务提供方，比如 Airbnb、滴滴、美团外卖等，成交次数能很好地反映用户的需求和平台服务能力。内容类服务为用户提供更多有意思的内容消费，用户也愿意更多地返回平台进行消费，留存就是一个直观好懂的北极星指标。不难发现，北极星指标有一个共同的特点，就是都和产品的核心价值紧密相关。为了定义出真正好的北极星指标，要回到一个企业或者一个产品的原点，找到最终关心和要解决的问题，在建立北极星指标的时候，必须要认真尝试回答关于产品的问题。

下面通过几个具体的案例来探讨北极星指标的设计。

（1）LinkedIn 的北极星指标

职场社交平台 LinkedIn 让注册用户维护他们在商业交往中认识并信任的联系人，俗称"人脉"。LinkedIn 的北极星指标是活跃的优质用户数。对于优质用户的定义有 4 个维度，资料完整度（每完成一步，得分就提高到相应的水平）、好友数（达到一定数量，比如 30 个）、猎头是否可以联系到你（是否可以被转化为资源、人脉）、一段时间内登录过多少次（代表活跃程度）。将活跃的优质用户数作为北极星指标的优势如下。

- 营收先导：LinkedIn 赚钱最多的业务就是人才解决方案，由于网站上优质的用户越多，能卖给猎头和企业的解决方案就越好，因此需要与商业营收一致的北极星指标。

- 衡量用户价值：用户在 LinkedIn 上面的好友越多，输出的内容和信息越多，用户价值就越大。

- 可操作：对于活跃的优质用户有 4 个维度的定义，那么就可以把这 4 个维度拆解到每个产品线，所有人都可以清楚自己是在为提升哪些指标而努力，最终能为北极星的提升贡献多少。大家都有清晰的目标和方向的时候，目标就更容易达成了。

当北极星指标定为优质活跃用户数，并给出了优质用户的确切定义后，后续的产品策略就是围绕着提升优质用户数，将非优质用户转变为优质用户展开。优质用户有一个维度——资料的完整度，那么可以通过提高用户资料的完整度来提升优质用户数，从而提高活跃的优质用户数。

LinkedIn 发现大部分用户填写的资料都不够完整，这方面需要加大引导力度。新用户注册后，一次性引导用户填写过多的资料，特别是在新注册阶段，会增加用户注册的阻力，导致注册跳出率高。为了降低流失率，同时又尽可能多地获取用户信息，LinkedIn 使用分步策略，允许用户逐步创建个人资料，而不是一次性提供全部资料。同时用游戏化的进度条保持与用户的联系，比如询问最近就职的公司和职位，然后基于已有的信息向用户推荐熟悉的用户、公司等。这种将用户信息和最终目标紧密相连的方式，会让用户感到平台获得信息的目的是帮助他在平台上获得更好的社交或者求职机会，而不是只为了获取用户信息。

（2）Facebook 的北极星指标

Facebook 早期曾经将注册用户数作为北极星指标，虽然很好理解，也符合稳定性原则，但是并没有严格遵守"难作弊"原则，因为很容易就可以从渠道买到僵尸用户，这些用户注册后，并没有活跃行为，对于产品来说，既不能体现用户价值，也不能带来后续的营收。后来 Facebook 将北极星指标改为日活用户数。这一个改变也从侧面反映了随着产品的发展，以及对指标认识的深入，北极星指标也会不断进化。现在，很少有产品将注册用户数作为北极星指标来关注了。

（3）互联网企业估值指标

关注互联网或者股市的人都知道，一般互联网企业的估值都远远高于相同营收规模的传统企业。这是为什么呢？传统企业的估值主要基于现金流贴现法，而互联网企业一般采用 DEVA（Discounted Equity Valuation Analysis，股票价值折现分析）估值法。

DEVA 最早由摩根士丹利的分析师 Mary Meeker 提出，这个方法提出后很快成为风险投资领域估值的参考标准。这一估值法得到广泛认可，是因为梅特卡夫定律更能揭示互联网的快速扩张定律：一个节点会带来与若干个老节点的连接，同时新节点又带来若干个比之还新的新节点。这个估值法也让人们对互联网公司的发展达成了更多的共识。

- 互联网初创公司不应该只考虑利润，更应该关注市场份额。
- 互联网企业赢家通吃，头部企业最值钱。

这两点充分体现了梅特卡夫定律的魔力。随着用户数的增长，每个用户的价值也在增加，这使得企业的盈利能力以更快的速度增加。同时，只看用户数并不够，比如腾讯和移动虽然用户体量相当，但是移动的市值就相对低一些。投资者在对互联网企业进行投资时，需要进一步考虑用户数的变现能力，而决定变现能力的则是企业的商业模式。移动和腾讯都拥有海量的用户、较低的获客和留客成本。相比而言，腾讯的用户具有更大的变现潜力，即更多的用户使用时长、更高频的使用场景、更强的货币化能力（游戏、广告、增值、支付等）、更长的用户生命周期和生命价值等。

2. 业务驱动指标

业务驱动指标也称为 Sign Post 指标、代理指标、间接指标，往往比目标指标更敏感。业务驱动指标反映了企业如何才能获得最终成功的因果模型，也就是关于产品成功驱动因素的假设。需要注意的是，业务驱动指标只是人为定义的成功的驱动因素，它是不是真的能带来成功是未知的。如果业务驱动指标定义得合理，找到的是驱动因素和成功之间的因果关系，就能带来产品的成功，反之则不一定。

既然业务驱动指标和北极星指标之间存在差距，为什么还需要定义业务驱动指标呢？因为北极星指标大部分是相对长期、宏观的指标，而驱动指标通常是短期、微观、能更灵敏反映业务变化的指标。举例来说，在内容推荐产品中，北极星指标可能是长期留存率，而提高长期留存率是一个长期的过程。大部分单个实验在短期内都难以看到效果，这样就导致我们很难通过实验衡量优化是不是向着正确的方向进行。需要把这种长期且变化幅度小、增长缓慢的指标拆解为更能直接驱动业务的指标。比如，希望观测本次实验的优化结果是不是更好地满足了用户的需求，可以通过消费时长、点击率等更为敏感的指标来观测。

至少在长期指标，比如留存率无变化的情况下，其他更为灵敏的指标需要是正向的。这里还需要考虑一个问题——留存和时长、点击率之间的移动是否具有因果关系。对于不同的产品，不同实验的结论通常是不一样的，比如搜索功能的实验，用户停留时间长，可能是因为不能在短时间内搜索到想要的内容，这种情况下停留时间长，用户留存率可能就低；对于内容消费类用户，停留时间更长可能说明用户需求得到比较好的满足，用户感兴趣，用户留存大概率会更高。比如一个实验的点击率高，可能是因为推荐内容更准确，用户体验变好了，留存率也会得到提升；另一个实验的点击率高，有可能是因为推送了更多标题党的内容，用户体验有可能变得更差，留存率还是下降的。

这些例子都说明了，更为敏感的驱动指标和我们希望得到的北极星指标，有时候是背道而驰的。这就要求我们建立完善的指标观察体系。好的驱动指标，不仅需要灵敏反映业务实时的变化，同时也要引领产品向着北极星指标的方向移动。

业务驱动指标一般根据产品的形态会有所不同。行业中有一些成熟的通用框架可以使用，指标框架可以用来思考推动成功的原因，从而帮助我们更好地制定业务驱动指标，比如从用户心理学出发的 HAEAT 框架、从产品生命周期出发的 AARRR 框架以及用户漏斗模型等。这些框架可以帮助企业分解通向成功的步骤。良好的驱动指标表明我们正朝着正确的方向移动，即朝着北极星指标的方向移动。

在业务驱动指标这里，基于组织结构纵向细分，又可以细化为业务策略层指标、业务执行层指标。

- 业务策略层指标：为了达成北极星指标，公司会将目标拆解到业务线、事业群，并有针对性地制定一系列运营策略，业务策略层指标通常反映的是策略结果，属于支持性指标，同时也是业务线或事业群的核心指标。业务策略层是北极星指标纵向路径的拆解，便于北极星指标的问题定位。
- 业务执行层指标：业务执行层指标是对业务策略层指标的拆解，用于定位业务策略层指标的问题。业务执行层指标通常也是业务执行过程中考量最多的指标。各职能部门目标不同，关注的指标也有差异。业务执行层指标的使用通常可以指导一线产品、运营、分析人员开展工作，可以快速引导一线人员做出相应的动作，所以称为执行层指标。

对于一些简单的产品，业务策略层指标和业务执行层指标并没有明确区分，这也是正常的。在制定业务驱动指标时，有几个关键原则需要遵守。

- 与目标保持一致：验证业务驱动指标是否确实是成功的驱动因素。一种常见验证方式是专门为此进行实验。
- 可操作的和相关的：团队必须感觉到他们可以利用杠杆（例如，产品特性）来移动这些度量。
- 敏感度：驱动因素指标是目标指标的领先指标。确保它们足够敏感，可以衡量大多数发起人的影响。
- 难以作弊：因为驱动指标和目标指标衡量的是成功，所以不要轻易让它们变得容易作弊。可以制定激励措施，看看指标可能会驱动什么行为，以及如何进行博弈。

3. 守护指标

守护指标分为两种类型，一类是保护业务的指标，另一类是评估实验结果可信性和有效性的指标。守护指标主要是指对于业务的保护。我们关注的焦点通常集中在北极星指标和业务驱动指标上，守护指标用来保证走向北极星指标时，不去违反一些重要的约束，在目标和重要约束中保持合理的平衡，这一点非常重要。

例如，打车平台滴滴的北极星指标是成单数，即尽可能多地促成订单。考虑到深夜顺风车的风险系数偏高，于是将深夜顺风车业务下线了。每个产品都希望让尽可能多的用户进行注册，同时也不希望已注册用户的参与度大幅下降。在密码管理公司，可能需要在安全性（没有劫持或信息被盗）、易用性和可访问性（即用户被锁定的频率）之间进行权衡，这时安全性可能是主要目标，易用性和可访问性就成为保护指标。虽然页面加载时间可能不是主要目标指标，但我们仍然需要确保特性发布不会降低加载时间。保护指标通常比目标指标或北极星指标更敏感，因为一旦触发，可能就是灾难性的，带来产品口碑下降，导致用户反感甚至卸载。

10.2.2　OSM 模型法

OSM 是在指标体系建设过程中帮助确定核心目标的重要方法，从业务的视角，对指标进行横向思考，包含业务目标、业务策略、业务度量。

- O（Objective）：业务目标，主要从用户视角和业务视角确定目标用户使用产品的目标以及产品满足了用户的什么需求。

- S（Strategy）：业务策略，为了达成上述目标所采取的策略。
- M（Measurement）：业务指标，策略随之带来的数据指标变化有哪些，哪些指标能反映业务策略带来的变化。

以滴滴网约车为例，按照 OSM 模型建立的指标体系如下。

- 业务目标：用户使用滴滴的需求和目标是什么，用户需求及目标是便捷、快速打到车，安全到达目的地。
- 业务策略：如何让用户感受到自己的需求被满足了。滴滴的策略是，在便捷方面提供独立 App 版本、小程序版本，还可以多渠道打车；在速度方面，针对不同人群的诉求提供多品类产品，例如快车、优享、拼车、出租车等，根据早晚高峰提高热点区域运力，减少用户排队时间；在安全方面，采用司机准入机制、司机合规机制，建立司机画像。
- 业务指标：针对上述策略设计指标。此处的指标分别是结果指标和过程指标，结果指标包括渠道转化完成率、乘客取消率、供需比、司机服务分，过程指标包括渠道发单数、渠道完单数、排队乘客数、乘客排队时长、司机好评率、司机接单量、司机取消数等。

确定指标之后，接下来就要选择和确定维度。选择维度主要通过数据分析视角结合实际分析业务场景来确定，常见的如城市维度、商圈维度、渠道维度、时间维度、用户标签维度等。在设计指标体系的时候，结合这两种方法，进行纵向、横向的体系规划，可以在内部、外部多次讨论，迭代修改，最终形成指标体系。

10.2.3　指标设计和开发技巧

指标体系的设计和开发并不简单，本节介绍一些有用的技术和技巧。理解并掌握它们，能帮助我们更好地设计和开发指标。

1. 先假设后验证

先假设后验证是指先通过小规模的用户调查获得假设，然后通过大规模的数据分析验证这些假设。这个方法中的假设最好通过用户调查的方式获得，而不是经由人为主观推断和猜想。

获得产品假设之后，需要经过大规模数据分析。产品的用户是多种多样的，用户的需求也是多种多样的，不可能都去满足。用户调研难免会存在幸存者偏差等常见问题，导致不能真正反映普适性的用户诉求。比如，用户使用某个功能、某个产品时的体验是否好，可能只能通过用户调查（焦点小组、用户研究、用户问卷调查等）的方法来获得，我们可以通过用户调查来观察哪些是与用户满意、用户体验好相关的行为，然后获得基本的假设——满意的用户是否使用时长更长、互动更多、分享更多、留存率更高等。最后，我们可以采用大规模在线日志数据来探索这些行为模式，以确定这些指标是否可以作为核心指标、驱动指标来使用。

将观察结果和数据分析相结合，有助于确定具体的阈值。比如，一部分用户在一个页面的跳出率很高，说明这些用户可能不太满意这个页面，那么究竟多高的跳出率是我们需要关注或者可以被定义为偏高、不正常的，是什么特征导致了跳出率偏高呢？这些都是需要在设计指标时被准确定义的。

2. 考虑指标质量

什么是指标质量呢？我们经常把用户的点击行为作为用户感兴趣的指示指标，如果用户点击搜索结果进入相关页面后立即点击后退按钮，可能意味着对搜索结果并不满意，这种点击在某种意义上不是真正的"感兴趣"点击；如果用户点击一篇文章后，只看了几秒就立即离开了，那么这个点击也不是真正能反映用户"感兴趣"的点击；如果新注册用户积极地与产品互动，频繁地返回产品，可以判定为一个好的、高质量的注册；如果用户简历包含足够丰富的信息来描述用户的个人情况，例如教育背景、当前和过去的工作经历，则这是一份高质量的简历。在目标指标和驱动指标中构建一个质量概念，例如人工评估，有助于从这些指标映射到相应的业务解释，以此作为决策基础。

3. 指标需要及时更新

有些指标采用历史数据建模的方法，保持模型随时间推移的可解释和验证是至关重要的。例如，要衡量订阅的长期收入，通常需要基于预测的生存概率来计算终身价值。如果生存概率函数太复杂，可能很难从用户那里获得认可，如果需要调查市场突然下跌的原因，难度就更大了。Netflix 使用分时段观看时间作为驱动指标，因为它们是可解释的，并且可以表明用户的长期留存。

4. 采用对立思维收集指标

有时候，准确地说出不想要什么比说出想要什么容易得多。用户很难描述自己喜欢什么、想要什么，却能比较清晰地说出不喜欢什么。用户无法准确地告诉我们如何做能让他们满意，但是我们可收集用户的不满或意见。

用户在网站上停留多长时间才能被认为是满意的？以搜索引擎为例，用户访问多久搜索结果指向的网站能表明用户对搜索结果是满意的呢？这个时间区间其实很难界定，因为不同用户寻找不同的东西，有不同的搜索目标，需要的时间也不一定。如果用户访问的时间很短，往往表明他们并没有找到想要的东西，这更能让用户感到不满意和沮丧。在这样的情况下我们更容易定义用户的不满意。

负向指标可以作为保护指标或调试指标。我们应始终牢记，指标本身就是代理，而且每个指标都有自己的失败场景，不能过于依赖和迷信指标和经验。例如，搜索引擎可能希望使用点击率来衡量用户参与度，但如果只提高点击率，可能会增加点击诱饵的曝光频率，比如标题党、有情色倾向的图片等。这些点击诱饵带来的高点击率，长期来看并没有益处。在这种情况下，必须创建额外的指标进行测量，比如一种可能性是综合使用内容调性和质量指标、添加人工评价作为衡量内容相关性的度量指标，并平衡算法中奖励点击诱饵的趋势。

10.3 评估指标

评估指标主要评估信息增益、因果关系以及长期有效性。

10.3.1 信息增益

多数时候，指标评估都是在制定阶段进行的，也有一些工作需要随着时间的推移持续进行。例如，在添加新指标之前，需要评估与现有指标相比它是否提供了额外的信息。这一点非常有意义，想要增加一个新的指标定义是非常容易的事情，控制指标数量在合理的规模内是比较难的。

各个部门、团队的成员，都可能定义出一些新指标，指标不停增加，不仅会增加理解成本，带来口径对齐的问题，也会让平台维护和计算成本呈指数级增长。控制指标规模是非常有意义的，作为指标维护团队，既不能全盘接受新增指标的需求，也不能简单粗暴地拒绝新增指标。必须要有一套科学的评估方法去控制指标增长，其中最重要的原则就是新增指标相对于之前已有指标需要有信息增益。对于那些信息增益很低，或者没有信息增益的指标，就可以直接拒绝了。以下两个方法可以帮助我们判断新增指标的信息增益。

如果新增指标与已有的指标之间存在高度相关性，一般来说信息增益是偏低的。举个例子，一个产品的用户由新用户和老用户构成，新用户的规模比较小，假设该产品的新用户数只占整体用户数的 1%。现在我们需要观察的北极星指标是用户总收入，按经验来说，新用户的总收入占比会比 1% 还低，这个时候总收入就和老用户的收入高度相关，因为新用户收入占比太低了，可以忽略不计。从这个角度来看，如果北极星指标将收入拆分为新老用户的维度，计算量变为原来的 2 倍，此时新增指标带来的信息增益是非常有限的。这个例子主要是从信息增益的角度考虑，实际业务中可能还有其他考虑不在讨论范围之内。

如果新增指标可以通过加减乘除等方式计算出来，信息增益也是相对比较低的。举例来说，在某信息流产品的实验平台上，已经有的指标包括曝光用户数、曝光文章次数、人均曝光文章次数（曝光文章次数 / 曝光用户数）、点击文章用户数、点击文章次数、人均点击文章次数（点击文章次数 / 点击文章用户数）、用户点击率（点击文章用户数 / 曝光用户数）、文章点击率（点击文章次数 / 曝光文章次数）。后来某团队提出，需要加上一个曝光用户的人均点击次数（点击文章次数 / 曝光用户数）指标。他们增加这个指标的理由是，这个指标可以反映从曝光用户到消费用户的最终转化。这个理由听上去非常靠谱，但实际上这个新增指标可以通过两个已有指标获得。

$$\frac{曝光用户的}{人均点击次数} = \frac{点击文章次数}{曝光用户数} = \frac{点击文章次数}{点击用户数} \times \frac{点击用户数}{曝光用户数}$$

$$= 人均点击次数 \times 用户点击率$$

在分析曝光用户的人均点击次数指标上涨或者下跌的时候，仍然需要拆分为用户点击率和人均点击次数两个维度来看。从这个角度看，这个看似合理的新增指标并没有为我们提供太多额外的信息增量。在新增指标的时候，最好经过反复论证，将那些具有较大信息增益的指标加入指标清单。

10.3.2　因果关系

评估指标的因果关系主要是指业务驱动指标与北极星指标之间的因果关系，即业务驱动指标是否真的能驱动目标指标。业务驱动指标是当下可以直接影响的指标，需要考虑的是业务驱动指标达成以后，这些指标最终是否会促成公司完成北极星目标。指标体系的框架一般是由一些关键指标及其因果关系的假设组成，我们通常不知道潜在的因果模型，因此只有一个虚构的心理因果模型。这个心理因果模型并不确定是否成立，需要用实际数据检验这些假设。

以下是一些验证因果关系的方法，也可以用于其他指标的评估。

- 利用其他数据来源，如调查、焦点小组或用户体验研究，检查它们是否指向同一方向。
- 分析观测数据。虽然很难建立与观测数据的因果关系，但仔细进行观测研究可以帮助我们验证无效的假设。
- 检查其他公司是否进行过类似的验证。比如几家公司已经分享了一些有关网站速度如何影响收入和用户参与度、应用大小对应用下载量影响的研究等。
- 以评估指标为主要目标进行实验。比如要确定用户忠诚度计划是否提高了用户留存率，从而增加了用户的终身价值。可以逐步推出客户忠诚度计划的实验，并检测计划中的用户留存率和终身价值。如果每个实验都被很好地记录和回顾分析，历史实验语料库可以作为评估新指标的黄金样本。当然一个很重要的前提是，这些实验要被很好地理解且值得信任，我们可以利用这些历史实验来检查敏感性和因果关系。

10.3.3　长期有效性

随着业务的发展，数据会发生变化，因此一些指标可能不再符合原来的假设、模型，比如，终身价值指标必须随时间推移进行评估，以确保预测误差保持在较小的水平。

有一些指标是基于历史数据建立回归模型得到的，还有一些是基于机器学习模型得到的，比如基于用户动作序列来计算用户满意度的指标等，需要定期使用新数据对回归模型的结果进行回测和验证。

10.4 进化指标

当环境、业务、人在不停地变化时，相应的业务指标也需要变化。指标的变化主要包含两层含义：增加了全新的用于评估业务的指标；对于原有指标的认知发生了变化，需要优化和更新指标。引发变化的原因有以下几个方面。

1. 业务发展

业务进入新阶段，创建了新方向、新模式。这可能会导致企业改变产品当前阶段发力的重点。比如一个产品经历了初创、高速发展期，进入成熟稳定期，可能发展重点就会从新用户的获取和转化，转移到老用户的留存和促活。

新用户和老用户的留存策略可能存在较大的差异。新用户的留存可能更多看用户被唤起时的相关性，以及是否能在没有更多信息的情况下推出更多用户感兴趣的东西。老用户的留存可能除了相关性，还要考虑多样性、垂类丰富性以及吸引用户不断回到产品中的钩子。在业务发展变化的过程中，需要特别注意一种特殊的产品变化，那就是用户构成的演变，比如高活跃用户占比逐渐变少，低活跃用户占比逐渐增加。

这种变化通常是潜移默化的，如果不采用更长时间维度的对比，很容易被忽略。一般用户结构变化后，用户指标也会随着变化，在对业务进行评估和分析的时候，必须考虑相应的业务和指标是否需要做出改变。在计算指标或运行实验时，请注意所有数据都来自现有的用户群。特别是对于早期产品或初创企业，采用者可能不能代表企业长期期望的用户群。

2. 环境变化

环境变化主要是指产品和公司之外的竞争格局已经改变。

- 市场竞争格局的变化：比如爱奇艺、腾讯视频做长视频业务时，今日头条推出了短视频业务，引入新的竞争内容。
- 政府宏观政策的变化：政府部门推出了更严格的安全和内容控制政策等。
- 市场教育后的用户变化：更多用户可能意识到被欺骗、隐私被侵犯等问题，经过红包策略轰炸后，用户更难被普通红包策略打动；用户一开始很难接受手机在线打车，被滴滴几十亿用户补贴教育后，在线打车已经变成人们的主要出行方式。所有这些外部因素更改都可能引起业务重点或视角的改变，从而改变业务需要衡量的内容和用以衡量业务的指标。

3. 对指标的理解与变化

在指标设计开发阶段进行仔细评估，观察其实际性能时，我们可能会发现很多可以改进的地方，比如维度、统计粒度，甚至不同的指标计算公式。花时间和精力调查、研究指标并修改现有指标具有很高的价值。只做到敏捷迭代和计算出一些指标是远远不够的，我们还需要让这些实验的观测指标能真正代表用户的行为，从而将产品引导到我们期望的方向上。关于如何更好地度量所有的事情，Hubbard 的《如何测量：发现商业中的无形资产》一书有不错的阐述，书中讨论了信息的预期价值，主要是指如何通过捕捉附加信息做出决策。

下面我们通过几个案例，来看看指标进化在产品的不同时期如何起作用。

1. 滴滴网约车案例

在滴滴创建初期，人们在线约车的消费习惯还没有培养起来，这个时候最重要的目标就是提高司机数量和车辆覆盖率。首先要有足够的车辆覆盖率，确保用户在使用时不会感觉无车可用。"巧妇难为无米之炊"，对于约车平台来说，司机就是米，没有司机就没有一切，第一个阶段的核心任务就是抢司机。

当有足够多的司机之后，重点关注的就是用户打车体验。这个阶段推出的全职司机业务，也是为了有一群稳定的一直为平台服务的司机，让公司的调度更有主动权，其核心也是为了提升用户体验，提高匹配率。做好前面两个阶段的工作后，滴滴基本进入成熟阶段，承担着较大的社会责任，降低重大事故率就成为这个阶段的核心指标。

滴滴的北极星指标变迁很好地诠释了不同业务阶段中以及不同的外部竞争环境和公众环境下北极星指标的变化，如图 10-1 所示。

2. Facebook 案例

Facebook 在 2012 年 IPO 之前的北极星指标是月活跃用户数，这个阶段虽然用户量增长较快，但是由于收入构成相对单一，因此收入表现并不是很好。公司上市后面临比较大的收入压力，于是在 IPO 之后将重心转移到提升收入上。

160

基于产品特性，Facebook 开始在信息流广告收入方面发力，信息流广告收入变成了关键指标。

$$广告收入 =DAU\times 人均\ feeds\ 数\ \times Ad\!-\!load\times CPM$$

初始阶段	增长阶段	精益阶段	成熟阶段
在线司机数	车辆覆盖率	成交率与完单数	重大事故率
1. 所有地区的司机技术提升20% 2. 所有活跃地区司机平均工作时长提升至每周40小时	1. 北京的车辆覆盖率提升至100% 2. 所有活跃城市的车辆覆盖率提升至75% 3. 交通高峰期，所有覆盖地区的次均接客时间低于5分钟	1. 全极速接单 2. 判责完善，司乘公平 3. 全职司机	1. 降低死亡率 2. 提前预警、地理围栏、宵禁 3. 车内监控 4. 行程分享

图 10-1 滴滴网约车指标变化

其中人均 feeds 数，即人均内容信息流数，是指人均消费的信息流内容数量，代表用户在平台消费的深度和黏度。Ad-load 即广告加载率，也就是人均看到的广告数与人均 feeds 数的比值，代表广告加载密度。CPM 即每千次有效广告展示的费用，可以作为跟踪广告效果的途径。可以利用 CPM 判断网页的收入情况，并同其他网页或其他形式的广告进行比较。

从这个公式中不难看出，要增加广告总收入，提升式中的每个因子都可以。如果提升 Ad-load，广告收入会显著增加，但是会极大影响用户体验。于是在 2014 ~ 2015 年，Facebook 要求在降低 Ad-load 的情况下提高总收入。实际上这两年每个季度的广告收入都是下降的，带来了收入增长的压力，于是从 2015 年的第四季度开始，Facebook 依靠 Instagram 拉动广告库存，提升 Ad-load，同时依靠视频形式的广告拉动 CPM，实现 Ad-load 和 CPM 双驱动。以上举措令广告收入结束了连续 4 个月的下降，变成正增长。从 2017 年第一季度开始，随着视频内容和广告形态的进一步成熟，CPM 持续发力，第一季度广告收入同比增长 14%。

161

3. 某信息流产品案例

某信息流产品在 2017 年之前的核心指标之一是内容点击次数。内容点击次数的含义是点击一篇文章算一次点击。这个指标能比较好地反映平台上用户对于内容的消费情况，代表一个平台内容消费的规模和价值，这是以传统内容消费视角制定的核心指标。从 2017 年开始，随着短视频等内容形态的引入，文章点击次数已经无法很好地反映包括自动播放、连续、反复播放等视频形态的内容消费时，该产品引入视频播放次数指标，一个视频每播放一次就算一次播放。这个时候消费指标就由图文点击次数和视频播放次数两部分构成。这次迭代主要是由内容形态的进化引发的。

2018 年左右，小视频（一般指时长小于 30s 的视频）形态出现而且消费的比例越来越高。如果以视频播放次数为北极星指标，推出更多的小视频，视频播放次数就可以大幅增长。这时候，由于内容基础建设没有跟上，推出过多的小视频会降低用户体验。虽然总播放次数增加了，但是用户总消费时长是下降的，也就是以短换长。由于此时小视频等配套的商业化手段没有跟上，因此总商业化收入也是下降的。此时作为北极星指标的视频播放次数无疑是虚假繁荣的指标。

当看到图文消费和视频消费此消彼长，同时在视频消费内部，小视频消费和短视频消费也此消彼长时，显然需要一个更合理的北极星指标来反映整体用户对内容的消费情况，这个指标就是人均消费时长。人均消费时长也有一个弊端，如果我们不断清洗那些低活跃用户，只剩下高活跃用户，人均时长就会被不断拉高。在看人均时长的时候，必须要结合用户规模，比如DAU。

内容行业受到热点事件的冲击很大，特别是在 2020 年疫情期间，随着用户居家以及对于疫情的关注，两个北极星指标——时长、DAU 都被超额完成了。因为热点涌过来的用户在疫情消退后又如潮水一般流失了，所以这时用户的留存就被提到了重要的位置，留存率就成为了一个重要的北极星指标。

10.5 指标分类

在设计指标体系时，我们采用基于 OKR 的分级指标设计方法将指标分为战略级指标（北极星）、业务驱动指标（业务策略、业务执行）和守护指标。这种分类方式提供了比较好的颗粒度和全面性，还有一些指标分类方法基于业务需求和场景而定。

1. 资产指标和参与度指标

资产指标主要用来衡量静态资产的积累情况，如某个产品用户（账户）总数或活跃用户总数。

参与度指标主要用来衡量用户因某项操作或其他使用该产品的用户（如会话或页面浏览量）而获得的价值，比如用户的活跃时长、订单数量等。

2. 用户侧指标和商业侧指标

用户侧指标主要用来衡量用户规模、用户行为和活跃状况等。

商业侧指标主要用来衡量商业营收支出的健康状况，比如人均活跃用户（DAU）的广告收入等。

3. 业务指标和系统指标

业务指标主要用来衡量业务的发展情况，比如 DAU、收入、点击率等属于业务的范畴。

系统指标主要用来衡量支持业务的过程中，各个系统的性能是否健康，比如响应时间、吞吐量、QPS、TPS、并发数等。

4. 全局指标和局部指标

全局指标主要用来衡量整个组织、部门、产品的状况，比如整个部门的营收、产品的用户规模等，反映的是整体情况。

局部指标是相对全局而言的，只反映整体中的部分情况。全局指标的维度细分后也就变成了局部指标。

需要注意的是，全局和局部是一个相对的概念，它们之间可以相互转换，在提及全局和局部的时候，需要明确含义。对于集团来说，全集团收入是全局指标，某部门收入是局部指标；对于某部门来说，部门收入也是一种内部的全局指标。

5. 结果指标和过程指标

结果指标以"产出"为导向，通常反映的是战略意义。结果指标就是北极星指标，是公司经营和健康情况的重要指南。结果指标一般易于衡量，但难以改善或影响。

过程指标中的"过程"是相对于"结果"而言的，具有战术性，往往反映结果指标的某个影响因素。一般来说，过程指标会对结果指标有重要的影响，或者说是结果指标的一个重要参数。过程指标更强调在达到结果的过程中的路径。

举例来说，在推荐算法中我们想要提升用户的点击率，那么通过什么样的方式去到达这个目标，是优化召回、排序还是打散？如果优化的是召回，对排序是否也产生了影响？这些问题是推荐过程中需要密切关注的。如果点击率是一个关键指标，可能有 20 个指标来指示页面特定区域的点击。如果收入是一个关键指标，我们可以将收入分解为两个指标，一个是收入指示器，它是一个布尔值（0 或 1），指示用户是否购买过；另一个是条件收入指标，包括用户购买商品时的收入，平均值只对购买用户的收入进行平均。平均总收入是这两个指标的乘积，每一个指标都讲述了一个关于收入的不同故事。是因为更多或更少的人购买，还是因为平均购买价格的变化而增加、减少。这些过程指标、辅助指标，在我们定位问题或者分析原因的时候非常有帮助。

在实际执行的过程中，过程指标是非常重要的，因为很多结果指标往往到最后才知道，是滞后的。过程指标可以将这种滞后提前，在衡量最终结果之前就能预测大致的结果。一个有效的指标系统必须既包含结果指标，也包含过程指标。

6. 长期指标和短期指标

现代企业大多控制权和经营权分离，存在严重的代理问题，如何平衡好长期、短期、财务、非财务几个方面的指标，是每个企业都无法回避的问题。从这个角度看，企业追求的是长期发展，经营者往往更注重短期的指标提升。提升一个产品的短期营收是相对容易的，比如软件类产品可以捆绑销售、提高单价、增加广告。长期来看，这些方法无异于杀鸡取卵。在制定指标的时候，指标体系中必须有能够体现产品长期发展的指标，而不是一味聚焦在短期目标中。

当然，还有很多其他的指标分类，比如数据质量指标，主要用来确保基础实验的内部有效性和可信性。诊断或调试指标在发现调试问题时很有帮助,在深入了解情况时很有用,它们虽然会提供额外的粒度或其他信息,但通常过于详细,无法持续跟踪。

不管使用哪种分类法,讨论指标都是有用的,因为就指标达成一致需要清晰的目标表达和对齐。这些指标可用于公司级别、业务线级别、功能级别或个人级别的目标设置,也可用于从执行报告到工程系统监控的所有方面。随着组织的发展和对指标理解的深入,随着时间的推移,对指标的迭代也是可以预期的。每个团队对公司的整体成功做出了不同的贡献,一些团队更关注采用率,一些团队更关注幸福感,还有一些团队更关注留存、性能或延迟。每个团队都必须清楚地说明他们的目标和假设,说明他们的指标如何与公司整体指标相关。

对于不同的团队,相同的指标可能扮演不同的角色。一些团队可能会使用延迟或其他性能指标作为保护指标,而基础架构团队可能会使用这些相同的延迟或性能指标作为目标指标,并使用其他业务指标作为保护指标。例如,开发一个产品,其总体目标指标是长期收入,而业务级别的驱动指标是用户参与度和维持度。现在,有一个团队正在为该产品创建支持站点。这个团队试图将"在现场的时间"设置为改善产品的关键驱动因素,用户在网站上停留的时间是越多好还是越少好呢?这种类型的讨论对公司各个层面的理解和协调都很有用。只有各个团队的目标指标和驱动方向与整体业务战略方向保持一致,才能获得最大的团队合力,如图 10-2 所示。

图 10-2   使团队方向与战略方向保持一致非常重要

10.6   指标体系设计案例

本节将针对不同类型的产品从不同的视角介绍如何进行指标体系设计,通过这些案例加深读者对于指标体系设计的理解，为类似产品的指标体系设计提供参考。本节分别采用 3 种不同的视角进行指标体系的拆解和设计——人货场视角、流程视角、分级拆解视角。

1. 人货场视角（内容类）

在内容产品中，从人货场的角度来看，主要关注推荐系统（场）将内容（货物）推荐给用户（人）的过程。衡量是否推荐得好，就需要一系列指标来评价。从内容链路来看，主要评价指标是内容、广告从曝光到消费的转化效率，以及由此影响的用户时长。内容又分为视频和图文，视频消费主要是播放，图文消费是点击。从用户链路来看，主要评价指标包括用户启动产品的频率，每次启动的刷新数，每次刷新的内容、广告的曝光、消费，以及由此获得的收入，与收入对应的是用户获取的成本。当收入大于成本的时候，产品的商业模式才是可持续的。从推荐系统的角度来看，先是内容生产，接着是内容筛选，再通过算法进行内容召回、粗排、精排最后曝光，用户进行消费等。相关的数据指标设计如图 10-3 所示。

2. 流程视角（电商类）

电商类产品的指标体系主要围绕三大核心业务指标展开——流量指标、销售指标、售后指标，如图 10-4 所示。流量指标就是商品的曝光量，每个商家都想获得高流量，平台不仅要帮助商家获得更多流量，还要让流量高效流动，并保持生态平衡和长期发展，流量指标主要围绕着用户、商品、转化率等展开。销售指标主要围绕用户进入交易环节（包括加入购物车、下单、支付等流程）后展开，最终目标是提高成交率和用户体验。售后指标主要围绕用户收到货以后的体验展开，包括评论、退货等相关场景。

3. 分级拆解视角（O2O 服务）

O2O 类服务，比如打车、外卖等，有较高的实时性，同时受到地理位置、交通、天气等因素影响，因为下单后订单被取消的概率很高，所以订单的成交率是一个关键指标，能体现用户体验和平台服务能力。我们以打车服务为例，按照指标分级的方法来看一下指标体系是如何构建的，如图 10-5 所示。

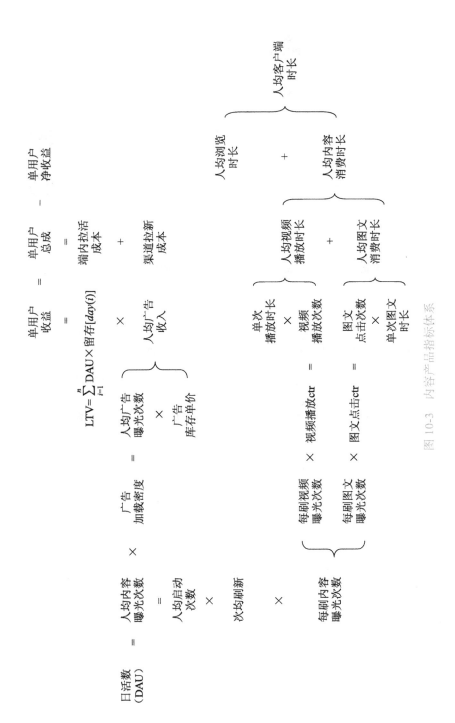

图 10-3　内容产品指标体系

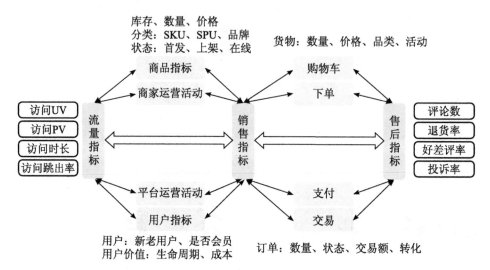

图 10-4　电商产品指标体系

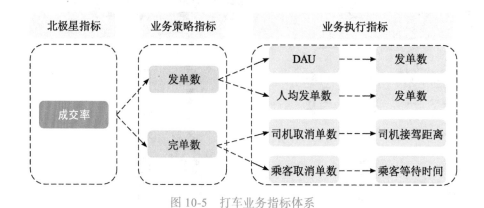

图 10-5　打车业务指标体系

第 11 章

实验评估指标体系

实验评估指标体系是产品指标体系的一个子集，不是所有的产品指标都适合进行实验评估。成为实验评估指标需要满足一些条件——可测量、可归属和及时性。同时，好的实验评估指标还要综合考虑指向性和敏感性、业务视角、工程实现等问题。在实验评估指标体系时，重点关注哪些指标可以成为实验指标，如何选择更好的实验评估指标，以及如何将多个关键指标合并为一个 OEC 指标，以便直观和简洁地表达组织的综合目标，从而解决实验评估中的多指标决策问题。

11.1 实验评估指标的 3 个基本条件

实验评估指标需要满足 3 个基本条件。

- 可测量和计算：实验评估指标在短期内（实验持续的时间内）应可以被测量和计算。即使在网络世界中，也不是所有的影响都容易测量。例如，使用某个护肤产品后，皮肤的整体改善情况是不太好测量的；学生使用了某个在线教育产品后，学习能力、整体素质的进步和提升，也是很难被测量的。

- 可归属：可归属的含义是归属到不同的实验用户分组。因为进行 AB 实验评估的时候，需要对比 AB 两组用户指标，所以我们必须把两组用户的差异找出来，分析是否实验组用户点击率更高，是否实验组用户的使用时长更长。一些指标比如第三方数据商提供的数据，可能不满足这个可归属要求，因为这类数据没有办法和内部的实验数据分流打通，所以无法用于评估 AB 实验。比如公司的股价，就没有办法根据产品的 AB 实验分组为 AB 两个版本，因为不是用户粒度的数据，所以不可拆分，无法归属。

- 及时性：实验评估指标必须足够及时，才能反映和检测出实验更改带来的影响。如果做了一个产品功能的改变，这个指标需要很久（在实验结束以后）才能体现出变化，那么这个指标对于实验来说是无效的。举例来说，一个二手车网站设计了一个策略，看是否能改变二手车复购率，对于大部分个人用户来说，购买二手车是一个低频的行为，观测复购率就需要更长的时间，一般都是按照几个月、几年来计算，在这样的情况下，即便是有个别用户的二手车复购率提升了，数据也是非常稀疏，不具备评估价值的。

可测量和计算、可归属和及时性是一个指标成为实验评估指标的必要条件。一个好的实验评估指标体系，不仅需要满足这 3 个条件，还需要更为全面、综合的考虑，比如灵敏性、工程效率等。

11.2 选择更好的实验评估指标

本节介绍除了满足 11.1 节介绍的 3 个条件外，实验评估指标还需要考虑的内容。

11.2.1 综合指向性与灵敏性

综合指向性是指标反映产品最终战略目标的程度。优化产品是为了让用户获得更好的体验，产品基于良好的用户体验获得更好的口碑和更多的用户，最终获得更大的商业价值。用户体验、最终商业价值这两个指标距离当前阶段每一个版本的优化、每一个功能的优化还比较远。如果只将长远的商业价值作为实验迭代优化的第一重要指标，在大多数情况下，这些目标指标毫无反应，而且很多产品在商业化之前是没有收入的。

优化产品用户体验、用户增长是迭代积累的结果，爆发式的增长和跨越式的改变是极少发生的。在日常实验中更为常见的是月活跃用户人数（MAU）、留存率这样长期、更靠近最终目标、指向性好的指标，它们是难以在单独的一个实验中看到显著变化的。一般来说，具有很好指向性的指标，灵敏性都相对较低，需要更高灵敏性的实验评估指标以便更加准确、及时地观测实验带来的变化。

灵敏性主要是指产品策略作用于用户后，用户感受到这些变化后能在指标上反映的程度。以股价为例，股价作为产品指标，在市场信息变化方面是足够敏感的，团队中一个重要成员离职可以影响股价甚至产生大幅波动。对一个产品进行 AB 实验，由于常规产品变动对股价造成的影响可以忽略不计，因此股价指标作为产品功能实验评估指标是不够敏感。当然不够敏感不是股价不能成为实验评估指标的根本原因，股价不能成为实验评估指标的一个重要原因是前股价是不可归属的。

举一个极端例子，实验上线了一个新功能，我们要评估这个新功能对于产品带来的影响。我们如果测量新功能的点击量，虽然这个指标是非常敏感的，但是不能反映对用户的实际价值，一个新功能从无到有，它的点击量一定是增加的，这说明不了什么问题。如果测量点击率呢？当然，它一定是敏感的，因为点击率在一程度上反映了用户的喜好。但是，新功能点击率这个指标太局部了，无法为我们提供全局的视角，因为新功能的点击率不包含到对页面其余部分的影响，比如用户点击了这个功能而不去使用其他功能的影响，所以点击率的整体指向性不够好。相比而言，整个页面的点击率指标、用户转化率、消费金额、消费时间等是更好的实验评估指标。

理想的情况是实验评估指标的指向性和灵敏性都很好，然而实际上很难在一个指标中同时具备指向性和灵敏性，AB 实验往往需要一组指标，既有指向性好的指标，也有灵敏性好的指标，来综合评估一个实验的效果。

图 11-1 展示了一个信息流类产品的用户侧指标在指向性和灵敏性方面的大致分布，DAU、留存等指标具有较好的目标指向性；各种局部指标以及点击率、

分发指标具有较好的敏感性。一般来说，局部指标的敏感性高于全局指标，短期指标的敏感性高于长期指标，参与类指标的敏感性高于资产类指标等。当然这只是一般的规律，并不是绝对的，什么样的指标更敏感需要在实验中去尝试和验证。

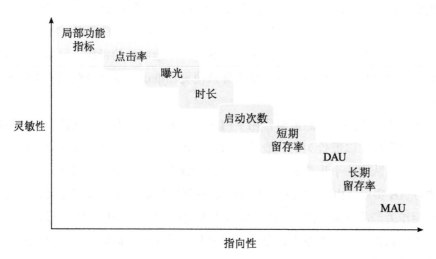

图 11-1　指标的指向性和敏感性

11.2.2　从业务视角出发

从业务视角出发，选择好的实验目标以及恰当的实验评估指标非常重要。如果实验者对于产品的改变可能会带来的变化没有清晰地预判和把握，一味通过增加需要观测的实验指标来观测和解释可能出现的情况，不仅非常低效而且可能会倒因为果。

在实验中，更为重要的是思考实验正在优化的是什么，否则可能得出完全相反的结论。比如，在没有良好的限定条件的情况下，将用户的停留时间设定为要优化的指标，一种极端的情况是产品响应速度缓慢，虽然短期内可以增加时长指标，但从长期来看会导致用户放弃产品。

什么是产品需要优化的指标，如何保证优化是在限定的方向上，通过哪些指标能起到观测、监督的作用，是我们在实验开启前需要认真思考的。选择好的实验评估指标，除了要满足基本条件之外，还要从业务本身的目标出发。

通常实验评估指标都是从已有的产品指标体系中选取。如果发现当前已有的产品指标体系还不能满足实验观测的需求，可以使用以下方法进一步扩充指标集。

1. 增加新的指标

新的业务形态、评估视角会带来新的观测指标。新的指标纳入产品指标体系中，需要经过重复讨论，确实有信息增益的，可以加入指标体系，在给出清晰的定义和计算说明后，可纳入实验评估指标体系。

2. 扩展更多维度的细分

以功能级指标为例，这类指标用于了解特定功能的指标移动。页面点击率可以分解为页面上数十个功能的点击率，所有指标都可以按维度下钻和细分。简单来说，维度就是把指标按一定的角度拆分。我们会发现，有些指标如果不拆分维度，很难发现问题。如果把所有维度都拆解了，又会出现"维度爆炸"。维度和维度之间是乘积的关系，比如有 3 个维度，每个维度下有 10 个值，会被拆为 $10 \times 10 \times 10 = 1\,000$ 个分组。维度爆炸后不仅会导致计算量骤增，浪费许多计算资源和存储空间，还会导致数据稀疏，失去分析的价值。基于一些基本原则，可以确定哪些是有价值、应该被分析的维度。

维度总是和业务需求紧密连接在一起的，业务经常需要参考的维度就是重要的维度。分析师也可以从现有的数据中挖掘出一些以前不知道而实际上非常重要的维度。这需要规划指标体系的人既能深入业务多交流，也能高屋建瓴看得更全面。最忌讳的是闭门造车，或者依葫芦画瓢。有时候数据中台部门建设了很多报表、工具、平台，最后却没有被使用起来，就是因为脱离了业务的实际需求。这些堆砌的数据仅仅是一堆数字，产生不了任何价值。企业应该重视指标体系建设，否则不仅会造成严重的数据存储、计算资源的浪费，而且会影响后续业务的分析和判断。

拆分经常容易发生实验问题的维度，比如按手机机型、平台（iOS 端和 Android 端）等进行拆分，数据上报是独立进行的。根据经验可知，一个端数据上报发生错误的可能性比较高，两个端同时发生错误的可能性是比较低的。把平台作为指标的基础维度，既可以帮助我们发现问题，也可以形成备份，当一端数据发生问题时，还有另一端数据可以用于分析实验效果。

11.2.3 考虑应用和工程

11.2.2 节从业务角度讨论了如何更好地选择实验评估指标，本节从数据加工、应用和工程的角度，讨论定义和选择实验评估指标时的原则、经验和技巧，掌握这些知识对于实验结果分析和理解很有帮助。

- 指标定义没有二义性，比如定义了一个比值指标 $M = X/Y$，X 和 Y 都被策略影响，且影响方向未知，那么通过指标 M 不可以得出结论，因为分子和分母都是变量。如果 M 显著提高，可能是因为 X 提高了，也可能是因为 Y 下跌了。如果仅通过 M 指标上线策略，大盘指标有反向风险。

- 变异系数 $CV(CV = \sigma/\mu)$ 越小，指标越好，变异系数代表数据的离散程度，一般来说离散程度越低，其方差相对而言也就越低，指标敏感性就越高。变异系数由方差和均值决定，方差越小，均值越大，变异系数越小。

- 一般情况下，采用人均值比总值指标更好。有的时候，分组流量不能完全做到大小一样，这时就很难直接对总体进行数据对比。还有一种更为隐蔽的情况是，虽然实验组和对照组的流量分配一样，都是 5%，但是基于各种原因，实际分到各个组的用户量还是有差异，如果只看总量就会掩盖一些实验问题。

- 分母用哪个指标更好？计算平均值的时候，建议采用统一的分母，降低理解成本，不要定义多个人均指标。一般建议均值类指标计算的分母采用实验真实曝光用户数，这是因为实验系统一般要保证实验真实曝光用户在 A、B 组之间同质。以留存指标为例，建议配置曝光点击留存率为前一天曝光的用户次日有点击，这是因为前一天曝光的用户对于 A、B 两组是同质的。如果配置为前一天点击的用户，次日有点击，因为前一天 A、B 组点击用户不同质，所以受策略影响，有幸存者偏差的风险。

- 数据无异常值、脏数据，指标原始数据正确，不要有非常大、非常小的极端值，或者脏数据。以访问时长指标为例，确定没有非常大的脏数据（超过 1 000 小时）。指标计算时需要过滤异常用户，比如一天浏览时长超过 20 小时的机器人账号等。

- 选取的实验指标计算颗粒度最好和随机分流颗粒度一致。以点击率指标为例,文章点击率最好设计元素粒度(即文章)的实验,而不是用户粒度。

- 最好对实验指标进行分类,将实验需要观测的指标分为高、中、低三级,最高级为核心指标,按照实验指标的优先级去评估实验。核心指标要尽量精简,否则会带来多对比问题。
- 最好纳入长期观测指标,比如 LTV 指标,寻找可以反映长期影响的指标,实验周期一般是 1 ~ 2 周,短期观测实验需要预测长期效果。比如,仅看广告收益指标,那么短期通过增大投放量就能出效果,而长期看,盲目增大投放量会让用户流失,长期效果是下跌的。

11.3　将关键指标合并为 OEC

总体评估指标(Overall Evaluation Criterion Metric,OEC)中的总体是指将多个关键评估指标合并为一个总体指标。这样做主要有以下几个原因。

首先,将多个指标作为目标是业务常态。对于企业和产品来说,除了某些特殊的、局部的场景,通常很难用单一指标来描述、捕捉正在针对哪些方面进行优化,也难以通过一个简单的指标来代表目标。虽然一些书中主张只关注一个指标,或只关注极其重要的目标,但实际上都过于简单化和理想化了,在实际操作中并不是总是可行的。

想象一下飞机驾驶员如果只观测一个指标,应该选择哪个呢,空速、高度、角度、燃料还是与目的地的距离?飞行员必须有权访问所有指标才能完成飞行。对于产品来说,也会有若干个关键目标和业务驱动指标,比如用户参与度(例如,活跃用户数、活动时长、每用户会话数、每用户点击量)和商业收入(例如,每用户收入、活动支出等)。信用卡评分、支付宝芝麻信用等都是将多个指标合并为一个分数。

其次,新的策略、功能带来的多个目标指标的变化趋势通常是不一致的,甚至经常是此消彼长的,这就引发了决策困难。如何将这些指标在彼此之间进行权衡是一项具有挑战的工作。例如,一款产品的目标围绕收入和用户体验而定,如果一项实验功能增加了用户的体验,却损失了收入,这个时候要如何决策呢,能不能发布这个功能呢?如果我们没有多指标决策方法,在不了解策略对客户所产生的因果影响的情况下，这个决策过程需要进行大量辩论，沟通和决策成本很高。该策略的支持者和反对者仅根据自己的经验、回忆和对某些业务报告和用户评论的解释来提出他们的论点。最后还是由领导层根据自己的认知和经验做出决定，这显然和数据决策的初衷背道而驰。这种依赖个人经验的决策风格容易受到许多认知偏差的影响，也可能导致整体策略的不连贯，左右摇摆。

为了解决多目标决策带来的困境，自然产生了将多个目标综合为一个总体指标的想法，于是就有了 OEC。OEC 这一个单一的衡量标准明确了成功的确切定义，它使组织中的人员在权衡方面保持一致。此方法使团队无须升级到管理层即可做出决策，在进行 OEC 设计的时候，得到决策层的认可后执行即可，系统甚至可以根据实验的 OEC 结果自动发布更改（包括简单的实验和参数扫描）。通过 OEC 评估新想法的一个好处是，我们可以基于数据，简化决策过程，使其更加客观。要实现基于数据驱动的决策，建议为产品建立 OEC。

最后，通过向 OEC 共同努力，实现改进产品的这种文化，放大了规模化AB 实验的好处。强大的实验文化确保所有对产品的更改都使用 OEC 进行测试，团队从 OEC 中受益，发现有价值的改进，同时不会降低产品质量。它简化了产品开发的讨论过程，让每个人都了解产品的 OEC，并可以根据对 OEC 指标的影响做出发布功能的客观决定。这使开发人员可以自由地构建和测试不同的想法，只需进行最少的可行性改进，而不必事先向整个团队推销该想法。它允许团队根据产品领域中看到的功能对 OEC 指标进行更改，进而做出未来投资产品领域的决策。大规模采用 OEC 可以可信地估计对产品所做的每一次更改的影响，并帮助和鼓励团队创建正确的实践、策略和功能集。

11.3.1　如何建立 OEC

如何将多个关键指标融合为一个综合指标呢？ OEC 指标不仅要能代表综合需求，还应反映对长期目标产生的因果影响。通常需要多次迭代来调整和改进OEC——通过讨论和权衡，明确 OEC 的计算方式，这样保证了决策的一致性，人们可以更好地理解组合的局限性，以确定 OEC 本身何时需要演变。

基于 OEC 的实验评估，为组织、产品的发展提供了一种清晰的调整机制。使其得到广泛采用，重要的是建立一个自上而下的流程来评估 OEC 指标及更改

OEC 指标。比如建立一个专家审查小组来检查 OEC 的更改，并确保更改后能保留良好的 OEC 属性。下面是一些常见的方法，可以使得专家决策的过程更加科学客观。

1. 依靠实验语料库

组织可以建立一个实验语料库全集，这个库包含各种实验影响，如积极的、消极的或中性的。在这个语料库全集上对 OEC 的变化进行评估，以确保敏感性和方向的正确性。微软和 Yandex 成功地使用这种方法更新了 OEC 指标。这里面临的挑战是要创建一个具有可信标签的实验语料库全集。

2. 降级实验

降级实验是在实验过程中故意降级产品，并评估 OEC 指标是否可以检测到这种降级。微软和 Google 都曾进行降低用户体验的实验。

3. 指标加权法

在实践中，当多个指标并不一致增长的时候，企业通常有一个权衡的心理模型，看到某些特定指标组合时，甚至愿意接受某些关键指标为负的实验。例如，企业可能很清楚，如果剩下用户的参与度和收入增加到什么程度，他们愿意失去多少用户，而其他优先考虑增长的组织可能不愿意接受类似的权衡。将不同目标设置为不同权重的方法，使这种权衡与产品战略目标保持一致，并确保在多个实验中使用一致的决策过程。一种可能性是将每个指标标准化到一个预定义的范围，比如 0 到 1 的区间，并为每个指标分配一个权重，OEC 是归一化指标的加权和。与总体指标一样，确保指标和组合的不可游戏性是至关重要的。

不过一开始就想出一个单一的加权组合可能很难，可以先将决策分为 4 组：1）如果所有关键指标都是持平的（统计意义不显著）或积极的（统计意义重大），且至少有一个指标是积极的，则发布实验；2）如果所有关键指标均为持平或负，且至少有一个指标为负，则不发布实验；3）如果所有关键指标都为负，则不发布实验；4）如果某些关键指标为正，而某些关键指标为负，则根据权衡做出决定。

当积累了足够多的决策时，分配权重就会变得容易很多。

4. 机器学习模型

一些产品团队试图通过机器学习模型来创建度量指标。例如，使用用户动作序列并基于用户满意度创建分数指标，或者通过组合不同的指标来创建更敏感的 OEC 指标。此外，良好的长期结果指标通常用于寻找良好的 OEC 指标。这一领域的实验是比较新的，许多产品团队正小心翼翼地尝试在有限的领域内测试这些方法。这些方法更常用于成熟的产品领域，如搜索功能。这些领域需要更复杂的模型来检测较小的变化。

对于新产品，通常最好使用简单的指标作为 OEC。使用机器学习模型来创建指标是有一些顾虑的，因为基于机器学习模型的指标可能更难解释，看起来像一个黑匣子，这会降低可信度，并使人难以理解指标可能发生变化的原因。通过进行最新数据培训来刷新机器学习模型可能会导致指标难以解释地突然变化。如果在实验运行时刷新机器学习模型，可能会在指标中产生偏差。此外，有人担心通过机器学习模型优化或创建指标，这些指标很容易作假，这可能会影响实验的长期结果。

5. 减少关键指标数量

如果无法将关键指标合并到单个 OEC 中，可以尝试最小化关键指标的数量。过多的指标可能会引起认知过载和增加实验复杂度，导致企业忽视关键指标。减少指标的数量也有助于解决统计中的多重比较问题。经验法则是，最好将关键指标限制在 5 个以内。我们可以使用潜在的统计概念来理解这个数字。具体地说，假设显著性水平设定为 0.05，如果 H0 假设为真（没有变化），单个指标 P 值小于 0.05 的概率为 5%。当有 k 个（独立）指标时，至少有一个 P 值小于 0.05 的概率为

$$1-(1-0.05)^k$$

当 $k=5$ 时，这个概率为 23%。当 $k=10$，这个概率上升到 40%。指标越多，其中一个指标变得显著的可能性就越高，从而导致假阳性问题。

需要注意的是，并非所有为分析实验结果而计算的指标都是 OEC 的一部分。为了分析实验结果，我们需要不同类型的指标。首先，需要知道实验结果是否可信，一组数据质量指标（如样本率）有助于在关键数据质量问题上发出危

险信号。在检查数据质量度量之后，我们想知道实验的结果，包括实验策略是否成功以及它的影响。这组指标构成了 OEC。除了 OEC 指标，还有一组保护指标，虽然这些指标并不能表明正在测试的功能是否成功，但我们不想损害这些指标。实验保留的大部分指标是诊断指标、特征指标或局部指标，借助这些指标可以了解 OEC 移动的原因。

11.3.2　OEC 的关键属性

找到好的 OEC 并不是一件容易的事情，以下是创建 OEC 时需要考虑的关键问题。

- 良好的 OEC 必须表明关键产品指标的长期收益。至少在估计对长期结果的影响时，要确保其在方向性上是准确的。
- OEC 必须很难博弈，它应该激励产品团队进行正确的行动。设定指标时，必须尽可能阻止那些试图通过做不利于组织长期发展的事来让 OEC 达标的行为。如果 OEC 仅限于产品的一个部件或功能，可以通过拆分其他部件或功能来满足 OEC。
- OEC 指标必须敏感。大多数影响长期结果的变化在 OEC 指标中也应该有统计上的显著变动，使用 OEC 来区分产品的好的和坏的变化是可行的。
- OEC 的计算成本不能太高。平台要为成百上千个实验计算 OEC，并且对数百万用户运行 OEC，成本太高的策略较难很好地扩展。
- OEC 必须考虑到可能推动关键产品目标的各种场景。
- OEC 应该能够适应新的场景。例如，直接回答"当前时间"之类的查询将在搜索引擎中提供良好的用户体验，如果只根据点击量来计算 OEC，那么这些指标将错过这个场景。

11.3.3　构建 OEC 的注意事项

OEC 必须在短期内（实验的持续时间内）是可衡量的，且能推动长期的战略目标。在构建 OEC 的过程中，我们应该时刻保持警惕，有一些历史的相关性可能会由于外部条件的改变而消失。相关性并不意味着因果关系，而且在很多情况下，挑选 OEC 时会被相关性干扰。

蒂姆·哈福德用一个例子说明了使用历史数据的谬误："因为诺克斯堡从来没有发生过抢劫案，所以我们可以通过解雇警卫来省钱。"不能只看经验数据，还需要考虑激励因素。显然，这样的政策变化会导致劫匪重新评估抢劫成功的可能性。政策决策、激励因素可以改变模型的结构，过去的相关性将不再成立。在历史数据中查找相关性，并不意味着可以通过修改其中一个变量并期望另一个变量发生变化来选择相关曲线上的某个点。要做到这一点，必须存在因果关系，这使得为 OEC 选择指标成为一项挑战。有两个著名的定律也揭示了这种挑战。

坎贝尔定律：社会决策越是频繁地使用任何量化的社会指标，招致腐败的可能性就越大，也就越容易扭曲和腐化它原本打算监管的社会过程。

古德哈特定律：任何观察到的统计规律性，只要将它用于控制目的，就必定会失效。

在构建 OEC 指标以及后续使用 OEC 的过程中，都需要持续观测 OEC 导向是否发生了偏离，以及是否带来了不好的导向。

11.3.4 构建 OEC 的案例

本节通过具体案例介绍建立 OEC 的思路和方案，以及它能带来的好处。

1. 亚马逊的订阅邮件

亚马逊建立了一个基于程序活动的电子邮件发送系统，这些活动根据不同的条件圈选客户。例如，一位读者购买过的图书出了新版，某次活动通过电子邮件向他发送关于新版图书的信息。电子邮件的内容："亚马逊根据你购买过的，或告诉我们你拥有的商品，向你提供新的推荐。"现在的问题是这个项目应该使用什么样的 OEC？最初的 OEC，是亚马逊的"适合度函数"，根据用户点击电子邮件的情况对效果进行反馈和授权。

这一指标随着电子邮件数量的增加而单调增加，更多的活动和更多的电子邮件虽然会增加收入，但是会产生更多的垃圾邮件。在比较实验用户（接收电子邮件的用户）和控制用户（不接收电子邮件的用户）的收入时，收入也是随着电子邮件数量的增加而增长的。

当用户开始抱怨收到太多电子邮件时，危险信号升起了。亚马逊最初的解决方案是增加一个限制——用户每 X 天才会收到一封电子邮件。他们为此开发了一个电子邮件交警程序，问题是它变成了一个优化程序，当多个电子邮件程序想要针对同一个用户发送邮件时，应该发送哪封电子邮件？如果发送的电子邮件确实有用，如何确定哪些用户愿意接收更多电子邮件？此时 OEC 优化的是短期收入，而不是用户生命周期价值。如果用户取消订阅，亚马逊就失去了未来瞄准他们的机会。亚马逊为此建立了一个简单的模型来构建用户取消订阅时用户终身机会损失的下限，新的 OEC 如下。

$$\text{OEC} = \left(\sum_i R_i - s \times \text{usb\_lifeloss} \right) / n$$

R_i 是每个接收电子邮件的用户所产生的收益。s 是取消订阅的用户数量，n 是总用户数。usb_lifeloss 是用户取消订阅时终身机会损失，是无法向某人发送电子邮件所造成的估计收入损失。

当亚马逊实施这个 OEC 时，只分配了几美元用于取消订阅终身损失，超过一半的方案活动显示出负面的 OEC。更有趣的是，人们意识到退订造成了如此大的损失，导致了一个不同的退订页面，默认的是退订"竞选家族"功能，而不是所有的亚马逊电子邮件，这大大降低了退订成本。这个案例对我们来说非常有借鉴意义，关闭推送消息、卸载 App，这些都是类似的操作。在实验中，如果没有很好地观察这些指标，带来的严重损失是很难察觉的。

2. 信息流中的广告和用户体验

在信息流中插入广告收取广告费用，是信息流获得收入的主要方式之一。显而易见，如果插入过多的广告，会引起用户的反感，从而导致用户退出甚至卸载，用户活跃度降低、浏览量减少会损失广告曝光收入。显然我们不能把用户的广告收入作为唯一的 OEC，需要找到一个综合性更强的实验观测指标。我们将当前的广告收益和未来的收益进行综合评估，公式如下。

$$\text{OEC} = \text{uv} \times \text{pv} \times \text{ad\_load} \times \text{cpm} \times \text{lifetime}$$

uv 是用户数，pv 是单用户文章曝光数，ad_load 是广告加载率。cpm 是广告千次曝光收益，lifetime 是单用户自然生命周期。

在这个公式中，当我们插入广告的时候，单用户非广告文章曝光量会减少，因为一方面文章的位置被广告挤占了，如图 11-2 所示；另一方面，广告增加后，用户可能加速退出，导致整体文章曝光量进一步减少。与此同时，单文章曝光的广告收益也会增加，因为每个广告的总量增加了，导致每篇文章的广告数量增加了。假设单用户自然生命周期不变的情况下，流失一部分用户会导致用户数量减少。我们最终关心的是，公式体现出的此消彼长，导致的结果是正向的还是负向的。

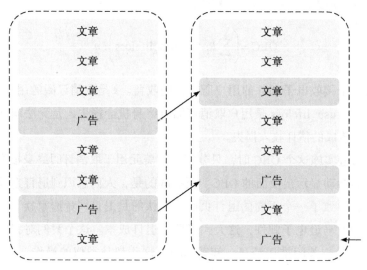

图 11-2   信息流增加广告和广告位上移

3. 搜索引擎体验

长期以来，衡量搜索引擎的用户体验和成功率一直是学术界和业界的研究主题。每个用户的查询量并不是一个好的 OEC，因为当搜索排名降低时，每个用户的查询任务可能会上升。每个用户的会话数或访问量被认为是更合适的 OEC。OEC 的关注重点是核心指标（幸福感、参与度、采用率、保留率和任务成功），并使用辅助指标（页面浏览量、正常运行时间和延迟、周活跃用户数和收入）作为保障指标。这个场景的挑战在于理解用户意图。

有时候，用户会带着明显的意图而来，希望快速找到他们正在寻找的东西；有时候，用户可能会有更多的浏览或发现新信息的意图，他们不是在寻找特定的东西，而是在探索一个主题。对于后者，我们并不清楚用户没有点击带有摘要片段的文章链接是负面体验还是正面体验，有可能用户通过文章标题了解了文章的主旨，无须进一步点击。此外，目标导向和浏览这两个意图可以相互竞争。如果用户带着目标导向的意图进行搜索，但是分心了，最终浏览了更多的内容，从长远来看，这可能会引起不满。

　　Bing 使用的两个关键组织指标是查询数和收入，这也从侧面说明了短期目标和长期目标是完全背道而驰的。当时 Bing 实验中的排名错误，导致向实验组的用户显示错误的搜索结果时，两个关键的组织指标有显著改善，每个用户的查询数增加了 10% 以上，每个用户的收入增加了 30% 以上。搜索引擎的 OEC 应该是什么？显然，在这项实验中，搜索引擎的长期目标与这两个关键指标并不一致，为了提高查询份额和收入，搜索引擎将故意降低质量！降级的算法结果迫使人们进行更多查询（增加每个用户的查询数），并点击更多广告（增加收入）。为了理解这个问题，我们分解查询数，将每月查询数定义为一个月内搜索引擎的不同查询数除以所有搜索引擎的不同查询数，公式如下所示。

$$n - \frac{\text{user}}{\text{month}} \times \frac{\text{session}}{\text{user}} \times \frac{\text{distinct(queries)}}{\text{session}}$$

　　其中第 2 项和第 3 项是以月为单位计算的，会话被定义为以查询开始，以搜索引擎上 30 分钟的非活动为结束的用户活动。如果搜索引擎的目标是让用户快速找到答案或完成任务，那么减少每个任务的不同查询数就是一个明确的目标，这与增加查询份额的业务目标相冲突。

- 月均用户数，在 AB 实验中，用户的数量由实验设计决定。例如，在 50/50 分割的 AB 实验中，每个组的用户数量大致相同，不能将此变量用作 AB 实验的 OEC。
- 每个用户会话数是实验优化的关键指标。满意的用户访问更频繁，这个指标应该更高。
- 从用户体验的角度来说，每个任务的不同查询数应该越小越好，可是这个数据很难衡量。我们可以使用每个会话的不同查询数作为替代指标。这是一个微妙的指标，增加它可能意味着用户必须发出更多查询才能完成任务，减少它可能意味着放弃查询。

同样，在没有添加其他限制的情况下，不应将每用户收入作为搜索和广告实验的 OEC。在考虑收入指标时，我们希望在不对项目指标产生负面影响的情况下增加收入指标。一个常见的措施是限制广告在多个查询中使用的平均像素数（曝光机会）。在给定此约束的情况下增加每次搜索的收入是一个约束优化问题。

第四部分
AB 实验的基础建设

　　第四部分重点讨论开展 AB 实验所需的软件、硬件条件，主要包括三方面：1）决策层的支持；2）实验工具和平台的建设；3）实验文化和制度的建设。在企业中从 0 到 1 开展 AB 实验并不是一件容易的事情，首先需要解决的是决策层面的问题，包括对于 AB 实验的认知，以及是否愿意提供相应的措施、激励和资源来支持 AB 实验。

　　每个企业都应该正确认识当前所处的阶段，重点关注当前需要解决的核心问题。

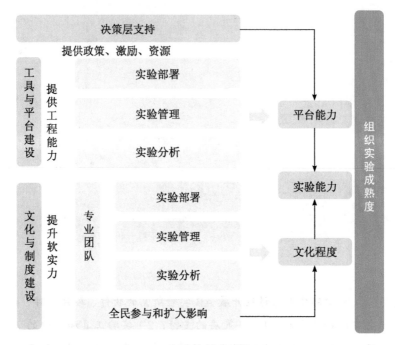

AB 实验的基础建设

第 12 章

开展 AB 实验的基础条件

在企业中真正落地开展基于 AB 实验的产品迭代，建立实验文化，并不是一件容易的事情。如果决策层虽然认识到 AB 实验的重要性，但是还没有做好 AB 实验驱动产品迭代的准备，AB 实验就会比较难以推行。AB 实验的策划、上线和评估涉及产品研发线上的所有人员，同时还需要相应的配套基础建设，包括前后端研发、AB 实验平台、数据计算和分析等相应团队和基础建设的支持。如果不具备基础条件，开展 AB 实验就是纸上谈兵。

12.1 决策层认知

决策层对于 AB 实验的认知包括以下几个方面。

首先，需要决策层认识到现在评估策略价值方面做得不好。在没有推行 AB 实验的情况下，认识到这一点不难，因为除了 AB 实验，并没有更好的手段去获得可信、量化的评估结果。从内部迭代和效率来看，也会发现很多流程上和决策上的问题，比如最简单的情况，选择页面背景颜色、字体大小，很难得出一个大家都满意的结论，更不用说更为复杂的场景的决策了。传统的用户访谈和调研也有诸多缺陷，同样一个方案，如果访谈不同的用户，大概率会得到不同的答案。

其次，决策层希望做出数据驱动的决策，并已有系统的数据指标体系。虽然很少听到决策层说他们不想以数据为导向，但衡量新策略给用户带来的增量收益是有代价的。客观地衡量新策略的效果，通常不会像设想的那样轻易。许多组织也不愿意投入资源来支持评估体系的建设。对很多企业来说，通常更普遍和更容易执行的做法是做计划，根据计划执行并预测成功。这里所说的预测成功，通常情况是把结果包装为成功，比如将完成"计划交付的百分比"到达一定程度，视为成功。这种做法忽略了所谓的成功对关键指标是否能产生积极的影响。这些问题需要决策层认识到并且从上而下地推动。

最后，决策层愿意投资基础设施和测试，以进行 AB 实验，并确保结果是可信的。在线软件领域（网站、移动设备、桌面应用程序和服务），可以通过软件工程满足 AB 实验的必要条件——可靠地随机选择用户、收集行为数据、相对容易引入软件更改如新功能。

AB 实验在结合敏捷软件开发、最低可行产品时尤其有用，Eric Ries 在《精益创业》中也表达了同样的观点。在一些领域中，很难或不可能可靠地进行 AB 实验，比如医学领域的 AB 实验所需的一些干预措施可能是不道德或非法的；由于硬件设备的制造交货期可能很长，并且很难进行修改，因此很少在新的硬件设备上运行与用户相关的 AB 实验。当不能进行 AB 实验时，可能需要其他补充技术（参见第 19、20 章）。如果可以进行 AB 实验，确保实验结果的可信度是很重要的，这需要资深的专家、坚实的系统并经过深入分析和研究才能保证在线实验结果的可信度。

以上几个方面也可以作为观察一个企业是否具备开展 AB 实验的条件，当符合这些条件的时候，就可以寻找合适的契机推动企业的数字化决策和转型。

12.2 基础工具建设

基础工具建设主要是以 AB 实验平台为核心的建设。AB 实验平台需要支持实验设计、部署、扩展和分析，以提高实验效率、科学性和可信度。随机分流、正交分层、策略的配置和下发、指标的选择和计算、显著性判断等功能都需要实验平台承载。如果没有科学的、可信的、系统的实验工具，AB 实验将会变得非常混乱、低效，甚至无法获得准确的数据进行科学的分析，数据驱动的产品增长也就无从谈起。

建设 AB 实验平台有两种方式，一种是直接购买第三方服务，另一种是自己构建内部实验平台。不建议每家企业都自建平台，特别是对于那些处于初创阶段的企业来说，实验平台建设的成本很高，是一项很大的资源消耗。对于颇具规模的企业来说，建议尽早建立自己的实验平台，这是因为随着产品增速放缓，限制因素变为将想法转化为可在 AB 实验中部署的代码的能力，实验平台的能力会成为实验数量增长的限制。

图 12-1 显示了 Google、LinkedIn AB 实验的增长速度，图中第一年是每天超过一次实验（超过 365 次 / 年），在之后 4 年实现数量级增长。一开始，由于实验平台功能本身的原因，增长速度缓慢。以微软 Office 为例，该公司在 2017年刚刚开始使用 AB 实验作为规模化功能推出的安全部署机制，2018 年实验就增长了 600% 以上。

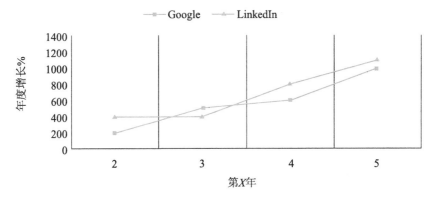

图 12-1　Google、LinkedIn AB 实验的增长速度

12.2.1　购买外部服务

在购买外部 AB 实验服务时，考虑的重点和自建实验平台有所不同，应重点考虑外部 AB 实验服务能否提供需要的功能，可以从以下方面来考虑。

- 考虑运行的实验类型。实验类型有很多，比如服务器与客户端、移动端与网页端等。许多第三方解决方案的通用性不足以覆盖所有类型。例如，基于 JavaScript 的解决方案不能用于后端实验，也不能很好地扩展到很多并发实验中。有的供应商在一个渠道上表现出色，在其他渠道却相对较弱，例如移动软件开发包（SDK）处理网页的能力很弱，甚至经常崩溃。

- 考虑网站速度。一些外部解决方案需要额外的脚本程序，这样通常会降低页面加载速度。而页面加载速度的延迟会影响用户体验和参与度，从而影响用户的行为指标。

- 考虑可能要使用的数据指标和维度。一些复杂指标外部平台可能无法计算，比如百分位数、序列数据等。如果购买外部服务，建立维度和指标的共同基准是很困难的，确保一致性也会更加困难。

- 考虑想要使用的随机化单元以及可以接受的数据共享程度。为了尊重用户隐私，不是所有的数据都可以外传。特别是关于用户的信息，需要限制传递给外部，这可能会导致额外的成本。

此外，还要考虑外方提供的数据是否易于访问；客户端是否需要登录到两个地方；当汇总统计数据出现差异时怎么办；是否需要接近实时的结果。厘清这些问题通常对快速检测和控制不良实验很有帮助。对于能否集成其他数据源；是否做了足够多的实验，并建立了实验记忆等问题，其复杂度通常被低估。一旦产生问题，就会导致实验系统的用户对系统的可靠性产生疑问，降低对实验结果的信任，进而影响对实验系统的使用。

12.2.2　自建平台

构建一个好的实验系统既困难又昂贵，自建平台需要重点考虑投入产出比。这类基础设施的投资与预期有关，如果企业考虑自建平台，需要预估未来将运行多少个实验，而不是只看当前正在运行的实验数量，实验越多，平台复杂度越高，需要投入的成本就越高。如果有动力和需求，并且实验数量可能超出外部解决方案所能承受的，那么就需要自行构建实验平台。构建内部解决方案需要很长的时间，集成外部解决方案也需要付出努力，特别是当业务逐渐扩大，需要切换不同的解决方案时。

另外需要考虑的是 AB 实验平台是否需要集成到系统的配置和部署方法中，实验可以是持续部署过程中不可或缺的一部分，如果集成是必要的，使用第三方解决方案可能会更困难。如果企业还没有准备好投资和自建平台，可以利用外部解决方案来演示更多实验的影响。

12.3　文化制度建设

相对于实验平台的建设，我们将企业制度、实验团队和实验文化等建设都归于软能力的建设。建立相应的制度来规范和确保 AB 实验的顺利开展，构建相应的团队来推进和落实 AB 实验，是和建设 AB 实验平台同等重要的事情。有 AB 实验平台仍然无法科学开展 AB 实验的情况也屡见不鲜。软实验监理师需要考虑的问题有很多，包括决策层的支持、实验流程和规范、实验教育和培训、组织影响力，以及如何使用结果等，这些细节将在第 14 章详细讨论。

第 13 章

AB 实验平台的建设

创建 AB 实验平台有两个关键收益,一是提升实验效率,加快创新迭代的速度,通过自动化、智能化的工具、功能和服务,最大限度地降低运行 AB 实验的增量成本,提升效率;二是通过 AB 实验平台提供的强大的监控、分析等工具,科学合理地分流、统计分析和异常发现,提升实验结果的可信度。

总体而言,一个好的实验系统应有几个关键属性用于进行规模化的实验:1)系统的每个部分都能高效和快速地扩展到百万用户级别的大规模实验中;2)系统是分布式和可配置的,便于成员配置和使用;3)系统有严格的质量控制,可以确保结果是可信的;4)系统必须足够灵活,支持不断添加新功能以及从实验中提取洞察力的新指标和方法等多样化需求;5)为了进入实验成熟的后期阶段,系统还需要支持自动化分析,这对于节省团队的分析时间非常有用。确保报告背后的分析方法是可靠的、一致的和有科学依据的,也至关重要。

如果实验系统把以上几点都做到了,就能帮助实验团队轻松运行成百上千个实验,并以自动和及时的方式获得值得信赖的分析结果,帮助实验团队了解是否成功优化了关键指标,以及具体原因。这些属性对于采取下一步实验至关重要。相反,如果系统不具备上述属性,往往会成为扩大实验操作和从实验中获得价值的瓶颈。

13.1　AB 实验平台架构

AB 实验平台的主要使命就是高效、快速、可靠地测试产品团队感兴趣的产品假设，需要合理的功能集来支持实验团队，其中最基础的功能必须包含实验过程中的必要环节。在进行 AB 实验的过程中，人与系统的主要交互过程如图 13-1 所示。

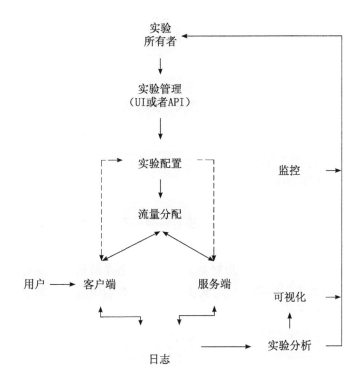

图 13-1　AB 实验平台的交互过程

实验平台必须包含交互过程的每一步，实验平台功能集可以分为三部分——实验管理和配置、实验部署和运行、实验数据分析。

实验管理和配置：通过用户界面（UI）或应用编程接口（API）定义、设置和管理实验，并存储在实验系统配置中。

实验部署和运行：服务端和客户端的实验部署包括变量赋值和参数化，也就是分流服务。

实验数据分析：包括日志记录、数据处理、指标定义和计算，以及显著性、P 值等统计检验、监控报警、可视化仪表盘等。

AB 实验平台会和所有产品研发的系统相互作用，其建设过程是一个比较复杂的系统工程。实验平台建设完成后，除了基本的功能，还需要具备哪些要素，满足哪些指标，才能认为是一个好的实验平台呢？从使用者的角度可以从以下几个方面去评估实验平台的整体性能。

- 稳：架构稳定、服务稳定、实验质量稳定。
- 准：分流、指标、数据、分析准确。
- 易：便于进行各种实验管理、工具交互，实验容易创建、观测、评估和得出结论。
- 快：实验接入快，实验数据计算快，实验结果评估快。
- 多：能快速支持多种场景、多种类型的多个实验。

13.2　实验管理功能

当系统同时运行许多实验时，实验者需要一种能轻松定义、设置和管理实验生命周期的方法。一个实验从最初的申请创建到上线或者下线，需要经历的主要流程如图 13-2 所示。为了更好地完成实验，各个阶段都需要有相应的功能来帮助实验者完成不同的操作。对实验整个生命周期中需要管理的功能进行梳理，得到实验平台核心管理功能集合。

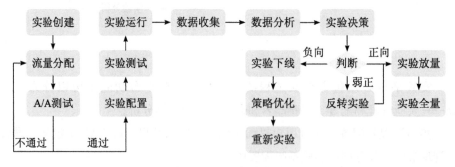

图 13-2　AB 实验流程

13.2.1　实验创建管理

在实验创建阶段，需要填写实验名称、实验描述、实验类型、实验创建者、创建时间等关于实验的基础信息，以及实验开展的层域、实验流量、实验组数、实验目标人群、实验需要计算的指标等实验配置信息。

实验名称最好采用统一的命名规范，能反映实验的主要内容，包括实验场景、实验核心手段和目标等，便于后续对相关实验进行检索。

实验描述最好包含实验假设的说明、实验的预期收益和核心关注指标。一般进行实验时，都会有相应的产品和研发需求文档，可以将需求文档的地址写到实验描述中，方便不熟悉实验的人理解实验背景。

实验类型主要是为了方便团队的实验管理、实验沉淀、实验检索。实验类型可以采用多标签的方式，提供多类规范的实验标签供实验者选择。实验类型是实验名称、实验描述的一种提炼和规范化表达。比如，实验类型可以是客户端实验、服务端实验，可以是召回实验、排序实验、打散实验，也可以是 UI 类实验、算法类实验等。实验者可以从不同的角度为实验打上实验系统提供的分类标签。

在多个层域可用的情况下，选择开展实验的层域需要考虑的因素有：实验平台为各种类型实验所规定的可以使用的层域、每层所剩的实验流量，以及实验所需的最小流量。在选择实验流量的时候，首先需要根据实验周期计算实验需要的最小流量。实验组数根据实验方案设计时需要对比的方案进行选择。如果对实验人群有特殊要求，比如只针对女性用户进行实验，则需要对实验用户进行圈选。用户圈选后，才能进行分流和流量的评估，如果不提前圈选目标用户，分流后再圈选，流量的划分有可能是不均匀的。这几个因素之间往往是相互影响的，比如预先设计的是 5 组实验，而实验层所剩的流量不够分配 5 组实验，那么可能会舍弃一组实验，只选择 4 组进行实验。

为了降低实验平台的计算负荷，每次实验时，实验者可以根据实验的具体情况选择重点关注的指标进行计算，而不是计算所有的指标。如果后续在进行实验分析时，发现还需要补充一些指标，可以再进行离线计算。为了节省配置实验指标的时间，一般会将实验指标分级、分组管理。分级是指根据指标的重要性，分为不同等级，高级指标一般是默认计算的，比如 DAU、时长、留存等；中低级指标默认不计算，如需计算，需要实验者勾选。指标在分析时一般是成组出现的，比如视频播放指标包括视频播放次数、播放时间、播放人数、播放完成度、播放点击率等相关指标。在选择指标的时候，一般平台将指标分好组后，按照层次关系进行组织，按组勾选，提高效率，如表 13-1 所示。

表 13-1　AB 实验指标配置

用户	留存	时长	曝光	点击	视频播放
启动用户数	次日留存率	总时长	图文曝光	图文点击	视频播放次数
曝光用户	第 3 日留存率	频道时长	视频曝光	视频点击	视频播放时长
点击用户	第 5 日留存率	列表时长	小视频曝光	小视频点击	小视频播放次数
播放用户	第 7 日留存率	底层时长	广告曝光	广告点击	小视频播放时长
时长用户	周留存率	…	…	…	…
…	…				

对于这些实验基础信息，我们可以编辑、修改、保存、对比，查看实验的历史记录或时间线，即使它已经不再运行。

13.2.2　实验配置管理

实验创建完成后，平台会根据实验请求的基本信息进行实验流量的分配，流量分配完成后，进行流量评估，即通常所说的 AA 实验。AA 实验一般要持续 3 天以上，为了提高效率，有的系统提供了基于历史数据回溯的 AA 实验，可以快速获得两组实验中用户数据的分布情况。如果出现了 AA 实验不通过的情况，需要重新进行流量分配，直到分配的流量在各项数据上无显著差异，才可以进行实验。如果没有额外的措施，完全依靠随机分流算法，重新进行流量分配的概率是比较高的，为了提高流量分配的效率，实验平台可以进行流量寻优，在流量分配时进行调整以提高获得均匀分配流量的可能性。即便有流量寻优，还是建议进行 AA 实验，以保证实验结果的可信度。注意，在流量评估阶段，所有实验组的策略都是基线配置，也就是和大盘的策略保持一致，没有任何改变。

在完成流量分配的评估后，进入实验配置阶段，将申请的各个组 AA、AAA 等配置为 AB、AB1B2 等，其含义就是保留一个对照组（控制组）A，其余组配置为需要测试的实验策略，如 B、B1、B2。在配置时，需要配合很多实验参数，比如算法的召回策略、重排策略、画像配置、排序策略等，如图 13-3 所示。为了降低配置出现错误的概率，以及提高配置的效率，尽量将各个模块都进行参数化、模板化，并为这些功能模块配置开关按钮，实现灵活配置、随时上线和下线。一定要为这些配置设置避免冲突的逻辑或者冲突检测，提醒实验者冲突发生或者实验不生效。

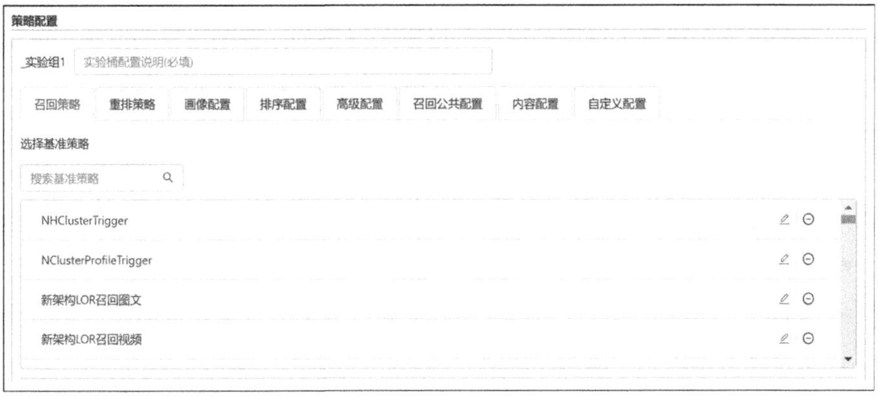

图 13-3　AB 实验策略配置

有时候实验配置的参数比较复杂而且实验组数很多，需要提供一个方便进行实验参数对比的工具。这个工具可以选择两个实验组进行各项参数的对比。在实验的过程中还可以修改实验参数，这些修改记录也需要详细保留，以便实验回溯和分析。

参数配置完成后，需要对实验进行检测，一般有两种检测方式，一种是通过系统接口进行日志检测，主要用于检测各种服务是否正常运行；另一种是通过白名单进行体验检测，主要通过绑定特定的实验设备，模拟用户的操作，检测实验中是否存在明显的逻辑错误。这两个测试都通过了，就可以进入实验阶段了。

13.2.3　实验操作管理

进入实验阶段后，我们需要密切关注实验数据、用户反馈以及异常现象。

● 实验操作：在实验的过程中，如果发生了异常，可以先停止实验，调整并重新测试通过后，再重启实验。小流量阶段的实验完成后，为了再次确认实验效果，可以反转实验。反转的意思就是将 AB 两组策略对调，看数据结果是否和之前一致，这样做主要是为了排除人群等非实验策略因素带来干扰。

- 实验流量：在实验的过程中，尽量不要调整流量大小，如果流量不符合预期，可以停止实验先调整流量。

- 实验监控：在实验的过程中，实验的开启、停止、异常等任何实验者以及相关人员需要关注的事项，可以以实验通知、实验告警的方式发送。

- 实验选择：平台的使用者可以通过收藏、搜索、筛选等方式找到自己关注的实验。

- 实验分析：在实验分析环节，可以根据需要，选择合适的置信度、功效、显著性评估方法等。

- 实验报告：实验完成后，实验者可以通过平台创建实验报告，并发送实验报告给相关人员，申请下一步操作，如放量、全量或者下线。注意，新特征的推出，一定是逐步进行的，从内到外，从少到多。

13.2.4 实验权限管理

在实验管理中，权限管理非常重要，主要出于以下几个方面的考虑。

因为实验一旦上线，会影响用户体验，所以需要严格控制实验创建、修改、上线等权限。为了防止出现人为错误，通常只有实验所有者或拥有特别许可的人才能开始实验。

一般每个公司对于大盘的核心数据都有严格的保密措施，并区分不同权限和等级可以查看的范围。实验数据同样需要严格控制，虽然单个实验一般用户占比不高，只有 1% ～ 10%，不能代表全部用户，但是我们也可以根据实验数据推测出一些大盘数据信息。

实验指标可以分为两类，一类是比率类指标（比如点击率）和均值类指标（比如人均时长），单个实验的对照组的点击率、人均时长，应该等于大盘的点击率、人均时长；另一类是总体类指标，比如总 DAU 和总收入，可以根据实验流量占比反推大盘总值。注意，单个实验能反推大盘数据的前提条件是，实验对象是大盘用户随机分流，而不是某些特殊人群。这些大盘表现的关键指标，比如点击率、人均时长、DAU、总收入等，一般都属于公司的重要数据资产、敏感数据，不同实验数据的权限也需要分级处理。关键数据需要特殊权限才能查看，否则容易发生敏感数据泄漏，给公司产品发展带来影响，甚至造成股价的大幅波动。

从实验流量申请、实验部署、实验测试、实验批准到实验上线，在关键环节上最好设置专家审批授权，减低实验发生问题的概率、减少对流量的浪费和对用户的伤害。在实验创建环节上，权限从严考虑，停止实验的权限可以赋予更多的人，停止实验后会生成警报以确保通知到实验所有者。最好设置实时的监控和报警机制，能够及早发现不良实验，并自动检测和关闭不良实验。这些措施增加了实验的安全性，减少了对用户、产品体验、指标的伤害。

13.3　实验部署功能

实验部署是将策略按照配置下发，使得新策略在产品上生效，从而让用户体验到新策略的过程。实验部署中有如下两个主要环节。

1. 流量分配

根据实验定义提供合适的流量和相应的实验参数。给定一个用户请求及其属性（例如，国家、语言、操作系统、平台），流量分配服务决定给该请求分配哪些实验和变量组合。流量分配主要基于实验创建的基本信息和参与实验单元 id 的伪随机散列（哈希）进行。在大多数情况下，为确保用户分配一致，使用如设备号、注册账号等持久性更好的用户 id。变量分配是独立的，独立的含义是即便已知其中一个用户的变量分配情况，我们也无法推测其他用户的变量分配情况，这体现的是分流中的独立性和随机性。

流量分配包括几个关键的问题。

- 流量分配的单元和机制是什么：分流单元是用户、会话还是单个服务请求；分流的机制是单层流量、多层正交还是交错实验多臂老虎机。
- 分配多少流量给这个实验是合适的：流量太大会造成浪费，太小又不足以进行可靠的实验评估。
- 实验流量分配方式是什么：按比例、号码包还是用户数下发实验。

- 流量分配的时机和模式采用哪种。

2. 代码部署

根据实验任务修改产品代码，实现不同实验的策略。不同实验组配置不同的变量分配规则和参数定义，为确保用户获得正确的体验，管理好不同的产品代码，以及不同系统参数的修改方式。

关于代码部署有几个问题需要重点考虑。

- 部署代码方式：分为客户端部署和服务端部署。这两种方式具有很大的差异，特别是客户端实验部署的时候，有很多需要注意的事项。
- 部署同步性：尤其是在运行大规模实验时，有多个服务器为同一个实验服务，应考虑如何保证服务的一致性。
- 实验完成后，将实验部署到全部用户，逐步放量的过程中，需要注意稳定性、效率和质量之间的平衡问题。

13.3.1 流量分配大小

在流量分配时有几个需要考虑的因素——业务敏感度 Δ、显著性水平 α、实验期望的运行时间，以及当前系统可用的实验流量。其中业务敏感度 Δ、显著性水平 α 主要用于计算最小样本量。在满足最小实验流量的情况下，为了缩短实验运行时间，可以增加实验流量。实验流量不能低于最小实验流量。

最小实验流量，也称最小样本量。预估最小实验流量主要涉及 2 个参数的选择——业务敏感度 Δ、显著性水平 α，之后进行指标方差的计算。

1. 业务敏感度 Δ

业务敏感度是期望实验检验出的实验组和对照组的相对差异（差异百分比）。针对某一个业务指标来说，比如点击率的业务敏感度设置为 5% 的含义是忽略 5% 以内的效果提升，如果检验出实验组策略有效果，这个效果一定大于 5%。

下面举例说明业务敏感度指标的作用。

设计一个实验用来检测策略 B 是否会提升点击率指标，实验目标是找到指标提升大于 1% 的提升策略。如果不设置业务敏感度，策略 B 只要有显著提升，不管这个提升是 0.5%，还是 2%，实验系统都会有显著效果。如果这个提升是 0.5%，那就不满足实验期望了。

用户实验得到了显著提升的检验结果，B 组相对于 A 组的提升相对差异为 2%。用户认为 B 组的策略带来了 2% 的提升，然后上线 B 组策略到全部流量。结果全量上线之后的点击率并没有提升 2%，仅提高了 0.5%。

这个案例中用户的判断是错误的，B 组相对于 A 组的提升相对差异为 2%，并不能说明 B 组的策略可以带来 2% 的提升。这 2% 的提升，仅来自小流量采样的样本数据，这个数据是随机波动的，不可以直接将采样数据当作整体数据。

正确的做法是先设置业务敏感度，然后观测 B 组点击率是否有显著提升，这样通过反复设置业务敏感度，可以找到一个最大的业务敏感度使 B 组点击率显著提升，此时的业务敏感度就是 B 策略全量之后提升效果的下限。这个值在页面上对应总体相对差异，是统计上可靠的对总体差异的保守估计，即提升效果的上限，可以检出实验提升了多少（或者下降的上限）。

设置业务敏感度的方法可以参考以下方式。

- 可以根据投入产出比进行评估，比如一个实验需要投入 20 个人开发 3 个月，那么期望的收益应该设置大一些，如果设置为 0.5%，开发投入和产出不成正比。相反，一个实验开发成本很低，改几行代码就可以上线，那么期望的收益可以配置为 0.1%，因为实验成本很低。
- 根据产品的生命周期确定业务敏感度，比如一个刚上线的新产品，用户增长指标应该配置一个比较大的数值，比如 5%、10%，一个新产品刚刚启动时需要快速增长。一年、两年之后，产品已经用完了人口红利，用户增长指标可以调低，比如 1%，这个阶段需要持续稳定的发展。5 年之后，产品稳定时，用户增长指标可能配置得更低，比如 0.2%。

2. 显著性水平

显著性水平（α）的取值范围是 0 到 1。从业务视角可以将显著性水平理解为虽然实验系统认为有效果，但是有 α 的概率上线之后没有效果。一般 α 取值为 5%、1% 等，建议指标数较少时取 5%，指标数较多时取 1%。用户只关联了一个实验指标，建议选择 0.05 的显著性水平。如果用户关联了多个指标（大于、等于 3 个，小于、等于 10 个，且假设指标直接独立），建议选择更低的显著性水平，比如 1%。选择好相关的参数后，一般平台会提供工具根据实验关联的指标和实验设置的业务敏感度和显著性水平计算出一个建议样本数。实验者参考这个建议样本数设置实验组流量。

上面是针对单个实验进行的最小样本量计算。整体来看，如果有多个拆分流量的实验，并且每个实验都有自己的对照组，可以将单独的对照组合并成一个更大的共享对照组。将每个实验组与这个共享的对照组进行比较，可以增加所有相关实验的功效。

采用共享对照组的另外一个好处是可以节省对照组的实验流量，因为在有多个实验组的情况下，共享对照组用掉的流量一般比每个实验组都有一个对照组用掉的流量小。在设计单个实验组的流量时，为保证不浪费流量以及达到所需要的功效，需要考虑共享对照组的大小。共享对照组也有一些限制和注意事项。

- 如果每个实验都有自己的触发条件，可能很难在同一个对照组上检测它们。
- 在比较中，相同规模的实验组和对照组有很多好处。比如，具有相同规模的用户量，实验效果会更快收敛，也能减少对缓存的潜在担忧。

13.3.2 流量分配时机

在流量分配中还有一个关键考虑事项，即在任务流中的什么地方对变量赋值，用户操作过程中节点被标记为实验 id。一般来说，变量分配可以在几个地方发生——完全使用流量拆分的生产代码之外、客户端（例如，移动应用程序）或服务器端。要在做出决策时更好地了解情况，需要考虑以下关键问题。

- 流程中的哪个点拥有执行变量分配所需的所有信息。例如，一个用户请求是要使用其他信息，如用户地理位置、上次访问时间或访问频率、用户本次是否访问了某个功能，需要先查找并获取这些信息，然后使用该标准进行变量分配。
- 是否允许实验作业仅在流程中的一个点或多个点进行。如果处于构建实验平台的早期阶段（步行或早期运行阶段），建议只设置一个实验作业点，以保持实验作业简单。如果有多个分配点，需要保证正交性（例如重叠实验），以确保较早发生的实验分配不会影响稍后在流程中进行的实验分配。

分配流量之后，需要合适的框架为用户提供适当的处理。无论选择哪种处理架构，都必须衡量运行实验的成本和影响。由于实验平台也可能影响性能，因此在实验平台之外运行一些流量就是一种测量平台影响的实验。测量可以包括站点速度延迟、CPU 利用率和机器成本等方面。

13.3.3　实验放量节奏

现代工业生产中，新产品由小批量生产转变为大规模生产阶段称为爬坡量产（RAMP）。RAMP 在实验中的含义是实验策略被发布、从小流量逐步推广到更多用户群体的过程，也称为爬坡、放量。当实验被广泛采用以加验证产品创新时，创新的速度就与实验方式紧密相关了。有些实验者为了追求速度，在小流量实验得到比较理想的实验数据后，直接将策略发布到全量用户，这样做存在一定的系统风险。为了控制新功能发布的未知风险，建议实验经历一个渐变过程，在这个过程中，逐渐增加新特征的流量。

如果我们不坚持这样稳健的原则，从长期来看，随着实验规模的扩大，产品的稳定性会降低。在这个过程中需要平衡 3 个关键因素——速度、质量和风险。如何在控制风险和提高决策质量的同时快速迭代呢？换句话说，我们如何平衡速度、质量和风险？为了回答这个问题，首先想一想我们为什么要进行 AB 实验。

- 该方案放量至 100%，衡量该产品方案的影响和投资回报率。
- 在实验期间，如果有负面影响，最大限度地减少对用户和企业的损害和成本来降低风险。
- 了解用户的反应，最好是通过维度细分，找出潜在的漏洞，并为未来的计划提供信息。这要么作为运行任何标准实验的一部分，要么作为运行专为学习而设计的实验目标。

前面多次谈到在给定流量分配的情况下进行实验，以提供足够的统计能力。在实践中，实验通常会经历一个渐进的过程，以控制与新功能发布相关的未知风险。例如，一项新功能可以从向一小部分用户实验开始，如果指标看起来合理，并且系统具有良好的稳定性，那么就可以让越来越多的用户参与实验。

一个比较出名的负面例子是 Healthare.gov 案例，该网站在第一天向 100% 的用户推出时崩溃了，负责人才意识到它还没有准备好处理负载。如果按地理区域或用户姓氏首字母顺序推出网站，这种情况本可以得到缓解。

如何决定实验的流量增量，以及我们应该在每个增量流量处停留多长时间？放量太慢会浪费时间和资源，放量过快可能会伤害用户，并有可能做出次优决策。理想情况下，还需要工具来自动化该过程并在规模上执行这些放量原则。我们主要关注实验放量增加的过程。回滚通常用于处理实验不好的情况，在这种情况下，我们通常会迅速将流量关闭为零，以限制对用户的影响。下面总结了一些在平衡速度、质量和风险方面的原则和经验。

- 如果运行 AB 实验的唯一目的是测量效果，那么我们可以以最大功效放量（Maximum Power Ramp，MPR）运行实验，以此获得最高统计灵敏度。假设我们的目标是将该实验流量提升到 100%，这通常意味着 50% 的流量分配，为我们提供了最快、最精确的测量基础。我们可能不想从 MPR 开始，如果出现问题怎么办？这就是我们通常从较小风险的实验量开始实验的原因，即遏制影响和降低潜在风险。
- 我们可能还需要介于 MPR 和 100% 之间的中间放量阶段以降低发布风险。例如，出于运营原因，可能需要在 75% 的流量处等待，以确保新服务或端点可以根据不断增加的流量负载进行扩展。
- 虽然学习是每次放量的一部分，但我们有时也会进行长期放量，其中一小部分（例如，5% ～ 10%）的用户主要是出于学习的目的而在一段时间内（例如两个月）没有接受新的实验，目的是了解在 MPR 期间测量的影响是否是长期可持续的。

图 13-4 展示了在 4 个 RAMP 阶段如何平衡速度、质量和风险的原则和技术。

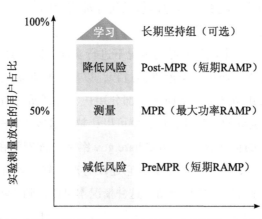

图 13-4　实验 RAMP 的 4 个阶段

SQR 框架将整个 RAMP 流程分为 4 个阶段，每个阶段都有一个主要目标。第一个阶段主要用于风险缓解，侧重于权衡速度和风险。第二个阶段是精确测量，重点是在速度和质量之间进行权衡。最后两个阶段是可选的，涉及额外的业务问题（第三个阶段）和长期影响（第四个阶段）。

在第一阶段为了安全地确定风险很小，并快速向 MPR 靠拢，可以使用以下方法。

建立不同范围的测试人群包，并逐步将实验暴露给不同范围的人群，以降低风险。第一批测试人群通常是为了获得定性反馈，因为根本没有足够的流量来对数据进行有意义的读取。第二批人群包可以进行定量测量，由于统计功效低，因此仍然是不完全可信的。在早期的测试人群中可以识别出许多错误，而且早期的测量结果可能有偏差，原因是这些用户很可能是"内部人士"。常用的测试人群包如下。

- 列入白名单的个人：例如实现新功能的团队，可以从团队成员那里获得详细反馈。
- 公司员工：如果实验有错误，他们通常会更宽容。
- 试点用户：如尝鲜用户。

对于测试版用户和内部人士，他们往往是直言不讳和忠诚的，他们希望尽快看到新功能，而且通常愿意提供反馈。

实现自动流量分配，直到达到所需的流量分配。即使期望的分配只是一个很小的比例（例如 5%），多花一个小时达到 5% 也可以帮助我们极大减少错误的影响，而不会增加太多延迟。

生成关键保护指标的实时或接近实时的测量结果。越早了解到一个实验是否有风险，实验者就能越快地决定是否可以进入下一个放量阶段。深入理解每个放量阶段的目标，就能更有针对性地进行风险、质量和速度的整体把控。

13.3.4　不同类型实验的部署

最常见的实验类型有两种——客户端实验和服务端实验。客户端实验指在客户端进行的实验更改，一般是涉及前端功能，需要跟随新版本发布的实验。服务器端实验指服务端所做的实验更改，一般是通过后端服务接口进行，不依赖发布的实验，比如算法类实验。这两类实验有一些不同之处，主要体现在两个地方——发布过程和数据通信。

1. 发布过程

在线网站不断发布新功能是很常见的，有时一天会发布多次。由于更改操作由组织控制，因此作为持续集成和部署的一部分，更新服务端的代码相对容易。当用户访问站点时，服务器将数据推送到浏览器，而不会中断最终的用户体验。在 AB 实验中，用户看到什么完全由服务器管理，不需要最终用户操作。无论是显示红色还是黄色按钮，是否显示新的主页，都是在服务端部署后即时发生的更改。客户端应用中也有很多功能仍然直接受服务端代码的影响，比如信息流中推荐的内容。

事实上，我们提供的功能中只依赖服务的越多，就越容易进行实验，在跨不同客户端的敏捷性和一致性方面也是如此。例如，Bing、Google、LinkedIn 上的许多更改都是在服务端进行的，影响所有客户端，无论是网页客户端还是移动客户端。客户端本身也附带了大量代码，对这些代码的任何更改都必须以不同的方式发布。在移动应用程序中，开发人员不能完全控制部署和发布周期。

发布过程涉及三方——应用程序所有者（例如 Facebook）、应用程序商店（例如 Google Play 或 Apple 应用商店）和最终用户。当代码准备好后，应用程序所有者需要将新版本提交到应用程序商店进行审查。假设新版本通过了审查（这可能需要几天时间），将其发布给每个人并不意味着每个访问应用程序的人都会使用新版本。获取新版本的方式是软件升级，用户可以选择延迟甚至忽略升级，同时继续使用旧版本。一些用户可以需要数周时间才会升级版本。企业可能不想更新，也不允许用户更新版本。

所有这些考虑因素意味着在任何给定的时间，应用程序所有者都必须支持该应用程序的多个版本。对于具有自己的发布机制（例如，Office、Adobe Acrobat、iTunes）的本地桌面客户端也存在类似的挑战，即使可能不涉及应用商店审查的过程。值得一提的是，Google Play 和 Apple 应用商店现在都支持版本分阶段推出。它们允许应用程序所有者只向一定比例的用户提供新版应用程序，并在发现问题时暂停发布。

分阶段推出本质上是随机化的实验，因为用户是随机选择的。不幸的是，这些不能作为随机实验来分析，因为应用程序所有者不知道哪些用户有资格接收新版应用程序，只知道谁采用了新版应用程序。应用程序所有者可能也不想频繁推送新版本，尽管应用程序商店对发布新版本的次数没有严格限制，但每次更新都会消耗用户的网络带宽，并且可能会给用户带来不好的用户体验。

2. 数据通信

用户更新后，新的应用程序掌握在用户手中，它必须与服务器进行通信。客户端需要从服务器获取必要的数据，并且将客户端的数据传回服务器。虽然考虑到移动设备会使阅读变得更容易，但请注意，随着技术的迅猛发展，作为设备功能和网络连接改进的反映，移动设备和台式机之间的区别正在缩小。

首先，客户端和服务端之间的数据连接可能会受到限制或延迟。网络连接可能不可靠或不稳定，用户可能会离线数天，用户可能无法在飞机上接入互联网，或者暂时处于没有可用蜂窝数据或 Wi-Fi 网络的区域。服务端发生的数据更改可能不会被推送到这些客户端。同样，客户端上的数据收集在传输回服务器时可能会出现延迟，必须在仪器设备和下游加工时考虑到这一点。

大多数用户的蜂窝数据有限，这引发了一个问题，是否只在用户使用 Wi-Fi 时才上传日志数据。大多数应用程序选择仅通过 Wi-Fi 上传日志数据，这在服务端接收数据时可能会延迟。国家之间也可能存在异构性，因为在带宽、成本等方面，一些国家的移动基础设施比其他国家更弱。不仅数据连接本身可能受到限制，即使连接良好，使用网络也可能会影响设备性能，并最终影响用户对应用程序的参与度。

- 电池：更多的数据通信意味着更大的电池消耗。例如，应用程序可以定期唤醒以发送更多的日志数据，这会增加电池消耗。此外，处于低电量模式的移动设备对允许哪些应用程序执行操作也是有限制的。

- CPU、延迟和性能：一些低端移动设备受到 CPU 能力的限制。在设备上频繁地数据聚合和或服务器来回发送数据会降低应用程序的响应速度，并损害应用程序的整体性能。

- 内存和存储空间：缓存是减少数据通信的一种方式，但会影响应用程序的大小，从而影响应用程序性能并增加用户卸载的风险。对于使用内存和存储空间较少的低端设备用户来说，这可能是一个更大的问题。

通信带宽和设备性能都是同一设备生态系统的一部分，需要进行权衡。我们可以通过更多的蜂窝数据来获得更好的网络连接；也可以花费更多的 CPU 来计算和聚合数据，以减少发送回服务器的数据；还可以使用更多的设备存储来等待 Wi-Fi 发送跟踪数据。这些选择不仅会影响客户端的可见性，还会影响用户参与度和行为。在这个领域有很多富有成效的实验结果，也是一个需要小心确保可靠结果的领域。

在进行客户端实验之前，需要提前计划并尽可能地参数化。客户端代码不能很容易地传送给最终用户，任何对客户端更改的实验都需要提前计划。所有实验，包括每个实验的所有变量，都需要编码并随当前的应用程序版本一起发布。任何新的变量，包括对现有版本错误的修复，都必须等待下一个版本一起发布。这种必须跟随版本发布的模式，不仅限制了实验的发布频率，也限制了实验的灵活性、安全性。我们可以尝试通过以下几个动作来解决客户端实验的瓶颈。

- 功能开关。在某些功能完成之前，可能会发布新的版本，在这种情况下，这些功能会被称为功能开关的配置参数控制，默认情况下关闭这些功能。以这种方式关闭的特征被称为暗特征。当功能完成并准备就绪时，可以将其打开。

- 使更多功能可以从服务端进行配置。在服务器配置功能不仅可以便利地进行 AB 实验，如果功能表现不佳，还可以通过服务器关闭该功能以降低影响，而不必经历漫长的客户端发布周期去修复。这可以防止终端用户在下一次发布之前被一个有问题的应用程序困扰太久，甚至卸载。

- 参数化。可以广泛使用更细粒度的参数化来增加创建新变量的灵活性。这是因为参数化使得不需要把新代码推送到客户端，也可以传递新的配置，从而进行实验。一个常见的示例是从服务器更新机器学习模型参数，以便随时调整模型。

我们在本节介绍了在客户端和服务端上进行实验的差异。虽然有些差异是明显的，但更多是微妙且关键的。为了恰当地设计和分析实验，我们需要格外小心。同样重要的是，随着技术的快速发展，预计许多差异和影响将随着时间的推移而演变。

13.3.5　实验部署中的其他问题

在实验部署的过程中，除了需要考虑流量分配、不同类型实验的部署等问题，还有一些问题也需要考虑。

1. 跨平台问题

用户通过多个设备和平台访问同一站点是很常见的。

- 不同的设备可能会有不同的 id。如果根据设备上的 id 进行分配，那么同一个用户可能被随机分成不同设备上不同的实验用户，影响实验的评估效果。可以考虑将不同平台的效果分开进行评估，以减少这种同一用户多个登录设备带来的影响。

- 不同设备之间可能存在潜在交互。许多浏览器现在都有"在 PC 上继续"或"在手机上继续"的同步功能，方便用户在桌面和移动设备之间切换。在移动应用之间转移流量也很常见。例如，如果用户在手机上阅读来自亚马逊的电子邮件并点击电子邮件链接，可以直接进入亚马逊应用程序或移动网站。在分析实验时，重要的是要知道是否会导致这些交互作用。如果有交互作用，我们就不能孤立地评估应用程序的性能，需要全面地观察不同平台上的用户行为。还一件需要注意的事情是，在一个平台（通常是应用程序）上的用户体验可能会比另一个平台上的用户体验好，如果将流量从应用程序引导到网络，往往会降低总体参与度，这可能是实验中产生令人困惑的结果的原因。

2. 新旧版本实验问题

并不是新应用程序上的所有更改都可以进行 AB 实验。在这种情况下，为了对新应用程序整体进行随机对照实验，将两个版本捆绑在同一个应用程序上，并启动一些用户使用新版本，同时让其他用户继续使用旧版本。不过这个方式对大多数应用程序来说既不实用也不理想，可能会使应用程序的大小翻倍，因为在一段时间内，会有两个版本的 App 都服务于真正的用户。并非所有用户都同时采用新的 App 版本，用户行为会有一定的偏差，如果能够纠正偏差，也能提供有效的 A、B 比较。

3. 服务器部署一致性问题

在部署实验，尤其是运行大规模实验时，需要考虑一些技术上重要的细微之处。例如，是否需要原子性。如果需要，粒度是多少。原子性是指所有服务器同时切换到实验的下一次迭代。原子性一个重要的示例是在网页服务中，单个请求可以调用数百个服务器，并且不一致的分配导致不一致的用户体验。例如，假设搜索查询需要多个服务器，每个服务器处理搜索索引的不相交部分。如果排名算法已经改变，则所有服务器必须使用相同的算法，如果有一些服务器没有被及时更新，就有可能出现问题。要解决这个问题，父服务可以执行变量赋值并将其向下传递给子服务。基于客户端的实验和基于服务端的实验在实验部署方面也存在差异，已经在 13.3.4 节讨论过。

4. 故障保护问题

需要创建故障保护机制以处理脱机或启动状况。当用户打开应用程序时，他们的设备可能离线。出于一致性原因，我们应该缓存实验分配，以防设备下一次打开时是离线状态。此外，如果服务器没有响应决定分配所需的配置，我们应该为实验设置一个默认变量，也称为兜底策略。在这些类似的情况下，必须正确设置实验以进行第一次运行体验，包括重新获得会影响下一次启动的配置，以及在用户注册或登录前后稳定地随机化 id。

5. 触发分析可能需要客户端实验的跟踪

我们需要格外小心才能启用客户端实验的触发分析。捕获触发信息的一种方法是在实验时向服务器发送跟踪数据。然而，为了减少从客户端到服务端的通信，通常一次性获取所有活动的实验分配信息（例如，在应用程序开始时），而不管实验是否被触发。依赖获取时的跟踪数据进行触发分析会导致过度触发或者延迟触发。解决此问题的一种方法是在实际使用功能时发送分配信息，这需要从客户端发送。如果这些跟踪事件的数量庞大，可能会导致延迟和性能问题。

6. 跟踪设备上的重要保护指标和应用程序级别的运行状况

设备级性能可能会影响应用程序的性能。例如，实验可能会消耗更多的 CPU 和电池电量。如果我们只跟踪用户参与度数据，可能无法发现电池消耗问题。实验可以向用户发送更多通知，这导致经由设备设置的通知禁用操作增加了。虽然不一定会在实验期间表现为参与度的显著下降，但会产生相当大的长期影响。

跟踪应用程序的整体运行状况也很重要。例如，我们应该跟踪应用程序的大小，因为更大的应用程序更有可能导致下载量减少，以及用户卸载。应用程序的互联网带宽消耗、电池使用寿命或崩溃率，也可能会导致类似的情况。记录设备、App 的运行情况等重要保护指标是非常重要的。

13.4　实验数据处理和分析

在实验平台的建设中，实验数据处理是重中之重。实验数据处理的质量直接关系到实验结果评估的准确性，实验数据处理的效率直接影响决策效率。按照实验数据处理过程来看，需要注意以下几个方面。

1. 数据源

实验数据有哪些可用的数据来源，不同来源数据能提供什么信息，在采集的时候有哪些注意事项。

2. 数据处理

对数据源进行处理后，如何通过多源连接融合、清理、丰富等手段使数据进入可用状态。

3. 指标定义和数据计算

处理好数据后，计算关键实验指标以帮助决策者做出是否发布实验的决策。我们要知道从哪些维度（例如，国家、语言、设备 / 平台）对实验指标进行数据计算；如何自动找出那些值得深入分析的维度；如何计算 P 值、置信区间，以及进行 SRM 检查之类的可信度检查。注意，虽然数据计算可能会在单个步骤中计算所有数据，但实际查看实验数据时，必须先查看可信度指标，再检查 OEC、细分维度指标等。

在查看实验数据之前，所有的数据处理和计算都必须经过彻底的测试和检查，以确保这些过程的可信度。在计算过程中需要考虑不同的计算方式有何优缺点，以及如何平衡计算效率、成本、准确性。

4. 实验数据的可视化

根据计算结果，以简单易懂的方式突出关键指标、重要细分指标和特殊指标。最基础的可视化方式可以采用 Excel 电子表格。好的可视化数据呈现，需要结合用户体验来设计。指标以相对变化的形式呈现，如果结果在统计上显著，则应有明确的指示，通常使用颜色编码来突出显著变化。

为了培养诚信的实验文化，需要确保结果使用可跟踪和可访问。使用可视化工具生成所有实验结果的指标视图，使利益相关者能够密切监控关键指标的全局运行状况，并查看哪些实验最具影响力。这种透明度鼓励了实验所有者和指标所有者之间的对话，反过来又增加了公司上下对实验的整体知识。

可视化工具是访问组织实验记忆的一个很好的门户，可以捕捉到实验的内容、做出决定的原因以及导致知识发现和学习的成功和失败。例如，通过挖掘历史实验，可以发现哪些类型的实验倾向于移动某些指标，以及哪些指标倾向于一起移动，这种相关往往超越它们的自然相关性。当新员工加入公司时，这些知识可以帮助他们快速形成直觉，对公司目标有感觉，并了解产品的假设进程。随着生态系统的进化，拥有历史结果和经过改进的参数可以让我们选择适当的时机重新运行失败的实验。

5. 高级数据分析

除了支持常见的分析功能，还需支持一些面向实验的探索性和高级实验分析的功能。

13.4.1 数据源

由于实验单元请求可能发生在多个系统中，因此数据源通常涉及对不同来源的日志。数据来源主要分为客户端、服务端、业务系统。

客户端日志主要记录用户体验相关的数据，包括他们所看到的和所做的。

- 用户操作：用户会做什么活动，比如点击、悬停、滚动等，以及这些动作是什么时候做的。特别是在没有服务器返回的情况下，记录用户在客户端执行了哪些操作，例如可能会由鼠标悬停生成帮助文本；幻灯片放映允许用户点击和翻阅幻灯片。捕捉这些事件的时间点非常重要。
- 客户端性能：页面（网页或应用程序页面）显示或互动需要多长时间等。
- 错误和崩溃：客户端出现漏洞和崩溃很常见，跟踪客户端软件中的错误和崩溃至关重要。这些崩溃通常是导致用户体验糟糕的关键原因。

服务端日志侧重于记录系统的功能，主要包括以下数据。

- 性能：服务器生成响应需要多长时间、哪个功能组件花费的时间最长等。
- 系统响应率：服务器收到多少来自用户的请求、服务器提供了多少个页面、如何处理重试等。
- 系统信息：系统抛出了多少异常或错误、缓存命中率是多少等。
- 服务端接口的服务信息：如用户请求某个接口服务的时间、次数等。

业务系统日志主要是业务系统等产生的业务类信息，包括订单、交易、流程等信息。这往往是评估实验数据的核心指标。实际上，出于数据安全等级、数据格式、数据实时性等要求考虑，这种交易类的业务数据往往是和日志类数据分开存储的。在做数据处理的时候应注意交易类数据和日志数据的融合。因为在深入分析实验结果的时候，我们常常会通过观测用户的行为日志，去观察更愿意下单购买的用户在下单之前的行为特点。

客户端日志很有用，它记录了用户所看到的和所做的事情。然而，客户端工具在数据准确性和用户成本方面存在缺陷。比如客户端埋点可能会占用大量 CPU 周期和网络带宽，会耗尽设备电池，从而影响用户体验。较大的埋点代码段会影响系统加载时间。这种延迟不仅会影响访问时的交互体现，还会影响用户返回的可能性。在客户端埋点数据还有丢失和延迟发送的可能性，比如断电、无网络的情况下。

服务端日志较少受上述问题的影响。服务端日志可以提供系统内部正在发生的事情及其原因等更细粒度的信息。例如，可以记录页面生成 HTML 的时间。因为服务端日志不受网络的影响，所以数据的方差往往较小，从而允许使用更敏感的指标。在搜索引擎结果中，有部分数据返回特定搜索结果的原因及其排名。分数对于调试和调整搜索算法很有用。如果记录为请求提供服务的实际服务器或数据中心，则允许调试坏设备或查找压力较大的数据中心。重要的是，服务端也需要经常同步。可能存在这样的情况：请求由一台服务器提供服务，而信标由另一台服务器记录，从而造成时间戳不匹配。

假设系统已经记录了基本的检测，比如用户操作和系统性能。尤其是在测试新功能时，系统必须更新以反映这些新功能，这些更新的执行也确保了分析结果的正确性和可信性。Crawl 阶段的重点就是建设这些检测工具，必须确保工具不断地被审查和改进。

日志的结构和模式会影响下游数据管道中数据的处理方式，例如指标定义和实验分析。在可靠性和灵活性之间存在明显的权衡。如果规则和约束是严格的，那么数据就是可靠的，并且可以跨案例使用。同时，过于严格的约束可能会降低日志记录的速度，从而降低实验和产品开发的速度。

不同的公司有不同的方法来解决这个问题。在 Netflix，只有一个日志，其中每一行都是一个 JSON 数组，包含收集的所有数据。JSON 结构具有灵活性和可扩展性，这种灵活性的背后存在日志被持续快速更改的风险。必须通过开发实践进行管理，以确保日志不会因代码更改而丢失。微软的 MSN 和 Bing 也使用了类似的方法。LinkedIn、Airbnb 和 Facebook 都采用了自带数据的方式。每个产品团队负责每天为每个实验单元创建数据流和指标。这些流遵循特定的指导原则，使任何实验都可以使用这些流来计算实验指标。产品（如 Microsoft Office）具有事件视图架构，其中每个事件都在单独的行上。此格式还可以通过更结构化的模式进行扩展。一些产品遵循的方法是拥有计算关键指标所需的一组固定关键列，以及包含所有其他信息的属性包列。这同时保证了关键列的稳定性和向日志中添加新日志的灵活性，在稳定性和灵活性之间取得平衡。

13.4.2 数据处理

有了数据源以后，需要进行数据处理，使数据进入可用状态，以便后续计算和可视化实验结果。由于用户请求的检测可能发生在多个系统中，因此数据处理通常涉及对不同来源日志的收集、排序和连接，以及清理和丰富。要使原始数据进入适合计算的状态，我们需要对数据进行预处理，数据预处理通常涉及以下步骤。

1. 对数据进行排序和连接

由于有关用户请求的信息可能由多个系统记录，包括客户端和服务端日志，因此我们首先对多个日志进行排序和连接。我们可以按用户 id 和时间戳进行排序，允许加入事件以创建会话或访问，并按指定的时间窗口对所有活动进行分组。如果这个连接处理仅用于实验分析，那么大部分时间都不需要物化此连接，因为虚拟连接作为处理和计算过程中的一个步骤就足够了。如果输出连接不仅用于实验分析，还用于调试、生成假设等，就需要物化这个连接了。

重要的是确保可以轻松地利用相关日志并通过下游处理合并。首先，必须有一个连接日志的方法。理想的情况是在所有日志中都有一个通用标识符作为连接键值。连接键值必须指明哪些事件是针对同一用户，或者随机分组。此外，我们可能还需要一个特定事件的连接密钥。例如，可以通过客户端事件了解用户看到特定屏幕和相应的服务端事件，并解释为什么用户看到了这个特定的屏幕及其元素。此连接键可以让我们了解这些事件是同一个事件显示的两个视图。接下来，需要通过共享格式便捷地处理下游数据。这种共享格式可以是常见字段（例如时间戳、国家、语言、平台）和定制字段。常见字段通常是分析和目标定位的分段基础。

2. 清洗数据

对数据进行排序和分组后，可以更轻松地清理数据。我们可以使用启发式方法来删除不太可能是真实用户的会话（例如，机器人或欺诈）。关于会话的一些有用的启发式方法，如会话的活动太多或者太少、事件之间的间隔时间太短、页面点击太多、用户出现了违反常规的一些行为特征等。我们还可以修复检测问题，例如重复事件检测或错误的时间戳处理。数据清理无法修复丢失的事件。某些过滤可能会无意中从一个变量中删除比另一个变量更多的事件，从而潜在地导致采样比率不匹配。

3. 丰富数据

可以对某些数据进行解析和丰富，以提供有用的维度和指标。例如，我们经常通过解析用户日志原始字符串来添加浏览器系列和版本。丰富数据可以在每个事件、每个会话或每个用户级别发生，例如将事件标记为重复或计算事件持续时间、增加会话期间的事件总数或总会话持续时间。具体到实验中，我们可能想注释是否将此会话包括在实验结果的计算中。这些注释是业务逻辑片段，出于性能原因，通常会在丰富数据的过程中添加注释。要考虑的实验特定注释还有实验转换信息（例如，启动实验、增加实验、改变版本号），以帮助我们确定是否将该会话包括在实验结果的计算中。

13.4.3　指标定义和数据计算

1. 数据指标定义

许多公司在实验中跟踪数百个指标，以了解新功能对多个业务部门的影响，并且一直在添加新的指标。计算实验指标并及时提供实验分析是实验平台面临的一大挑战。如前所述，在 LinkedIn、Facebook 和 Airbnb 等公司中，指标框架和实验平台是分开的，每个产品团队或业务部门都拥有自己的指标并对其负责。实验平台只负责实验分析前的指标计算。在微软、谷歌、Booking、Lyft 等公司中，指标计算通常由实验团队直接从日志开始。个别指标和数据维度可能存在数据质量、延迟或计算成本高昂等问题。为了解决这些问题，公司通过各种方式对指标进行细分，设置"层"，以便对高级别指标进行优先级排序和彻底测试，这是使用可靠实验结果的一种方式。此外，如果不是所有指标都必须预先计算，实验平台可以提供指标的按需计算，以节省计算资源。

从部分设备上传应用程序的日志数据可能会有很大延迟。重要的是在实验分析中加入这些重要的数据，以避免出现选择偏差。一些公司，如 Facebook，为这些指标留出一个占位符，一旦有足够多的数据到达，就填写它。LinkedIn 和微软等公司的指标是用当下收到的数据计算出来的，再通过重新计算以更新结果。通常有一段等待期，在此之后不再更新指标。一些公司采取额外的措施来确保指标质量。像 LinkedIn 这样的公司，有一个委员会批准增加新的指标或修改现有的指标以确保指标质量。还有一些公司规定必须对指标进行测试，以确保它们足够敏感，可以检测出实验组之间有意义的差异。为了节省计算资源，实验平台可以要求指标具备最低的统计能力。Booking 有一个检测数据和指标质量问题的自动化过程，包括拥有两个独立的数据和指标计算管道，分别处理以比较两者的最终结果。

指标通常有一个隐式或显式的所有者，这个所有者关心实验以及可能对该指标有影响的行为。在每天运行许多实验的大型企业中，要确保这些指标所有者了解移动其指标的实验，并且当特定指标移动时，实验所有者知道应与谁交谈。在许多情况下，查看任何实验的结果都很容易，指标所有者会寻找影响指标的实验。团队组织结构在这种情况下也会有所帮助。如果企业中有一个特殊的绩效团队，那么当绩效指标开始降级时，实验所有者显然应该与该团队进行交谈。一些企业建立了自动化系统，当在特定指标中看到明显的移动时，通知实验所有者和指标所有者。有些团队，如性能团队，可能有额外的工具来搜索多个实验，以找到影响指标的实验。

2. 数据计算

随着实验在整个企业中扩展，速度和效率变得越来越重要。Bing、Google 每天都要处理 TB 级的实验数据，随着维度和指标数量的增加，计算会非常耗费资源。同时实验数据生成的任何延迟都会延迟决策。随着实验变得越来越普遍，延迟成为创新周期不可或缺的一部分，这种延迟可能会付出高昂的代价。在应用实验平台的早期，Bing、Google 每天都会生成实验记分卡，会有大约 24 小时的延迟（例如周一的数据会在周三结束前显示）。

为了监视严重的问题，例如错误配置或错误的实验，需要近实时地计算数据。因为近实时计算的目标是监控问题发现异常而不是评估实验，所以具有更简单的指标和计算，比如总和、总用户数等，而且通常直接在原始日志上操作，而不进行上述数据处理（连接、异常清理、丰富等），一般也不需要计算显著性统计、P 值等。近实时计算可以触发警报和关闭自动实验。批处理流水线处理单日内计算以及对数据处理和计算的更新，以确保可靠的实验结果及时可用。为保证实验速度和效率，以及正确性和可信性，建议每个实验平台遵循以下原则。

- 定义统一通用的指标。有一种定义通用指标的方法，以便每个人使用同一个标准词汇表，每个人都构建相同的数据直觉。大家可以讨论有趣的产品问题，而不是重新诉讼定义和调查不同系统产生的外观相似的指标之间令人惊讶的增量。与其质疑指标的定义，或者发现不同系统的相似指标之间的差异，不如讨论产品的问题更有意义。这个问题在实际应用中非常常见，产品或者运营经常会提出他们认为更有意义或者更精准的指标，然而通常除了增加计算资源的消耗，以及理解成本外，给产品带来的收益并不大。

- 确保实施这些定义的一致性。无论是共同实施，还是通过某种测试或持续比较机制来实现一致性。

- 需要进行动态的综合考虑。由于数据指标、维度都会随着产品发展而发展，因此指标的定义与更改是一个持续变化的过程。更改现有指标的定义通常比添加或删除指标更具挑战性，比如是否回溯数据，如果需要，那么回溯多长时间，特别是对于一些北极星指标，决策者需要进行季度甚至跨年度的对比，从而评估业绩。

在实践中，根据计算频率，实验平台常见的数据计算模式可以分为 3 种。

- 近实时数据（分钟级或者小时级数据）：以分钟为颗粒度，每 N 分钟更新一次数据。N 可以根据实际情况从 5 分钟到 60 分钟不等。分钟级的数据帮助我们实验上线之后，快速看到重要指标，避免策略有漏洞导致实验组重要指标下跌。

- 天级数据：以自然天为颗粒度，比较从开始日期到结束日期每天的数据。天级数据可以用来判断 AA 实验、AB 实验的效果。

- 累计数据：比较从开始日期到结束日期，实验期间所有的累计数据。累计数据可以用于判断 AA 实验、AB 实验的效果。一般来说，在有累计数据的情况下，实验结论更倾向于看累计数据。

在数据计算的过程中，有一些基本共识或者经验会对实验数据看板的设计、实验数据计算流的设计很有帮助。

- 分钟级数据一般不作为实验评估数据，主要用于检测系统问题。比如用户上线一个实验，10 分钟之后就可以观测实时指标，发现点击率显著下降了 20%。可以先停止实验，说明实验中可能存在比较大的问题，避免问题第二天才发现，造成严重损失。

- 不是所有指标都有分钟级数据、累计数据，某些指标只有天级数据，比如日活指标、次日留存率等。

- 天级数据趋势图也很重要，可以用来判断一个策略是否有新颖性特点。实验结果必须要等到天级数据趋势稳定后才能给出。用户上线了一个实验，运行了两周，发现实验组策略有显著提高。观测日度曲线时发现，14 天内实验组的策略提高越来越小，第 12 天后出现了下跌。实验结论虽然是实验组显著提升，但是有比较大的风险是新颖性现象，可能实验组策略不是真的好，只是用户感觉比较新鲜，增加了点击率，随着时间越来越久，点击率比对照组反而低了。此时应该继续延长实验，等一段时间再观测实验结果。

- 在创建实验当天，由于各种各样的原因，如流量不均、数据上报延迟，数据波动一般都很大，不适宜纳入天级数据的评估中。在进行实验评估时，建议将第一天，也就是创建实验当天的数据剔除。

- 一般天级数据、累计数据都可以作为实验结论的判断依据。一般来说，累计数据对于实验结果的判断更加准确。

处理好数据以及定义好指标后，开始进行指标计算，并聚合结果以获得每个实验的汇总统计数据，包括指标本身（总数、均值、变化绝对值、相对值等）以及统计显著性信息（P 值、置信区间）。关于如何构建数据计算，有很多选择，下面介绍两种常见的方法。在不失一般性的前提下，假设实验单位是用户。

第一种方法是物化每个用户的统计数据（比如每个用户的页面浏览量、点击量），并将其连接到将用户映射实验的表中。此方法的优势在于，可以将每个用户的统计数据用于总体业务报告，而不仅仅是实验。为了有效地利用计算资源，我们还可以考虑一种灵活的方法来计算仅用于一个或一小部分实验的指标。

第二种方法是将单用户指标的计算与实验分析进行集成，按需计算单用户指标，无须单独物化。通常，在该体系结构中，存在某种方式共享指标和维度的定义，以确保不同管道之间的一致性，例如实验数据计算管道和整体业务报告计算管道。此架构允许实验具有更高的灵活性（这也可以节省机器和存储资源），但需要额外的工作来确保跨多个管道的一致性。

13.4.4　数据可视化

我们的最终目标是直观地总结和突出关键指标和细分维度，以辅助决策。我们需要在数据摘要和可视化中突出显示关键测试结果，如 SRM，以清楚地指示结果是否值得信任。例如，如果关键测试失败，微软的实验平台会隐藏记分卡。

突出显示 OEC 和关键指标，同时也显示许多其他指标，包括保护指标、质量指标等。将指标表示从绝对值改为相对值，并明确结果是否具有统计意义。使用颜色编码并启用滤镜，以突出显著的改变。细分维度深入分析包括自动突出显示实验感兴趣的细分维度，可以帮助确保决策正确，并有助于确定是否有方法可以改进表现不佳的细分维度的产品。

如果实验有触发条件，除了对被触发群体有影响，更重要的是总体的影响。除了可视化本身，为了真正扩大实验规模，记分卡可视化应该对具有不同技术背景的人开放，从营销人员到数据科学家、工程师再到产品经理，需要确保不仅是实验者，高管和其他决策者也能看到并理解仪表盘。这也意味着需要对技术水平较低的受众隐藏一些指标，例如调试指标，以减少混淆。信息可访问性有助于建立定义的共同语言，以及透明和好奇心的文化，鼓励员工进行实验，了解变化如何影响业务或财务以及如何将 AB 实验的结果与业务前景联系起来。

可视化工具不仅用于每个实验的结果，对于跨实验转移到每个指标结果也很有用。虽然创新倾向于通过实验进行去中心化和评估，但关键指标的全局健康状况通常由利益相关者密切监控。相关人员应该了解影响他们关心的指标的实验。如果一项实验对他们的核心指标造成的伤害超过了阈值，他们可能会参与实验是否发布的决策中。

集中式实验平台可以统一实验视图和指标视图。该平台可以提供两个可选功能来培养健康的决策流程。

- 允许个人订阅他们关心的指标，并获得影响这些指标的实验的电子邮件摘要。

- 如果实验有负面影响，平台可以发起批准流程。在该流程中，强制实验所有者在扩大实验之前与指标所有者进行对话。这不仅保障了实验启动决策的透明度，还鼓励了员工之间的讨论，从而增加了公司对实验的总体了解。可视化工具也可以成为访问机构记忆的门户。

随着组织进入实验成熟度的运行和飞行阶段，组织使用的指标数量将继续增长，甚至达到数千个，此时我们建议使用以下功能。

- 按层或功能将指标分类到不同的组。例如，LinkedIn 将指标分为 3 个层次——全公司范围、特定于产品、特定于功能。Microsoft 将指标分组为数据质量指标、OEC、保护指标、局部特征。可视化工具提供了挖掘不同指标组的控件。

- 多重测试随着指标数量的增加而变得更加重要，实验者提出的一个常见问题是为什么该指标在看似无关紧要的情况下却大幅变动？虽然培训和教育有所帮助，但一个更简单且有效的选择是使用比标准值 0.05 更小的 P 值阈值，因为它允许实验者快速过滤出最重要的指标。

- 自动识别一些有意思的指标。当实验者浏览实验结果时，很可能已经在脑海中有了一组要检查的指标。然而，在其他指标中总有一些意想不到

的变化值得研究。平台可以结合多种因素自动识别这些指标，例如这些
指标对公司的重要性、统计显著性和误报调整。

- 相关指标。指标的移动或几乎不移动通常可以由其他相关指标来解释。
  例如，当点击率上升时，是因为点击量上升还是因为页面浏览量下降？
  这一变化的原因可能会影响实验是否发布的决定。对于具有高方差的指
  标，比如收入，如果调整后的指标或其他指标拥有更敏感、方差更低的
  版本，可以做出更明智的决定。

可视化的重要性不言而喻，想象一下，驾驶一架飞机时仪表板上有损坏的
仪器，这显然是不安全的，如果没有适当的工具来观察飞行期间的各种指标，
等于是在盲目飞行。

13.4.5 数据分析

通常情况下，实验需要常规计算流水线无法支持的额外的特别分析，主要
是探索性和高级实验分析功能，支持数据科学家轻松对实验进行特别分析。一
些特别的分析可能很快就会在更多的实验中得到应用。对于实验平台来说，在
保持可靠性和可信性的同时，要跟上对实验分析的新方法，这是一个挑战。虽
然业内没有解决此问题的通用解决方案，但有一些通用的考虑事项。

- 新的分析方法是否对所有指标和实验都是可靠和通用的。
- 新的分析方法带来的好处是否值得额外的复杂性和计算。
- 如果不同方法的实验结果不同，应该以哪种结果为准。
- 如何分享结果分析指导方法，以便正确解读结果。

基于以上事项以及业务实际需求进行综合考虑，最终决策是在平台实现高
级的分析功能，还是作为临时分析任务进行计算。

13.5 AB 实验服务通用框架

对于不同的行业、产品来说，增长的解决方案各有不同，AB 实验服务的框
架主要由实验管理、分流管理、指标与分析三部分组成，如图 13-5 所示。

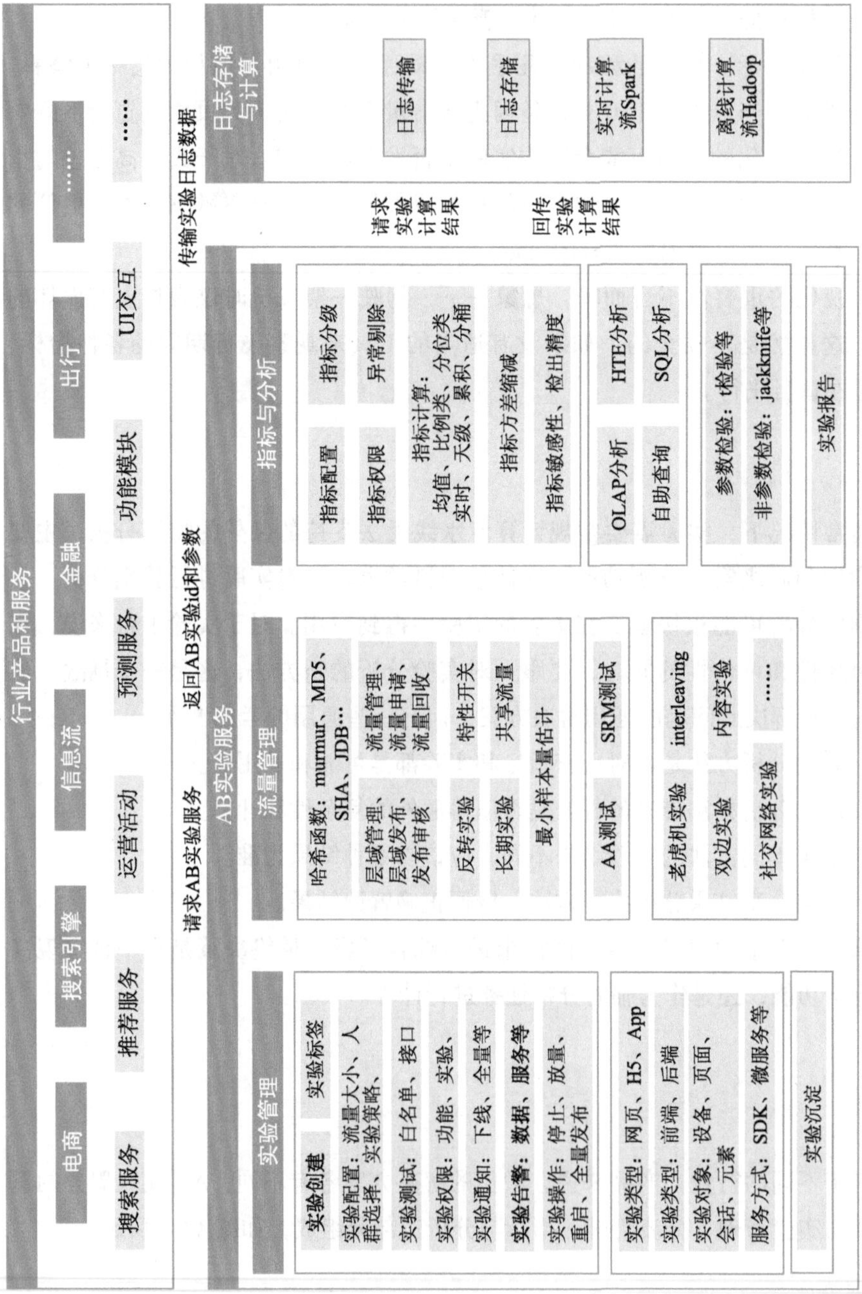

行业产品和服务

电商　搜索引擎　信息流　金融　出行　……

搜索服务　推荐服务　运营活动　预测服务　功能模块　UI交互

请求AB实验服务　　返回AB实验id和参数　　传输实验日志数据

AB实验服务

实验管理

实验创建：实验标签
实验配置：流量大小、人
群选择、实验策略
实验权限：白名单、接口
实验测试：功能、实验
实验通知：下线、全量等
实验告警：数据、服务等
实验操作：停止、放量、
重启、元素、全量发布

实验类型：网页、H5、App
实验类型：前端、后端
实验对象：设备、页面、
会话、元素
服务方式：SDK、微服务等

实验沉淀

流量管理

哈希函数：murmur、MD5、SHA、JDB…
层域管理：流量管理
层域发布：流量申请、
发布审核：流量回收
反转实验：特性开关
长期实验：共享流量
最小样本量估计

AA测试　SRM测试

老虎机实验　interleaving
双边实验　内容实验
社交网络实验　……

指标与分析

指标配置　指标分级
指标权限　异常剔除
指标计算：分位类、分类
均值、比例类、分位类
实时、天级、累积、分桶
指标方差缩减
指标敏感性、检出精度

OLAP分析　HTE分析
自助查询　SQL分析

参数检验：t检验等
非参数检验：jackknife等

实验报告

请求实验计算结果

回传实验计算结果

日志存储与计算

日志传输

日志存储

实时计算流Spark

离线计算流Hadoop

图 13-5　AB 实验服务通用框架

在实验管理中，实验创建、配置、操作、权限、通知、告警、监控等是通用配置的基本功能。在选择实验类型、实验类别、实验对象、服务方式时，不同的产品会有所侧重。实验沉淀对于那些实验规模、用户体量较大的产品和企业来说的价值更大一些。

在流量管理中，最小样本量估计是一个基本配置，方便实验流量的选择。AA 测试、SRM 测试是实验可靠性的保证，属于必要配置。层域管理、哈希函数需要根据产品、工程需要选择合适的方案。长期实验、反转实验、特性开关、共享对照组等功能适用于一些特殊场景，会增加开发成本，属于可选功能。一些高级的实验类型，如老虎机实验、交错实验、双边实验、内容实验、社交网络实验用于解决一些特殊场景的实验问题，可以根据产品具体情况配置。

在指标与分析中，由于不同产品的指标差异较大，因此指标的计算和分析是不同产品 AB 实验解决方案中差异最大的部分，指标配置、指标分级、指标权限、指标计算、异常处理、方差缩减、敏感性和检出精度都需要根据实际业务场景来确定。OLAP 多维分析的下钻维度也需要根据业务来确定，没有一套适用于所有产品的通用维度。采用什么样的检验方法，是参数检验还是非参数检验，需要结合指标本身的特性以及业务对指标的需求来确定。

第 14 章

实验组织和文化建设

当企业走向实验成熟阶段时，建立教育和文化规范是必须的。实验教育确保每个人对 AB 实验都有正确的理解，能够科学地设计实验、运行实验和解读结果。建立实验规范和文化有助于将实验数据驱动的想法深入人心，让企业从上到下都自觉自愿、主动使用实验去评估创新的想法，并能接受不好的实验结果，同时从实验中学习并成长，形成良性循环。

建立教育和文化规范是一个持续的过程，而且充满挑战。硅谷 2019 年关于实验的峰会上，参会的都是世界顶级公司和在 AB 实验领域有着丰富经验的人员。会议上大家普遍认为建立鼓励实验和创新的文化和过程非常有挑战。相对而言，国内的实验成熟度更低一些，挑战和困难会势必更多。

建立教育和文化是一个自上而下的过程，如图 14-1 所示，需要分阶段、有组织、有重点地开展。首先要得到企业高层的支持与参与，并给予相应的激励和荣誉；其次，必须建立专业的实验专家团队把控关键的实验技术和决策，以及承担整个企业的实验教育、培训任务；然后，为了在整个团队中更好地渗透实验文化，提升实验效率和可信度，需要在专家组的带动下，从业务团队中挑选并培养实验骨干，让他们参与到实验过程管理、结果评估等工作中来，一方面缓解实验专家团队的压力，另一方面也便于更加灵活、弹性地开展实验。除

此之外，其他的团队成员也需要积极参与实验基础知识的课程和培训、实验的
复盘、实案例学习等一些有助于提高实验素养的活动，整体提升团队的实验
能力。

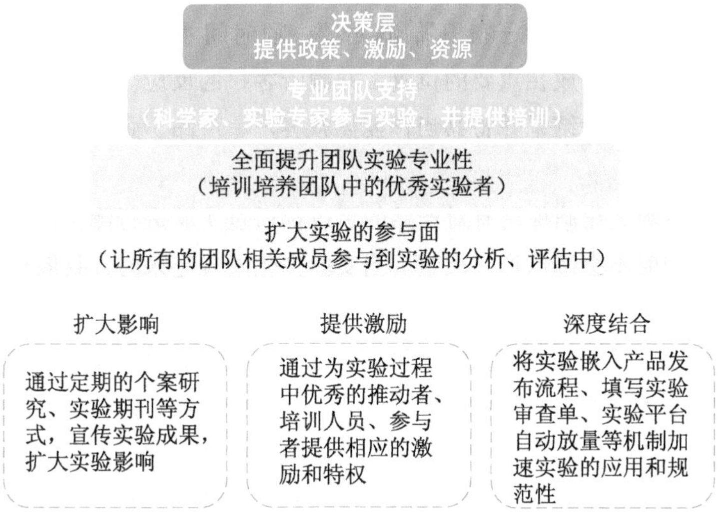

图 14-1　实验组织和实验文化建设

文化建设与教育过程相辅相成，互相促进。文化的建设需要教育过程来
落实和贯穿，教育过程的顺利推行需要文化建设的促进。文化在拉丁文中意
为"灵魂的培养"，是一群生活在相同自然环境及经济生产方式的人所形成的
一种约定俗成的潜意识的外在表现。因为文化定义了在一个群体中什么是鼓励
的、不鼓励的、接受的或拒绝的，所以文化会以广泛和持久的方式塑造态度和
行为。

在组织中创建一种实验驱动的产品开发文化有很大挑战。在没有采用实验
来评估产品想法时，实施的个体更倾向于认为每个想法都很好，都会成功。当
团队开始实验，直觉受到挑战时，可能会产生一些对于方法、平台的怀疑。在
实践中也是如此，很多企业刚引入 AB 实验时，AB 实验平台的准确性和可信度
都遭受了业务方的质疑。这种质疑有平台不成熟方面的因素，更多是由于业务
团队的很多方案都显示无显著效果，业务方在巨大的压力之下产生了一种矛盾
转移的情绪。

微软的案例研究显示，AB 实验的所有想法中，有 1/3 成功地显示出感兴趣的关键指标在统计上的显著改善，1/3 显示出统计上的显著倒退。许多软件公司也出现了类似的情况。特别是产品方案的发起者花费了大量时间来实现它并将其推销给团队，结果却并不好，事情就变得更加艰难了。接受负面的实验结果，像是有人告诉你"你的孩子很丑"，这需要一段时间才能接受。必须转换思维方式，将客户和业务放在重要的位置，并倾听客户的反应。基于这一点，我们应该接受负面的实验结果并将其当作能拯救客户、产品、企业使之免受伤害的信号。

强大的实验文化确保所有对产品的更改都通过实验进行测试，在发现有价值的改进的同时不会降低产品质量。当实验文化发展起来时，我们对不同想法的价值判断是谦虚的，这会让我们对产品和客户有更好的理解。

为了更好地建立良好的实验文化，除了上面所说的教育过程，还需要多维度共同作用，多管齐下，比如制定相应的规则和制度将实验紧密结合到业务流程中；建立专业可信的实验平台，提升平台的自动化能力，以降低实验实施难度；开展定期的实验评审、分享交流，在团队中鼓励以实验结果为准绳，鼓励所有的产品决策都根据实验中它们对关键指标的影响来决定，产品团队乐于接受改进关键指标的实验，同样也正视需要下线导致关键指标倒退的更改；对贡献突出的实验参与者给予相应的荣誉与激励等。无论采用什么手段，其核心目的都是扩大实验的影响，让实验更加深入人心。

14.1 决策层的支持与参与

决策层的认同，对于将 AB 实验作为产品开发过程中不可或缺的环节以及建立围绕实验的数据文化至关重要。

一般在刚接触 AB 实验时，大部分企业的态度是排斥的，主要是出于传统的决策方式的惯性思维，比如依赖有权势有声望的人，认为测量和实验是不必要的，实验过程大费周章。一些企业因为决策者的远见、业务方面出现了重大的失误、业务进入瓶颈，开始关注和测量关键指标并尝试控制风险、控制无法解释的差异。这个转变过程也不是一蹴而就的，仍然会有老的思维、传统的延续，与新方式产生冲突。只有持续地测量、实验和知识收集，企业才能对实的基本理解，模型才能真正起作用。要达到这一阶段，根据以往的经验，决策层、管理层必须在多个层面提供支持。

- 参与建立共同目标的过程，高层次的目标指标和保护指标达成一致，并逐步建立目标之间的平衡取舍关系，作为建立 OEC 的依据。
- 设定指标改进目标，而不是交付功能的目标。团队从不损害关键指标的情况下交付功能，转变为如果不改进关键指标就不交付功能，这是一种根本性的转变，是以实验、数据信息作为改进依据的文化变革，对于大型企业来说也不是一件容易的事情。
- 使团队能够创新和改进组织的关键指标；愿意并期待想法被评估，许多想法会失败，当想法未能推动指标改进时，表现出谦逊的态度；建立一种快速试错的文化。
- 期望适当的检测和高质量的数据。
- 审查实验结果，知道如何解释它们。执行解释标准，并了解这些结果如何影响决策过程的透明化。
- 长时间的实验也可以为整体策略提供信息。Bing 与 Facebook 和 Twitter 等社交网络的整合，经过两年的实验显示出没有任何价值后被放弃。评估一个想法需要测试多个实验。
- 接受风险和回报并存，要知道有些项目会奏效，而许多项目，甚至大多数项目将会失败。从失败中吸取教训对于持续创新非常重要。
- 支持从实验中长期学习，比如仅仅为了收集数据或建立投资回报而进行实验。实验不仅有助于对单个更改做出是否发布的决策，在衡量各种计划的影响和评估投资回报方面也发挥着重要作用。
- 通过较短的发布周期提高敏捷性，为实验创建一个健康、快速的反馈循环，为此需要建立敏感的代理指标。

决策者不能仅提供一个实验平台和工具，他们必须为企业制定数据驱动的决策提供正确的激励、流程和授权。尤其是在实验成熟阶段，参与活动的决策者对于使企业目标保持一致尤为重要。

如果决策层接受实验，并且希望每一项改变都在受控的实验中测试，这会对建立实验文化有所帮助。此外，决策层可以通过在 AB 实验中移动指标来设定团队目标。这创造了一种文化，在这种文化中，所有的决策发布都是基于它们对关键指标的影响来讨论的。

团队的关键指标必须事先确定并由团队达成一致，这一点很重要。谨慎的做法是防止指标博弈或过度拟合指标缺陷，在这些缺陷中，感兴趣的指标虽然会移动，但并不表示产品在改进。Netflix 对实验结果进行同行评审的文化是围绕频繁的"产品战略"论坛组织的，在推出实验之前，实验人员、产品经理和领导团队会对结果进行总结和讨论。

14.2　实验专家团队的带领与教育

在进行实验组织和文化建设时，构建实验专家团队是非常必要的，实验专家团队一般要承担三方面重要的工作：1）提供理论支持，包括分流、抽样统计、实验评估指标体系、显著性判断、实验决策和分析等各个环节；2）帮助设计科学、稳定、可靠、灵活的实验平台架构、规划齐备和高效的平台功能集合；3）深入业务，为组织提供各种形式的教育和培训，全面推进实验文化的建设。

因为这个过程中不仅需要大量专业知识，更需要权威性和系统化的开展，所以如果没有一支专业的实验专家队伍，这些工作很难高效开展。大型互联网公司一般都有自己的实验专家团队，他们根据公司业务的情况，围绕以上几个主要方面，灵活地支持各个业务。

LinkedIn 的实验专家团队每季度精选几个关键业务团队，确定这些团队的优先顺序，根据他们的需求与他们密切合作。在季度末，经过实验专家团队的同意，关键业务团队可以继续使用实验平台，虽然实验专家团队会继续监控实验，但更多的精力会放到支持其他业务团队上。在几年的时间里，通过这种方式逐步建立起一种数据驱动的文化。

在微软，来自中央实验专家团队（分析和实验）的一两名数据科学家与产品团队紧密合作。首先，数据科学家处理所有产品的支持需求，并对产品、业务、客户、技术和数据有很好的洞察力。与此同时，数据科学家致力于将经验和专业知识转移给产品团队中的冠军。

随着时间的推移，运行的实验越来越多，产品团队将在运行值得信赖的实验方面实现自给自足，而中央实验专家团队的人员将逐渐把精力放在独特的或有问题的实验上。中央实验专家团队的数据科学家和产品团队的冠军通常会进行进一步的培训,以使整个产品团队了解运行实验的最佳实践和流程。中央实验专家团队每月维护一张记分卡,以衡量每个产品的目标,以便成规模地运行值得信赖的实验。

这些目标都是在每年年初设定的。每隔 6 周,数据科学家和冠军都会审查产品中的实验操作,其中突出显示过去的成功和失败,并制定了解决差距和机会的计划。对数据科学家和冠军的激励在一定程度上与他们各自产品中实验的成败有关,中央实验专家团队每周进行一次实验审查,任何实验所有者都可以在会上分享他们的实验,并要求数据科学家提供反馈。

中央实验专家团队每月举办一次实验课程,对微软的每个人开放。此外,该团队每年主持两次会议,集中讨论实验,并讨论效果最好的受控实验。这为产品团队提供了一个展示他们在实验中的优势及向其他团队学习的机会。这种实验专家团队的缺点是与每个团队深度接触的开销很大,可能会成为扩展的瓶颈。

14.3 业务团队实验骨干的深入与传递

产品团队在运行实验时通常有非常具体的问题,而这些问题不能用一组简单的常见实验来回答,集中支持功能的弹性不是很好。中央实验专家团队最终在支持上花费了太多的时间,而在其他事情上花费的时间不够。此外,通常需要特定的产品领域知识来提供支持。集中支持功能需要深入了解所有受支持的产品,这通常是不可行的。特别是当一家公司每年测试数千个实验时,实验专家团队不可能跟进每个实验。任何提供支持的人都需要基本的实验知识,这可能更容易扩展。这种知识和专业知识的民主化使建立更好的实验文化成为可能。从产品团队选拔优秀的人员,让他们熟悉实验知识,就是一个很好的方法,弹性好灵活性好,也能解决实验专家团队人力不足的问题。

Yandex 有一项名为"实验专家"的计划,以扩大支持范围。这些专家是由中央实验专家小组从产品团队中精心挑选出来的。任何实验都必须得到专家的批准才能发布。专家是有动力的,因为他们的产品在发布前需要批准,所以他们自愿签约成为专家。实验专家在内部员工系统中获得数字徽章,其他人可以看到他们的状态。该计划没有明确的 KPI，要想成为一名专家，需要一份最低经验和非正式面试流程的核对表。

Weblab 是亚马逊的实验平台。2013 年，亚马逊的个性化团队试运行了一个名为"Weblab Bar Raisers"的项目，目的是提高实验设计、分析和决策的整体质量。最初的标准提升者被选为高判断力、有经验的实验者，具有教学能力和影响力。对该角色的期望被明确定义并记录在案，在几次迭代之后，该计划在公司范围内得到了扩展。并不是所有组织都必须进行标准提升者审查，标准提升者每周花 2 ~ 4 个小时提供 OEC 支持。激励政策依赖于标准提升者对该计划的使命的认同，这有助于他们的个人成长和提升在公司中的地位。同时存在一个导师计划，由现有的标准提升者培训新的标准提升者，以确保新的标准提升者很快就能跟上进度。

在 Twitter，由包括现任 CTO 在内的一个产品小组创立的"Experiment Shepherds"计划（截至 2019 年，约 50 人）。这些人中的大多数是有运行实验经验的工程师，并有严格的准入要求。成员每年有一周的随叫随到职责，并对收到的实验请求进行分类。

激励措施包括对产品的责任感和在绩效评估期间对贡献的认可。虽然他们没有明确影响 KPI，但质量影响确实存在。有一个有组织的培训计划，包括为期两个月，每周一小时的课堂培训。课程涵盖 7 个主题（例如开发周期、伦理、指标、统计数据），也有基于案例研究的讨论。

Booking 有一个"实验大使"计划。中央实验专家团队从最需要支持的产品团队中挑选了具有实验经验和兴趣的人员（约 15 人），组成了一支具有明确升级路径的团队，并得到来自中央组织的优先支持。大使们通过中央支持实验系统可以知道其他公开的支持问题，并在他们认为合适的时候领取门票。他们进入实验组织的内部通信，可以充分了解当前的发展或问题。实验大使每月召开一次会议，讨论产品需求和关注事项。

对实验大使的激励包括对产品的责任感、获得中央组织的优先支持以及对他们绩效评估的认可。虽然没有针对实验大使的具体培训，但有针对所有实验者（包括实验大使）的一般实验培训。

14.4　全体参与和扩大影响

实验专家团队需要组织和提供实验相关的培训和课程。微软、谷歌都会定期或者不定期地举办课程，让员工了解实验的相关概念。随着时间的推移，员工越来越多地接受实验，这些课程也变得越来越受欢迎。

除了正式课程外，案例学习和分享也是一个很好的学习契机。比如令人惊讶的负面结果的实验案例，其中一个被广泛认为好的功能却导致关键指标大幅倒退；令人惊讶的正面结果的实验案例，其中一个没有人认为会产生影响的小变化却导致指标大幅提升，这些都是促进实验文化建设的巨大驱动因素。这些案例让我们认识到，直觉并不能很好地判断思想的价值。

Booking 还有一个"同行评审计划"（Peer-Review Program），旨在让员工积极地向实验者提供反馈。公司里的任何人都可以参与这个计划。每周参与者都会随机地与一名实验者配对并随机挑选一个实验进行复习。为此，实验平台包括一个"给我一个随机实验"的按钮。该计划还支持将内置评论作为报告界面的一部分。

参与"同行评审计划"的激励措施包括结交新朋友，学习新事物以及平台界面上展示的奖励徽章。围绕评审和评论定义 KPI，新手在最初几次都会与有经验的用户配对，以确保他们跟上速度，同时还提供了一页好评撰写指南。

谷歌使用多种方法来扩大实验影响，其中一个很成功的方法就是即时教育。对于实验设计，通过核对表向实验者提出一系列问题，从"你的假设是什么？"到"你将如何衡量实验成功？"以及"你需要检测多大的变化？"一直到功效分析方面的问题。因为教会每个人做适当的功效分析是不切实际的，所以清单有助于确保实验通过连接到功效计算器等工具来获得足够的功效。

谷歌还有一个由专家组成的"实验委员会"，他们发现第一次审查时，实验者需要手把手地教。在随后的实验中，实验者需要的帮助越来越少了，都变得更快、更独立。实验者具备经验后，开始教他们的团队成员。一些实验者甚至可以成为专家并进行审查。一些团队自己就有足够的专业知识，可以跨过清单审查的过程。

与实验设计时的核对表类似，定期的实验评审会对分析结果进行即时审查。在这些会议上，专家检查结果时，首先关注可信度，特别是对于首次实验的实验者，需要进行深入有效的讨论，得出实验者的实验是否可以全量的建议。这些讨论拓宽了对目标指标、保护指标、质量指标的理解，使开发人员更有可能在开发生命周期中预见这些问题。这些实验审查也是讨论失败实验的原因并从中吸取教训的机会，因为许多高风险、高回报的想法在第一次迭代中并不会成功，从失败中学习，并提炼这些想法，促进进一步的优化至关重要。另外，专家组还可以进行整体分析，以发现更大视角的规律。

除了上面谈到的培训、流程的建设，还有几个方面对于文化建设、丰富文化建设的内涵和扩大实验的影响也非常有价值。

1. 更智能的工具

当实验适合于企业现有的流程并使它们变得更好时，更容易让其他团队采用。微软和谷歌的一些团队开始将实验作为向所有用户推出安全功能的一种方式。在部署过程中，AB 实验会自动运行，因为部分用户（实验组）会逐渐打开该功能，而其他用户（对照组）则没有打开该功能。在实验功能推出期间，该功能对关键可靠性和用户行为指标的影响评估帮助实验者发现错误。随着时间的推移，功能团队看到实验的价值，更愿意通过实验来测试更多的假设。

2. 更长远的价值

当专家们看到变化中的模式时，比如看到实验的影响如何与之前类似实验相关，以及如何在分析中进一步检查这些相关，可能导致用户体验的改善和关键指标定义的更新。

我们注意到实验分析回顾的意想不到但积极的结果时，将不同的团队聚集在一起进行讨论，以便相互学习。前提是，团队确实需要在相同的产品上工作，并且共享相同的衡量标准和 OEC，以便有足够的共享上下文来学习。如果团队过于多样化，或者工具的成熟度不足，那么这次会议可能不会有成效。这种类型的评审可能在步入成熟期后期或在成熟期的运行阶段开始有效。

通过实验平台或者实验交流，我们可以广泛地分享从实验中学到的知识，无论是从观察多个实验的专家那里获得的知识，还是从单个实验中获得的知识。这个想法可以通过定期时事通信、精心策划的主页、附加到实验平台以鼓励讨论的"社交网络"等方式来实现。

为了让实验取得成功并扩大规模，还必须有一种围绕智力完整性的文化：学习是最重要的，而不是结果。从这个角度来看，实验影响的完全透明是至关重要的。

- 计算多个指标，确保重要指标（如 OEC、保护指标等）在实验仪表板上高度可见，以便团队在共享结果时不会挑剔。
- 发送时事通信或电子邮件，介绍令人惊讶的结果（失败和成功），对之前的实验进行元分析以建立直觉，目标是强调学习和所需的文化支持。
- 如果对重要指标产生负面影响，实验就很难推广。一般来说，直接阻止实验可能会适得其反，更好的做法是建立一种平等透明的实验文化氛围，让指标受到关注，对有争议的决定可以公开讨论。
- 从失败中学习。大多数想法都会失败，关键是要从失败中吸取教训，以改进后续的实验。

3. 更全面的激励

微软通过为每个团队提供一份实验报告卡来评估实验成熟度，从而鼓励在团队中采用 OEC。这份成绩单为团队提供了一种利用实验改进产品的方法。它使团队能够衡量其在其他团队中的地位和相对地位，并有助于突出他们可以投资的关键领域。

14.5　国内 AB 实验的开展情况

在国内，各大互联网公司都有自己的 AB 实验平台。公司架构和发展路径不同，AB 实验的成熟度，以及在具体实施 AB 实验的过程中采用的方式也有所不同。

1. 字节跳动

据字节跳动副总裁杨震原介绍，公司成立之初就在做策略推荐类的 AB 实验。2016 年，字节跳动建立了支持大规模产品实验的 AB 实验平台，之后陆续接入抖音、西瓜视频等全线业务，把 AB 实验应用在产品命名、交互设计、推荐算法、用户增长、广告优化和市场活动等方面的决策上。

字节跳动每天同时进行的 AB 实验达到上万场，单日新增实验数量超过

1 500 个，覆盖 400 多个大大小小的业务。随着公司业务发展，这些数字还在不断扩大。截至 2021 年 3 月底，字节跳动累计进行超过 70 万次 AB 实验。2021年 4 月，字节跳动的 AB 实验工具通过火山引擎开放给企业客户。

字节跳动采用通用 AB 实验中台 + 项目分析师的模式，中台主要提供基础实验工程能力，包括分流、实验下发、实验数据计算等通用能力。分析师从项目初期介入，对整个 AB 实验过程的科学性提供支持和保证，其中包括实验方案设计、最小实验流量预估、预计实验运行中实验数据合理性验证、实验运行时间的判断，以及实验效果分析评估报告的产出，整套实验相关的数据主要由分析师负责产出。这是一种比较高效的模式，公司级别强有力的中台大大节约了各个业务团队的研发资源，避免每个团队重复造轮子，节省了维护成本，而且平台的稳定性和可靠性都得到了很好的保证。

分析师项目制的跟进模式有以下好处。

- 项目制的跟进很好地满足了业务快速响应的需要，这也使得分析师有了项目归属感。
- 实验分析具有一定的专业门槛，不建议非专业人员进行实验分析，特别是实验结论的产出要非常谨慎。

由实验分析师专门分析实验，不仅可以减少实验结论错误的概率，还可以从大量的实验分析案例中总结和沉淀经验。值得一提的是，业务团队的成绩也就是 OKR，在很多时候都是通过实验结果来举证的，如果实验结果完全由业务团队产出，就避免不了一些带有倾向性的结论，尤其是当实验结果处于模糊地带的时候。现实的情况是，很多时候实验的结果是不显著的，如果没有规范的实验结论产出流程，以及独立于业务团队的第三方来监督，就留下了人为操作的空间，这也会带来一些的隐患。

2.百度

百度的实验平台叫 Gaia，由 UBS 部门负责实验。UBS 部门负责搭建实验平台，制定统计分析框架。主要业务包括搜索、信息流、手机百度、好看视频、全民小视频、贴吧，重要的实验都是由 UBS 经过评估，给出结论和建议，简单实验的业务方可以根据平台自己评估。每一个大业务线（搜索、feed、富媒体）下面有一个小型数据科学团队跟进，负责相关的宏观分析、增长分析。

3. 美团

美团的实验平台叫地平线，有专门的实验平台负责部门，负责搭建平台和解决问题，数据是集团统一输出的。实验创建和实验数据解读由各个业务部门自己完成，核心的业务有专门的数据分析师跟进分析，小业务都是产品线自己跟进分析。

4. 阿里巴巴

阿里巴巴拥有业内领先的数据中台，旗下各个业务线的数据汇集到数据中台，采用 oneid 体系，实现互通互用，为后期的数据分析和应用打下了坚实的基础。目前实验平台还没有统一的中台，很多业务线都有自己的 AB 实验平台，这和腾讯目前的状态比较类似。两家公司的规模都比较大，业务形态各异，发展阶段不同，都收购了大量的业务，实现完全统一有比较大的困难。以阿里的大文娱线优酷为例，长视频内容很多是花费重金购买版权的，内容上线后需要全力推广，对 AB 实验的依赖和需求相对弱一些，更倚重内容和运营驱动。

5. 腾讯

在腾讯，根据业务分为不同的事业部，各个事业部都有自己的实验平台，如微信的 X 实验平台、广告线的 AMS 系统，以及 PCG 正在建设的实验中台 TAB 等。在 PCG 中，各个业务部门都有自己的实验系统，比如新闻有方圆实验系统、看点有阿拉丁实验和骤马实验平台等。

大部分实验分析都是在业务线进行的，各个业务线的分析师和业务团队一起完成实验解读，处于一个相对灵活的组织模式，以业务为主导。

以腾讯某内容团队为例，其实验分析决策的流程如图 14-2 所示。实验科学团队会对一些重点以及跨业务线的实验分析需求提供支持，对于不符合预期的异常实验，会在评审后做进一步跟进。同时，业务分析团队也会在内部进行一些简单的实验分析。所有实验的分析结果与实验决策都会由实验决策委员会做最终判定。

国内对于实验平台的建设是比较重视的，实验流程的规范性、实验的文化建设、实验沉淀、深入研究等方面还需要进一步探索。

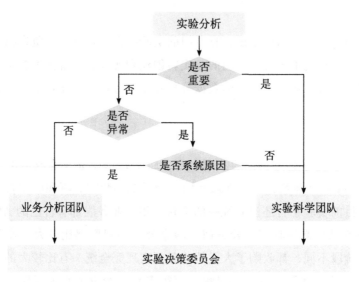

图 14-2　腾讯某内容产品实验分析决策流程

14.6　实验成熟度模型

根据企业基础设施、文化建设以及实验量的情况，可以将数据驱动分为 4 个阶段——爬行阶段、行走阶段、奔跑阶段和飞行阶段，这 4 个阶段也被称为实验成熟度模型。

- 爬行阶段：目标是构建基本的实验条件，特别是工具和基本的数据科学能力，计算假设检验所需的汇总统计数据，以便于设计、运行和分析实验，并且积累几个成功的实验。成功意味着实验结果对于指导前进方向有着重要意义，这对于产生前进到下一个阶段的动力至关重要。
- 行走阶段：目标从构建基础条件和运行几个实验，转移到重点定义标准指标和运行更多实验。在此阶段，将通过验证工具、运行 AA 实验和采样率不匹配测试来提高信任。
- 奔跑阶段：目标转向规模化运行实验。指标是全面的，目标是达成一致的指标集，或者编写捕获多个指标的 OEC。企业通过实验来评估大多数新功能和更改。
- 飞行阶段：运行 AB 实验，作为每次更改的标准。特征优化团队应该擅长分析大多数实验，特别是简单的实验，而不需要数据科学家的帮助。这个阶段的重点转向自动化，以支持大规模的实验。与此同时，建立机构记忆，这是所有实验和所做变化的记录，便于从过去的实验中学习，分享令人惊讶的结果和最佳实践，目标是改善实验文化。

粗略的经验法则是，在爬行阶段，大约每月运行一次实验（约 10 次 / 年）。每个阶段的实验数量增加 4 ～ 5 倍，行走阶段将大约每周运行一次实验（约 50 次 / 年）。奔跑阶段大约每天运行一次实验（约 250 次 / 年），当达到数千次 / 年时，就会进入飞行阶段。随着组织在这些阶段取得进展，技术重点、OEC，甚至团队设置都会发生变化。不同的企业和组织可以基于以上的阶段特征找到对应的阶段，从而重点关注当前阶段的核心问题和难点。

第五部分

基于 AB 实验的增长实践

AB 实验作为产品增长的重要工具之一，其最终的目标是帮助我们达成产品目标，获得成功。有了这个强大的工具之后，对于企业来说，关键问题就是如何构建高效、基于AB 实验的数据驱动工作流。根据工作流每个阶段的重点工作，可以将整个过程归纳为 3 个阶段——构建想法、验证想法、沉淀想法。

第 15 章

构建想法：形成产品假设

　　构建想法阶段非常重要，是实验的输入阶段，构建想法的质量直接决定了实验的效果。如果这个阶段构建的想法不够好，意味着输入本身可能是低效、无效甚至负向效果的，那么 AB 实验阶段只能起到验证错误的作用，降低犯错的概率，而无法带来增长。构建想法阶段受较多因素的影响，而且涉及范围比较广泛，包括战略规划、产品规划、需求管理等环节，是一个复杂工程，需要有规划、系统性地开展。在构建想法的过程中，以目标为牵引，以数据为抓手，是比较直接和高效的方法。本章先从产品层面逐层分解，找出值得实验的想法，然后从数据出发，找出可能存在瓶颈的业务环节。这二者相辅相成，可以结合和相互佐证。

15.1　产品策划找方向

　　产品是一个企业的核心竞争力，不管是研发效率，还是效果评估，本质上都是围绕产品展开的。

　　做什么产品要基于企业发展的大局（即企业的使命、愿景、核心价值观），通过滚动式战略制定和执行来逼近愿景，如图 15-1 所示。

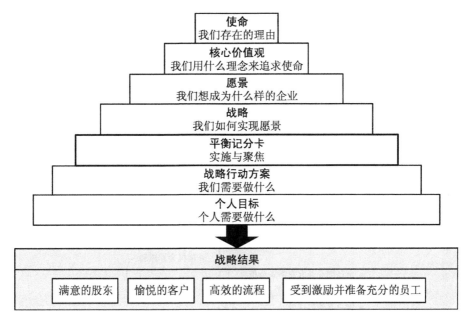

图 15-1　从使命到个人目标的战略结果逼近路径

为确保产品符合业务整体、长远的规划，需要制定战略规划，从更高的视角定位机会。制定战略规划比较常用的方法是使用 BLM（Business Leadership Model，业务领导力模型）。BLM 也被称为业务领先模型，是 IBM 在 2003 年研发的一套完整的企业战略制定与执行连接的战略规划方法。BLM 主要分为领导力、战略、执行和价值观四部分，企业转型和发展在内部是由领导力来驱动的，企业价值观是企业发展的底盘。

华为在 2009 年左右开始推行 BLM，将其作为战略管理的秘密武器，并获得了极大成功。BLM 从市场洞察、战略意图、创新焦点、业务设计、关键任务、正式组织、人才、氛围与文化以及领导力与价值观等各个方面帮助管理层在企业战略规划与执行的过程中进行系统的思考、务实的分析、有效的资源调配及跟踪，如图 15-2 所示。

BLM 中最关键的是市场洞察，通过看行业、看客户、看竞争对手、看自己，输出可能的产品机会点，再和战略意图进行匹配，最终确定要做的产品方向，如图 15-3 所示。

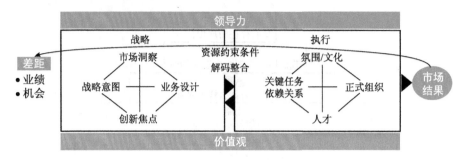

图 15-2 BLM

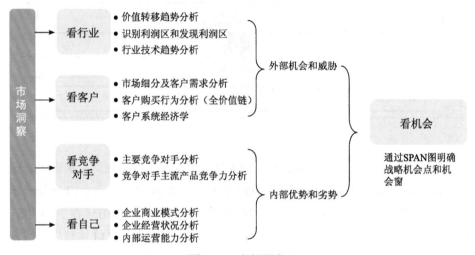

图 15-3 市场洞察

这一步只是确定了产品方向，颗粒度比较粗，还需要更进一步进行新产品的立项论证。产品立项一般采用 STP-4P1S 逻辑，如图 15-4 所示。STP 是指首先界定整个市场，一般从价值链和相邻业务角度去圈定市场范围；然后对市场进行细分，通过行业、客户、竞争、自己等维度进行比较，选出值得进入的目标市场；最后对目标市场进行深入分析，输出产品定位。

产品定位如何达成；产品如何设计；是云边端还是单纯的客户端，是否拆分出产品平台和技术平台；产品如何更新发布；产品的价格体系是怎样的，是一次性付费永久使用还是年费制；通过什么渠道触达客户，线下走什么渠道，线上走什么渠道；如何进行营销以促进客户使用和购买，广告、展会还是亲自拜访；客户使用产品以后，遇到问题如何提供服务，采用人工客服，还是自助服务、线上帮助文档等。这些问题都解决好了才能达成定位，让客户优先选择我们的产品。

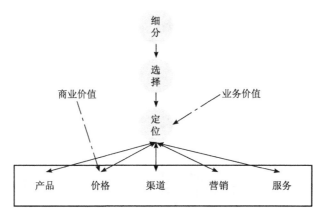

图 15-4　产品立项 STP-4P1S 逻辑

产品立项只是明确了产品定位和对应的理想商业模式，还需要选择切入点，探索演进路径，这就需要进行产品规划，如图 15-5 所示。

把产品定位对应的市场范围看成一个整体，然后进行市场细分，通过多个维度进行比较，选出切入点，通常切入点要满足 3 个要素。

- 赢：能够快速占领该细分市场。
- 利：占领细分市场后，能够获得可观的利润，从而让自身实力壮大，增加竞争力。
- 势：如果满足以上两个要素的细分市场不止一个，优先选择占领后对后续进攻其他细分市场更有利的一个。

至于演进路径，主要考虑三方面，单个细分市场如何扩张占领；细分市场之间如何演进，是挨个进攻，还是分兵进击；已占领的市场如何进一步深耕巩固，在获得更多利润的同时防止竞争对手反扑。

产品规划清晰后，落实到日常的每个版本发布中，每个版本通常由有限个需求构成，在众多需求中如何选择呢，需求实现后能否产生预期的价值呢？这就需要完善需求管理，如图 15-6 所示。

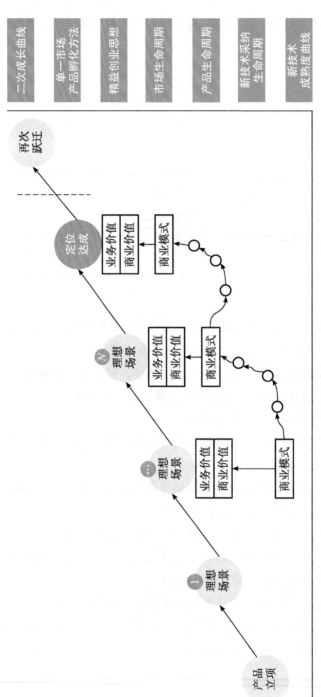

图 15-5　产品规划路径

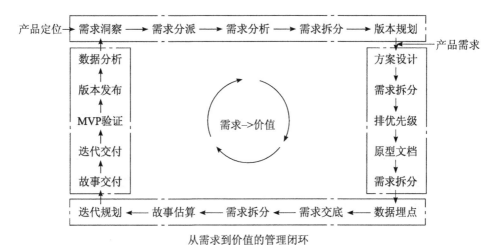

从需求到价值的管理闭环

图 15-6 产品需求管理

做好需求管理，需要将整个流程进行分解，分解成如图 15-6 所示的多个关键活动，尽量保证每个关键活动的输出是高质量的，最终实现从需求到价值的管理闭环。

一个个需求背后对应的是一个个产品假设。如何检验这些产品假设是否真的如我们所规划和设想的那样，就需要我们进行 AB 实验。

15.2 数据洞察找瓶颈

从数据的角度看，产品优化的目标通常是让我们期望的核心产品的指标实现增长。互联网产品常见的指标有 DAU、收入、时长、交易量等。增长是在一定限制条件下实现的，比如我们希望产品的 DAU 能从 100 万增长到 1 000 万，这需要花费一定的时间、投入一定的成本才能实现。如果没有成本的限制，理论上不停在渠道投放拉新策略就可以完成这个增长。

这些增长问题最终都转变为在一定条件下提升效率的问题。互联网行业的几个主要产品类型，电商产品、内容产品、O2O 服务产品等，核心就是供给与需求的问题，产品的核心任务是提高供给与需求的撮合率，同时提高平台收益。优化目标主要可以归结为以下几个方面。

- 人：增加用户规模支出和收益之间的平衡，通过渠道、红包、福利、补贴等手段进行 DAU 拉新、拉活、留存等，都属于这个范畴。

- 货：货（电商货物、信息流的内容、O2O 的商家服务、出行的车辆等）的供给品质、品类、效率是否能满足用户需求，是否需要增加或者减少某些品类的供应，如何才能更有效率地供货等，都是这一范畴需要考虑的问题。

- 场：如何提高供需匹配的效率，比如打车软件司乘关系的订单匹配、电商的商品推荐、内容的推荐等，如何在用户体验与增加收益之间取得平衡等，都属于场的问题。

在同一个产品中，可能同时存在多个问题，解决这些问题可能会由不同的部门负责，虽然从业务视角看，不同问题的侧重点有所不同，但从数据的视角来看，有一些方法和步骤是通用的，可以归结为以下几个关键环节。

第一步，构建全局数据链路。

数据是需求洞察的重要依据，数据探索和分析是需求洞察的重要手段。产品的数据探索并不是一件轻而易举的事情。最常见的问题是，某个方向的业务人员从自己的局部视角出发，找到一些自己感兴趣的点或者他视野范围内认为可以改进的点。这样做虽然不一定是错的，但是很容易让局部视角影响全局优化路径。这就是我们经常看到的抓小放大、顾此失彼的情况。

回想一下，当你以一个旁观者的视角去看其他团队或者产品的实验列表时，是否有过这样的疑问：这个功能重要吗？为什么要在资源这么紧张的情况下去优化一个看起来不那么重要的功能？在数据探索阶段，需要采用系统化、结构化的方法，否则很容易迷失在各个零散的功能数据、过程数据中。

避免这种问题的方法是先建立产品的全链路数据全景图，标记可能影响指标的策略因素，然后找出当前产品中的薄弱环节，并预估可能改善的空间，以数据为基础，为业务指出当前产品最需要解决的问题、最可能发展的方向。

建立全链路数据全景图，就是要从产品的全流程、各个视角建立观察和监控数据的矩阵。以内容型产品来说，用户视角的数据链路如图 15-7 所示，从用户如何来（拉新促活），到用户生命周期的持续（福利、成长与理解），到最终用户的商业变现。

渠道拉新　　　用户促活

用户理解
福利承接
用户成长

用户消费
商业收入

图 15-7　用户视角数据链路

内容视角的数据链路如图 15-8 所示。

申请发文	100%
发文成功	94%
内容合格池	83%
内容推荐池	45%
频道合格池	40%
频道推荐池	39%
频道索引池	38%
有曝光	37%
有消费	36%

图 15-8　内容视角数据链路

推荐视角的数据链路如图 15-9 所示，包括索引、召回、粗排、精排、展控，指标体系主要围绕转化路径展开。因为推荐的目的是撮合人和内容，所以转化路径不仅包括内容，还应该包含人。

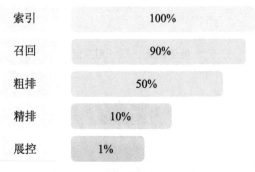

图 15-9　推荐视角数据链路

内容产品的全局数据链路如图 15-10 所示，包含用户、内容、商业收入的整体视角。

第二步，寻找瓶颈环节。

有了完整的数据链路全景图后，我们需要从整个链路中寻找关键环节和可以优化的环节，找到产品发力的突破点。可以优化的环节通常是那些表现力较弱的环节。弱是一个相对概念，需要寻找对比的基准。如果没有可信的基准，强弱的判断就是没有依据的。基准来源主要有以下几个方面。

1）横向对比。横向对比是指和业内相同形态产品进行对比，即竞品的对比，比如快手和抖音、淘宝和京东。如果竞品的指标远高于自己产品的指标，说明还有一定上升空间。

2）纵向对比。纵向对比是指和历史水平进行对比，如果发现产品当前阶段某个指标有明显下滑，那么一方面需要数据启动归因，进行问题定位和分析，另一方面需要找到应对措施。

3）维度下钻。通过维度下钻，找到表现好的细分用户群体和领域，对表现差的用户群体进行分析，找到提升的策略。

第三步，问题归因和还原需求。

有了数据链路和突破点后，接下来我们需要进行产品层面的洞察和归因。这个过程的核心是将数据现象转化为对于用户行为、心理模型的理解。将数据还原到场景中，还原用户的需求，按照哪些用户需求没有被满足、如何做可以更好地满足用户需求这样的基本思路进行想法的探讨和构建。

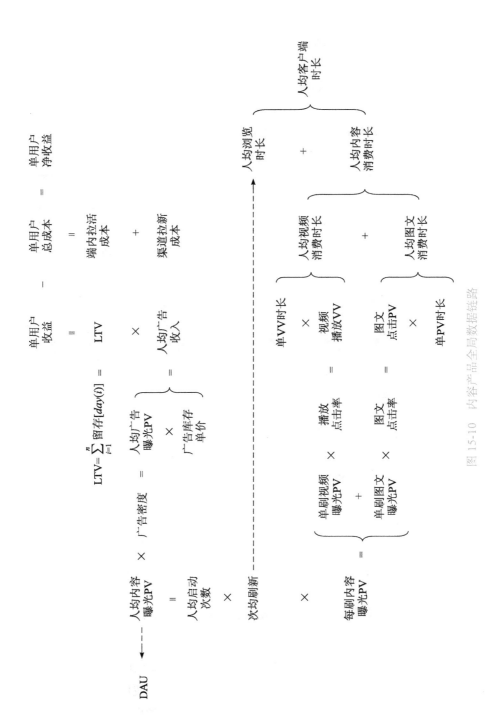

图 15-10 内容产品全局数据链路

以滴滴的 GMV 指标为例，由用户、人均发单数、成交率、每单单价组成，如图 15-11 所示。每个指标都可以分解为不同的影响因子。比如用户分为新用户和老用户，新用户的主要链路是提高下载转化率、注册转化率以及首单转化率，注重用户习惯的培养；老用户主要看整体下单转化率、消费习惯、价格敏感度等。人均发单数指标可以通过动态调价、时间优化等提升用户体验的方式，来提升用户叫车的频率。成交率主要受供应侧的影响，可拆分为司机应答率和应答后的取消率。应答率可以从调度优化、拼车、专车等多种途径和用车场景来优化，而应答后的取消率可以采用惩罚措施、设置合理上车点等方式来降低。每单单价需要综合竞品、出租车等市场因素来考虑，在竞争激烈的时候通过提供补贴等方式留住司机和乘客，在市场占有率提升的时候提升价格，获取利润。

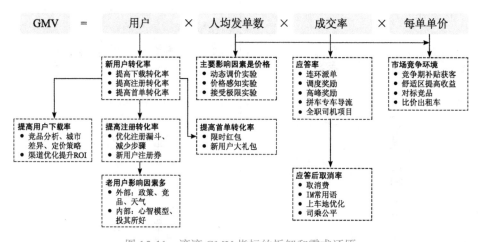

图 15-11　滴滴 GMV 指标的拆解和需求还原

特别需要注意的是数据分析与需求洞察之间的转化，普通的数据分析手段主要提供了相关性分析，不能提供因果性分析，从数据分析转化到产品洞察的时候需要慎重。

有两个方法可以帮助我们更好地从问题和数据中还原用户需求。

1. 第一性原理

第一性原理是指打破一切知识的藩篱，回归事物本源去思考基础性的问题，在不参照经验的情况下，从物质、世界的本源出发思考。我们能够真正地去思考一些基础的真理，并且从中论证，而不是类推。在日常生活中，人们通常通过类推思考问题，习惯采用比较思维，通过过去推测未来，通过他人类比自己。然而这种简单类推的方式通常是徒劳的。世界上不存在两片相同的叶子，在创新和变化都更为迅速的数字时代，当你想要做一些创造性的改变时，最好运用第一性原理来思考。

2. 以用户为本

产品是为用户服务的，腾讯的产品在业界认可度比较高，与其一直秉持的以用户为本的理念分不开。说出以用户为本的口号不难，难的是在做产品的过程中一直坚持以用户为本，特别是面对很多实际问题的时候，比如公司营收压力、团队 KPI 考核，坚持以用户为本还需要面对众多的调研报告、数据分析，并将它们转化为对用户的理解和洞察。

第 16 章

验证想法：AB 实验实践

验证想法就是实践 AB 实验的过程，可以分为实验假设、实验设计、实验运行、实验分析和理解、实验决策 5 个环节，本章分别就每个环节中需要关注的关键问题进行讨论。

16.1 实验假设

实验假设即基于公司战略和产品规划、需求洞察、数据探索等得到的想法。构建实验假设和实验方案时，因为不确定这些想法是否符合产品预期，能否带来期望指标的提升，所以需要设计相应的 AB 实验去量化验证。

在构建实验假设的时候，尽量满足 3 个基本原则——目标性、可归因、可复用。这 3 个原则中，目标性和可归因是必选项，可复用是可选项。

16.1.1 目标性

实验假设要有强目的性，如果没有明确的目标，泛泛而论，可以做的实验有很多，选择空间太大。实验前需要明确本次实验的假设是什么，需要验证什么结论，如何设计实验以达到这个目标。如果没有明确的目标，就像没有指南针的团队一样，方向不统一，效率就会变低。如何做到实验假设清晰，目标性强呢？可以通过明确实验的 3 个关键要素来把控目标性。

- 实验目标：将 X 指标提升 $\alpha\%$。
- 实验策略：通过新增和优化 Y 功能、策略、算法等，到达实验目标。
- 数据和调研支持：数据和调研发现 Z。

以红包福利提升用户活跃度为例。

- 实验目标：用户留存率提升 $\alpha\%$，进而将 DAU 提升 $\beta\%$。
- 实验策略：通过发放红包、签到领现金等策略提升用户 DAU。
- 数据和调研支持：有调研数据表明，为用户发放红包等福利可以提升用户回到 App 的动力，从而提升用户留存率。

在实验假设中，要提升的指标如留存率、DAU 必须是明确的。指标提升的幅度如果难以预估，可以不做强制性要求，大部分时候指标提升幅度也只能粗略预估。最忌讳的是对于实验目标和预期提升实验指标，无法事先明确提出，而是在做完实验以后，看看哪个实验指标提升了，反过来去解释这个增长。这无异于在随机做随机实验，变成碰运气，失去了实验的意义。实验的意义在于验证那些有较高概率成功的假设，带着指南针前进，而不是在大海中盲目、随意航行寻找漂流瓶。

16.1.2　可归因

AB 实验有别于常规数据分析的最大优势是可以量化归因。在实验过程中，需要通过良好的实验分组设计，才能实现影响因子可以定位、效果可以量化归因。实验设计时需要遵循的基本原则是，确保进行对比的两个组之间"仅存在一个变量"，即只有一个特征存在差异，以保证对实验效果进行准确归因或量化。

举例来说，有两个优化策略，策略 A：改变字体大小，策略 B：改变字体颜色，需要评估这两个策略的效果。我们既想看到单个策略的效果，也想看到复合策略的效果，可以如表 16-1 所示设计实验组和对照组，就能比较完整地观测到各种情况下实验效果。

表 16-1 实验设计可归因性

分组	策略 A：改变字体大小	策略 B：改变字体颜色
对照组	0	0
实验组 1	1	0
实验组 2	0	1
实验组 3	1	1

首先，设置一个对照组，对照组保持原来的策略，即字体大小和颜色都不变。然后，设置 3 个实验组，分别修改字体大小、字体颜色、字体大小和颜色。

- 如果想看改变字体大小的影响，对比实验组 1 和对照组。
- 如果想看改变字体颜色的影响，对比实验组 2 和对照组。
- 如果想看同时改变字体大小和颜色的影响，对比实验组 3 和对照组。
- 如果想看改变字体大小的情况下，叠加改变字体颜色的影响，对比实验组 1 和实验组 3。
- 如果想看改变字体颜色的情况下，叠加改变字体大小的影响，对比实验组 2 和实验组 3。

在实验对比的时候，我们尽量将变量单一化，也就是实验组和对照组之间，只有单一因素的变化，否则很难定位变化究竟是哪个因素带来的，以及每个因素产生了多大的影响，也就无法起到实验量化归因的作用。

16.1.3 可复用

可复用是指实验策略能够覆盖更多的用户群体、更多的场景、更多的产品，发挥更大的价值。这是一个优先级比较高的选项，却不是必选项，因为有一些实验不具备这种泛化能力。在众多实验中，具有更好通用性和能影响更多潜在用户的实验具有更高的优先级。对于那些局部的实验，以及对用户影响非常有限的实验，即便可能带来的收益很大，总体摊薄收益很低，也应该相应地降低优先级。

做一个 AB 实验的成本其实很高，从前后端功能开发、UI 设计，到数据收集、数据分析、计算资源等，牵动的是一整条产品线的人力和资源。如果在实验假设的时候，能做到上面三点，就能尽量避免浪费实验资源，对于提高实验的成功率也有所帮助。

16.2 实验设计

完成实验假设后，下一步进入实验设计阶段，需要考虑的问题包括实验样本选择、实验指标设计、实验流量计算、实验周期预估等。

16.2.1 实验样本选择

实验样本选择有几个问题需要考虑。

首先是实验随机化单元的选择，在第 4 章讨论了随机化单元的各种类型和优缺点。一般来说，用户粒度的随机化单元是最常见的选择。

其次是实验目标群体的选择，即选择实验的目标参与用户，这涉及实验的触发时机以及后续的实验分析。抽取实验样本的方法可以分为两种：静态随机抽样和动态筛选抽样。

静态随机抽样是针对符合条件的用户进行无差别的随机抽样。例如，选择全量用户中的 5% 进行实验；选择女性用户中的 10% 进行实验；选择前三周活跃，近一周沉默的用户进行实验。常见的静态属性包括用户地理位置、性别、年龄、平台和设备类型、行为属性等。静态随机抽样主要是指在抽样前，抽样的用户是根据既定的用户属性确定好的，在实验开始前，抽样用户的范围已经选好，比如在实验开始前就清楚，只有女性用户会被选到实验中。

动态筛选抽样是相对于静态随机抽样而言的，是指用户进入某项产品功能时，才触发实验。比如，选择进入 App 首页，并且能够曝光"签到弹窗"的用户进行实验；对进入购物车页面，触发了"购物车红包"的用户进行实验。这种动态筛选抽样都是根据用户的行为，实时触发进入实验的。在实验开始前，我们并不知道哪些用户能进入，只有实验开始后才能知道哪些用户进入实验。

这两种抽样方式最大的差异体现在后续实验效果的计算上。

如果是静态随机抽样，实验效果可直接换算成全量。下面通过一个发放红包的例子来举例说明。

大盘 DAU 为 1 000 万，如果从大盘中随机选取 20%，也就是 200 万用户进行实验，实验组 DAU 提升了 5%，实验全量后的效果为提升 5%×1 000=50 万，提升后总 DAU 为 1 000+50=1 050 万。

大盘 DAU 为 1 000 万，其中男性 600 万，女性 400 万，从女性用户中随机选取 20%，也就是 80 万用户进行实验，假设实验组 DAU 提升了 5%。这里需要注意的是，如果要换算大盘的效果，首先要按照男女比例换算大盘比例，不能直接换算为大盘总量。实验全量后的效果为提升 5%×400=20，总 DAU 为 600+400+20=1 020 万，总 DAU 提升率为 20÷1 000=2%。

通过动态筛选选择样本，无法把效果直接换算为全量，这是因为不具备按比例缩放的基础，进入实验的用户与剩下的用户不是同质的，也无法按比例放大。比如版本升级的时候，升级的用户往往是那些更为活跃的用户，人均活跃度、活跃时长等都高于大盘，无法按比例预估大盘的总体提升。以点击进入某功能后触发实验为例，动态筛选样本选择 5% 的实验流量，有 1 000 万总用户，当进入该功能的触发实验的用户达到 50 万时，后续进入该功能的用户不再触发实验。在剩余的 950 万用户中，有一部分会进入该功能，还有一部分不会进入该功能，我们无法知晓这个真实的比例，进而也无法预估实验全量后的效果。

实验样本选择练习

（1）某个电商 App 想做一个价格感知的实验，测试是否对用户展示 99.9 元的价格相比于 100 元的转化率更高，请问在什么时机进行实验分流能更精准地命中参与用户？

A. 用户打开 App 时，进行流量请求。

B. 商品曝光时，进行流量请求。

C. 打开 App 后，商品曝光给用户前，进行流量请求。

D. 用户下单前进行流量请求。

（2）产品有 100 万 DAU，目前实验系统将用户分为两层，推荐策略层和样式层，样式层 100% 的流量正在上线一个实验，测试全局背景颜色是黑色还是白色；推荐层正在上线一个实验，测试对比根据标签召回还是根据二级分类召回队列。请问推荐层的一个用户身上最多命中了几个实验？

A. 1　　　　　　B. 2　　　　　　C. 3　　　　　　D. 4

（3）以下哪个实验适合采用全量大盘用户随机抽样的方式？

A. 验证 2 种不同的弹窗落地页样式对于落地页转化效率的影响。

B. 验证福利红包策略对提升下沉人群 DAU 的作用。

C. 验证首页信息流推荐算法中引入某个特征后点击率的变化。

D. 验证新用户免 3 天广告策略对新用户留存率的影响。

答案：B、C

16.2.2　实验指标设计

在实验假设环节，确定了本次实验的目标，以及需要观测的实验指标。只知道实验指标对于实验观察和分析来说是不够的，还需要一些过程指标来辅助观察实验中发生的变化，以及一些保护指标来防止产品的性能、公司的长期利益等受到损害。

- 结果指标，实验最终需要提升的指标，比如 DAU、活跃天数、GMV、订单数、广告收入、消费时长等，用来衡量实验效果的关键指标。
- 过程指标，实现最终指标所必需的关键环节指标，比如点击率、转化率、下单率等中间影响环节。
- 保护指标，特别注意策略伴随的一些负向影响，可能会导致用户流失，比如卸载率、跳出率、系统响应时间、算法兜底率等。

电商优惠券实验设计案例

某电商产品目标是提升用户的人均消费额，包括 App 启动、浏览商品、商品加购物车、发起结账、完成结账等场景和环节。如果在结账页面设计一个满减优惠券（比如满 50 元减 10 元），如何设计实验的观测指标，验证是否能通过提升订单转化率来提升总收入。

首先需要监控用户的行为转化路径：打开 App 的 UV、加购 UV、发起结账 UV、结账完成 UV，这个路径的作用在于可以观测各个转化节点的转化率，包括是否受实验影响，以及每个环节的转化率，作为后续优化的重要参考。

基于这个用户路径，考虑实验的核心指标——收入。需要明确的是，只有进入结账页面，并且看到了满减优惠券的用户，才是真实被实验影响的用户。因为需要观察的最终目标是收入提升，所以一般情况下，为了消除实验分组时 UV 不完全一致对于总收入的影响，多采用人均收入，用来评估人均收入的分母，应该是结账页面的曝光 UV，也就是看到这个满减优惠券的用户数。需要注意的是，如果计算 ROI，还需要从总收入中减去补贴给用户的优惠券。

16.2.3　实验流量计算

实验的规模，即实验参与用户数量，直接影响实验结果的精度。如果想要检测出一个小的变化，或者对实验结论更有把握，需要更多的用户来做更大流量的实验。为了达到一定的实验精度和实验置信度，需要参与实验的用户量满足最小样本量。在第 4 章有关于如何计算最小样本量的详细介绍。在多数实验平台上都会提供该功能，以方便实验创建者选择更合适的实验流量。

在实际的工作中，经常会出现流量不足的情况，导致无法满足最小样本量的需求。当出现实验流量不足的情况时，我们可以采取以下措施来弥补。

1. 延长实验时间

如果实验流量不足，可以采用时间换空间的方式，延长实验时间以积累更多的样本。采用这个方法的前提是，在计算实验样本时，采用了累计式的样本计算方式。由于累计式的计算方法计算代价比较高，很多实验平台在实现时只提供了按天处理的方法，在这种情况下，延长实验时间也没有办法解决实验流量不够的问题。采用延迟实验时间的方法还有一个局限性，就是有些指标是不能累计的，比如次日留存率、DAU 等，对于只能按天处理的数据，就不能通过延长时间的方式解决流量不足问题。

2. 采用方差更小的指标

采用更小方差的指标，可以降低实验最小样本量的需求。比如使用"是否购买"这样的二元指标（即用户是否购买了，而不考虑购买金额），而不是使用"每用户收入"作为实验指标，标准误差将会更小。标准误差的减少意味着我们使用更少的用户，就可以获得相同的实验灵敏度。前提是产品可以接受用新指标作为衡量策略的标准。

3. 调高检测精度

如果提高需要检测精度的绝对值，比如最小精度从 0.5% 提升为 1%，就可以减少对于实验用户量的需求。这样做的前提是提升最小检验精度不会影响业务评估。有些业务指标的提升本身就是比较困难的，大部分实验都只能提升0.5% ~ 1%，如果简单粗暴地把检验精度提升为 1%，后果就是大部分实验都呈现出无显著效果。实际上有一些实验策略是正向的，这样也会造成团队资源的浪费，错过一些有正向效果的优化策略。

4. 过滤实验用户增加实验触发条件

通过增加实验触发条件的方式，让进入实验的用户更加精准。比如有一个实验只对进入特定二级页面的用户生效，实验在产品一级入口处调用并且上报命中用户，这样会有很多没有参与实验的用户进入统计，稀释实验效果。增加实验的触发条件，在二级页面调用实验，上报命中，这样就避免了效果被稀释，可以降低对样本量的要求。

5. 重启实验

如果以上办法都不可行，只能等待流量释放后，有足够的流量再开始一个满足最小实验流量的实验。

下面通过一个案例来理解最小样本量在实验分析中的作用。

在签到领现金策略的实验中，准备了 3 组红包样式和一个对照组，随机选取 250 万用户下发，比较实验效果，如表 16-2 所示。假设本案例中预估 0.1%的点击率差异，最小样本量为 240 万；预估 0.5% 的点击率差异，最小样本量为50 万。下面根据假设给出几个实验组的实验结果点击率排序。

表 16-2　签到领现金红包样式实验

	A：实验组 1	B：实验组 2	C：实验组 3	D：对照组
投放样本量	250 万	250 万	250 万	250 万
曝光样本量	60 万	60 万	60 万	60 万
点击率	10.8%	10.7%	10.3%	10.2%

首先，点击率 = 点击量 / 曝光量，曝光的用户是真正被影响的用户，这里最小样本量需要综合曝光样本量而定。

其次，曝光量均为 60 万，根据这个最小样本量只能判断出 0.5% 的点击率差异。换句话说，如果实验组和对照组的点击率差异低于 0.5%，那么无法判断实验差异的显著性，在这个用户量级下只能视为无差异，如果需要更精准的判断，需要增加用户样本量。

最终排序：A、B>D，A>C，表示 A、B 的点击率是显著大于 D 的，A 的点击率也是显著大于 C 的，因为 A、B 和 D 的差异，所以 A 和 C 的差异都达到了 0.5%。由于 B 和 C 的差异没有达到 50 万的检出差异，因此无法判断 B 和 C 之间的关系。同理，因为 A 和 B、C 和 D，差异都只有 0.1%，其用户量不足 250 万，所以无法判断大小，这个差异可能是随机波动造成的，也可能是真实存在的差异，由于检测精度不够，因此无法检出。

这里有一个投放样本量，其实是无效信息。点击率看的是曝光样本量，曝光的样本才是真正参与实验的样本，而不看投放样本量。要比较点击率的高低，真实实验样本量只有 60 万，只有 0.5 的差异是可以比较的，而没有达到 0.5 的差异都是不可比较的。

16.2.4　实验周期预估

在实验设计中，实验需要运行多久也是需要考虑的。一般用实验所需的最小样本量和单位时间内有效用户的流入量进行粗略估计。

实验持续时间 = 最小样本量 / 单位时间的有效用户流入量

在实际计算中，简单的做法是把每天进入实验的用户都作为一个独立用户。这种计算方法有一个潜在问题，不同实验对象之间不是完全独立的。如果把实验期间同一个用户作为一个实验对象，需要多天去重，在估计实验持续时间的时候要考虑用户累计的递减效应。在线实验中，由于用户随着时间的推移逐渐进入实验，实验运行的时间越长，实验获得的用户就越多。这通常会增加统计压力，如果要测量的指标累计了，例如会话数量，并且方差也增加了，则会出现例外情况。考虑到同一用户可能会返回实验，随着时间的推移，用户累计率也可能是次线性的，如果在第一天有 N 个用户，则两天后将拥有不到 $2N$ 个用户，因为有些用户在两天里都会访问，所以如果采用独立累计的用户计算方法，需要将这个因素考虑进去。

得到了预估的实验周期后，还需要考虑其他时间影响因素。

- 工作日效应：周末的用户数量可能与工作日不同，即使是同一个用户，在工作日和周末也可能有不同的行为。重要的是确保实验捕捉到每个完整的周期，建议进行至少一周的实验。

- 季节性和突发事件：在一些特殊情况下，用户的行为可能会有所不同，这一点很重要，比如节假日、寒暑假、开学季、热点大事件、双十一大促等。如果产品是一个全球用户性产品，地域之间的差异可能也会产生影响，例如礼品卡在圣诞节期间的销量可能会很好，在一年中的其他时间就不那么好了。实验观测应该尽量避免这些特殊时期。如果实验刚好处于这些特殊的时段中，应该适当延长实验的持续时间，以获得更多稳定时段的数据，为实验结果提供更可信的数据支持。

- 首因效应和新奇效应：有些实验的初始效应往往较大或较小，需要时间才能稳定下来。例如，用户可能会尝试点击一个设计新颖按钮，由于发现它没有用，因此随着时间的推移，点击该按钮的次数逐渐减少。实验需要时间来建立采用者基线。

正常情况下，建议实验周期至少为一周，时间太短容易遇到干扰，而且大部分用户行为在周一到周日的表现有较大差异。

16.3　实验运行

实验运行的过程中有 3 个核心阶段——实验上线、实验停止和实验放量。每个阶段都有一些关注点和注意事项。

16.3.1　实验上线

1. 实验上线前

实验上线前，需要做好一些准备和检查工作。

- 检查产品的基本流程，包括新策略在产品交互、体验、逻辑上有没有明显缺陷和负反馈。

- 检查实验设计，包括实验组可分流、实验流量充足、实验指标可计算。特别是一些新功能需要检查新增埋点指标是否完成数据上报、是否按照规范进行字段设计和存储，以及数据的存储时间、数据计算的 Pipline 是否完善。

2. 实验上线后

实验上线后，需要及时检查实验是否正确上线了，一般采用的方法有两个，一是个体校验，主要是通过白名单和日志抓包等方法进行个体抽查和检验；二是指标校验，主要是检查各项实验指标是否在正常的范围内。

（1）白名单体验和日志抓包

把测试账号加入实验组白名单，就可以从用户的视角来看实验是否真正生效了，如果是用户可以明显感到变化的 UI 和功能类实验，比如检查优惠券提示是否正常，弹窗是否正常弹出，用白名单就可以直接测试出。如果新策略的改变不是肉眼可见的，比如算法、搜索排序类策略，这个时候可以通过日志抓包的方式，检查策略在日志中有没有生效和体现。

（2）实验指标监控

当测试完白名单、日志都没有问题后，接下来要通过统计数据进行监控。指标验证主要考虑以下几个方面。

首先检查用户数量是否符合分流预期。实际进入实验的用户数要和预计分流的用户数吻合。如果采用百分比分流，比如某产品总 DAU 用户为 1 000W，10% 的流量进行 AB 实验，A、B 组分别占用 5% 的流量，那么在实验上线后的第一个完整天查看数据，A、B 组分别应该有 50W 的用户进入实验。

如果采用用户包分流，需要先进行转换，因为一般用户包都是采用所有累计用户的静态包，比如最近 3 个月内注册但是近 7 天没有活跃行为的用户，这包含了所有近期新注册且有可能流失的用户。需要首先估算用户包的用户占整体 DAU 的比例，如果无法估计，可以离线计算用户包的用户和当天 DAU 的交集数量，这就是实验组中用户应该达到的数量。另外，如果实验发布是与版本升级等有关系的实验，比如 App 的功能迭代和 UI 改版等，需要再考虑版本折损的因素。

以百分比分流为例，A、B 分组每组 50W，如果是一个新版本，新版本发布的一天，可能仅有 30% 的用户升级了新版本，这个时候，进入 A、B 实验组的用户就只有 50×30%=15W。累计一周后，升级新版本的用户占比为 80%，进入 A、B 实验组的用户为 50×80%=40W。

此时不要直接认为实验数据错误或者实验下发有问题。这时候首先需要检查不同组之间用户数量的偏差是否在合理范围内。比如三组实验，下发流量都是 5%, 实际看到实验组 2 的用户比例距离理想值差异很大, 即 (5.6%–5%)÷5%=12%, 偏差达到了 12%, 这已经超出一般偏差的范围了, 需要认真重新检查流量分配环节, 看看出现差异的原因, 是哪个环节出现了问题。

接着需要检查各组用户的各项指标是否符合产品常识。除了检查参与用户量, 还需要检查各个环节中的指标, 特别是一些新增功能点的数据, 由于是新增加的埋点, 经常存在数据漏报、错报和统计的错误。以签到领红包这个例子来说, 要检查从用户启动 App、用户进入弹窗页面, 到弹窗曝光、点击弹窗、完成签到, 这一系列行为数据是否都被正确地采集了, 而且各个环节的转化率有没有出现大幅低于或者高于经验水平的情况发生。

同时, 我们还需要监控实验组中用户常用的核心指标是否符合大盘的水准, 比如人均收益、人均时长、留存率、点击率等, 我们常作为实验观察核心的指标。这里需要特别说明和注意的是, 如果是针对特殊用户群体的实验, 那么有可能这部分用户的指标是和大盘的用户指标有较大差异的。比如针对新用户做实验, 而新用户的各项人均指标就会和大盘的不太一样。做分地域的实验时, 一线用户、二线用户的指标单独看也会和大盘的不一样。这个时候, 除了经验能给我们一些帮助外, 我们可以借助离线计算进行检查和验证。

最后需要检查各组间实验数据的差异是否符合预期。各个实验组的数据是否均匀, 一般在做实验的时候, 为了保障实验流量是均匀划分的, 并且可以相互校验, 会设置 AA、BB 多组实验, AA 是两组一样的对照组, BB 是两组一样的实验组, 对比 AA 之间、BB 之间数据的差异是否在合理范围内, 如果超出了一定的范围, 将其视为分组不均匀, 导致 AB 实验的可信度降低。

16.3.2 实验停止

当实验上线后, 有几类信号出现时需要及时停止实验。

- 实验异常: 通过及时地数据验证, 发现实验指标有异常, 实验组和对照组并未按预期命中策略。此时需要立即停止实验, 修复问题后再实验。
- 实验出现了明显的负反馈: 当实验收集了较多的用户负反馈, 甚至影响了产品的品牌形象时, 需要及时停止实验, 进行实验方案复盘和决策, 慎重决定终止该类实验或优化后继续进行。
- 实验效果出现了大幅负向: 实验正常并进入平稳状态, 实验用户和实周期符合实验要求，发现实验效果出现了大幅负向，严重影响了核心指标和营收指标等情况。除非这个效果在预料之中，否则应立即停止实验，排查清楚原因之后再决定是否继续实验。

在实验的过程中，难免会出现一些特殊的情况，我们总结了其中比较常见的一些情况以及应对方式。

1. 预先设定的检出精度偏高

实验运行后，发现预先设定的检出精度过高，无法检测出期望的业务提升效果，如果需要检测出更高的精度，需要更多的样本量。这个时候一般建议重新创建更大流量的实验。

在实际操作中，有时候实验人员为了节省时间，直接在原实验上增量扩量，例如直接在 5% 的流量上增加 5% 的流量。这个做法其实并不会节省多少时间，因为增量扩量也需要等待数据平稳，新进入的用户会引起数据波动，有时候，等待数据平稳的时间甚至比新开实验需要的时间更长。

增量扩量可能还存在流量不均的问题，新增加的用户和之前就在实验中的用户混在一起，难以区分。这时也难以通过离线回溯历史数据的方式验证分流是否均匀。一般除了用户感知比较明显的实验会为了保持用户体验的一致性而采用增量扩量，多数实验最好还是通过重新分配流量的方式来进行。

2. 数据遇到较大幅度的波动

在实验期间，如果出现了数据上报系统日志错误、节假日波动、热点事件等大幅波动的情况，用户行为数据也会产生较大波动，导致数据指标方差变大。当方差变大的时候，达到置信水平所需要的样本量就变得更大。如果还是采用没有波动前的最小用户量进行估计，就会提高犯错误的概率。

如果实验平台具备剔除这些特殊时间点数据的功能，将有助于我们获得更加可信的实验结果。这种重大事件带来的影响，可能是短期难以完全消除的。以双十一活动为例，用户近一个月的购买行为可能都集中在 11 月 11 日那一天，那么近几周甚至一个月的数据都受到了影响。特别是这个影响和实验策略之间的相互作用很难被切割或者分开来看的时候，实验受到干扰的概率更大。首先实验应该尽量避免可预见的大波动区间，如果遇到这些特殊时期，建议尽量延长实验的观测时间。

16.3.3　实验放量

实验放量就是将实验策略作用到更多人身上，也称为实验扩量。实验放量一般出现在两个情况下。

- 实验的用户量不足以评估实验结果，需要更多的参与用户。
- 实验效果正向，需要逐步让更多用户被作用新策略。

放量策略参见 13.3.3 节。实验放量过程中需要重点注意的问题是辛普森悖论——如果一个实验经历了放量阶段，两个或多个阶段分配给不同实验组的百分比不同，合并结果可能会导致错误估计实验效果的方向性，比如在第一阶段和第二阶段，实验组可能比对照组效果好，当两个阶段综合在一起时，实验组效果比对照组的效果差。

举一个例子，一个网站每天有 100 万个访问者，在第一天实验的分配流量为 1%，第二天这一比例将提高到 50%。尽管第一天的转换率和第二天的转换率都是实验组都要好一些，但如果简单地结合这两天的数据，实验效果似乎更差，如表 16-3 所示。

表 16-3　AB 实验中的辛普森悖论案例 1

	第一天		第二天		合并	
	流量	转化率	流量	转化率	流量	转化率
实验组	1%	2.30%	50%	1.2%	51%	1.20%
对照组	99%	2.02%	50%	1.0%	149%	1.68%

再看一个内容类 AB 实验的例子，某资讯内容产品在列表包括 AB 两类内容，某实验做了 A 类内容的提权，也就是提升了 A 类内容的曝光占比，实验关心的核心指标是点击率。实验结果如表 16-4 所示。

表 16-4　AB 实验中的辛普森悖论案例 2

类型名称	对照组			实验组		
	点击量	曝光量	点击率	点击量	曝光量	点击率
内容 A	83	900	9.20%	234	2 700	8.70%
内容 B	192	2 600	7.40%	55	800	6.90%

通过实验结果尝试回答以下问题。

1）实验提升了整体的点击率吗？

2）通过数据推测实验为什么会出现 A、B 的点击率都下降的现象。

3）这种提升点击率的方法可能有什么潜在的问题？

答案如下。

1）内容整体的点击率提升了，如表 16-5 所示。

表 16-5　AB 实验中的辛普森悖论案例 2 分析

类型名称	对照组			实验组		
	点击量	曝光量	点击率	点击量	曝光量	点击率
内容 A	83	900	9.20%	234	2 700	8.70%
内容 B	192	2 600	7.40%	55	800	6.90%
合计	275	3 500	7.9%	289	3 500	8.3%

2）内容 A 的点击率降低了，可能是因为 A 的曝光量加大，同类的内容太多，降低了用户阅读的欲望，导致 A 本身的点击率下降。内容 B 的点击率下降的原因可能是 A 类内容本身的点击率较高，吸引了用户注意力，拉低了 B 的点击率。

3）这个实验通过提高用户愿意消费的品类的曝光量，拉高了整体的点击率。实验如果是通过低俗内容吸引眼球的属性拉高整体点击率，那么不太可取。而且实验如果投放太多点击率高的 A 类内容，挤压了 B 类内容也会影响内容多样性。

16.4　实验分析和理解

在实验设计阶段，我们设计了需要关注的实验指标集。在实验运行阶段，我们密切关注了这些指标在实验阶段的收集和计算情况。实验一切正常并完成观测后，进入实验结果的分析、理解阶段。

16.4.1　明确实验影响范围

在实际实验中，许多策略是对部分群体生效的，用户经过多个漏斗的筛选后，才会触发实验条件，实际参与实验。选择那些真正被实验影响的群体进行分析，更有利于得出正确的实验结论。要尽量避免分析人群中包含过多无效人群或者分析时漏掉被实验影响的人群。

以电商网站结账页面发放优惠券的实验为例，为了促进用户下单转化，实验策略在购物车页面提供优惠券，对照组不提供优惠券。衡量实验策略的影响，需要定义目标指标或成功指标，假设我们只能选一个关键指标，这个实验可以选择收入为关键指标。

需要注意，即使我们希望增加整体收入，也不建议使用收入总和。每个组中的用户数量即使被分配相同的流量，实际分到的数量也是有细微差异的，而这个差异就有可能导致总收入的差异。一般建议采用人均指标而非总体指标。确定好指标后，下一步需要确定实验影响的人群也就是实验重点分析的对象。从转化漏斗来看，有如下选择。

访问该站点的所有用户。这虽然是有效的，但是噪声很多，它包括从未启动过结账的用户，而实验更改就是在这里进行的。我们知道，从未发起结账的用户不会受到策略更改的影响，排除这些用户会让 AB 实验的效果评估精度更高。如果从未发起结账的用户占比比较高，受到实验真实影响的用户占比比较低，即便是受到影响的用户表现出了明显的差异，也可能被未受到影响的用户稀释。

完成结账的用户。这个选择加强了限制，因为它假设实验更改将影响用户购买的金额，而不是完成购买的用户的百分比。如果更多的用户参与购买，即使总收入增加，每用户的收入也可能会下降。如果仅选择完成结账的用户，会存在一个问题，即虽然看到优惠券，但并未完成购物流程的用户的影响无法被包括。实验增加的优惠券，有可能让完成购物流程的用户变多，也可能让完成购物流程的用户变少，如果仅评估完成购物流程的用户，就漏掉了对于用户转化的考虑。

通过前面两步的分析，我们知道在购物漏斗中，第一步打开 App、最后一步完成结账的用户，都不是最好的选择，最好的实验评估对象是打开购物车群体。考虑到增加优惠券在整个流程中的位置，实验组用户一旦打开购物车就会看到这个优惠券，暴露在实验中，属于被实验真正影响的人群。无论用户最后是否真的发起或者完成结账，都潜在受到了策略的影响。这个限定包括了所有潜在受影响的用户，但没有未受影响的用户（从不开始结账的用户）稀释我们的结果。

根据这个分析结果，实验影响范围就清晰了，进而评估的指标也明确了，即所有打开购物车页面用户的人均收入，如表 16-6 所示。

表 16-6　购物网站用户转化漏斗（单位：万）

序号	指标	实验组	对照组
1	打开 App	100	100
2	浏览商品	95	95
3	加商品到购物车	50	50
4	**打开购物车**	45	45
5	发起结账	35	30
6	完成结账	30	25

为什么在这一步可以评估人均收入呢？因为这个环节之前的用户体验策略都一样，那么用户的转化漏斗理论上也是一致的，如果出现了不一致，说明大概率出现了 SRM 等问题，需要进行检查和修正。

从打开购物车这个环节再往下的漏斗，如果出现了实验组和对照组的用户转化漏斗不一致，是正常的，可能是实验带来的影响。除了从流程上明确实验影响的范围外，还需要注意一个问题，在一些实验中，参与实验的用户存在非随机损耗。例如，在医疗环境中，如果药物有副作用，实验中的患者可能会停止服药；在互联网行，为所有广告商提供优化广告活动的机会，只有一些广告商会利用机会进行广告优化。只对参与的人进行分析，会导致选择偏差，通常夸大实验效果。为了避免这种情况，可以采用意图处理使用初始赋值，而不考虑是否执行。我们测量的实验效果是基于实验的提议或意愿，而不是它是否实际应用。在展示广告和电子邮件营销中，我们不能观察到对照组的曝光率。下面通过一个案例加深读者对于实验分析对象的理解。

某 App 针对不同的用户群投放弹窗广告，将用户分为 3 组，分别为实验组 1、2、3，每组样本量为 50 000，如表 16-7 所示。"打开 App"表示用户实验期间打开 App；"曝光"表示用户进入 App 看到广告弹窗，广告被曝光；"点击"表示用户点击了广告；"累计转化"是从样本量到点击的总转化率。现在根据实验数据分析哪个实验组广告投放对人群更有效；3 个实验组分别存在哪些可能的机会点。

表 16-7　信息流网站用户转化漏斗

序号	指标	实验组 1	实验组 2	实验组 3
1	样本量	50 000	50 000	50 000
2	打开 App	40 000	30 000	50 000
3	曝光	5 000	7 500	25 000
4	点击	2 000	2 500	3 750
5	累计转化	4%	5%	8%

首先，明确问题里面的"有效"是指广告被点击。因为只有被曝光广告的用户才是真实被实验所影响的用户，所以这里应该计算的转化是从"曝光"到"点击"的转化率。

通过计算，发现实验组 1 从"曝光"到"点击"有 40% 的转化率，是同一环节三组实验中转化率最高的，如表 16-8 所示。

表 16-8　信息流网站用户广告有效转化

序号	指标	实验组 1	实验组 2	实验组 3
3	曝光	5 000	7 500	25 000
4	点击	2 000	2 500	3 750
	转化率	40%	33%	15%

如果只看整体累计转化率，很容易出现实验组 3 是最有效的错误判断。

分析可能机会点，一个比较直观的思路就是通过漏斗分析法，找到整个转化链路上的瓶颈，如表 16-9 所示。

表 16-9　信息流网站用户不同实验组可能存在机会

序号	指标	实验组 1	实验组 2	实验组 3
1～2	样本→打开 App	80%	60%	100%
2～3	打开 App →曝光	13%	25%	50%
3～4	曝光→点击	40%	33%	15%

实验组 1，从"打开 App"到"曝光"的转化率最低，仅为 13%，这里可以考虑是否是因为弹窗覆盖不足，多数用户没进入"曝光"环节导致的，可以考虑优化广告曝光量。

实验组 2，从"样本"到"打开 App"的转化率最低，仅为 60%。可以考虑是否因为选取用户群体的时候出现了较大的偏差，选取了较为不活跃的用户，从而导致打开 App 的用户低于其他组。

实验组 3，从"曝光"到"点击"的转化率最低，仅为 15%，表示用户虽然看到了弹窗，但是点击意愿偏低，可以考虑优化素材和展示时机。

16.4.2　确保实验对比人群具有可对比性

实验结果需要通过实验组和对照组的数据经过比对得出，在实验分析的过程中需要确保这两组用户是具有可比性的，即确保这两组的用户是同质的。举例来说，做一个对比身高的实验，不能实验组用女性，对照组用男性，因为他们本身就存在非实验的差异。确保用户同质，从原理层面对哈希函数的随机过程做了保证，然后通过 AA 测试、SRM 测试等对是否同质进行监控。

这里需要注意的是，在分析过程中对数据、用户的选择，也要注意保证同质，需要确保进行对比的两组用户可比。在进行实验分析的时候，一定要注意对比用户的合理性。比如分析已经活跃了一段时间的用户会引入幸存者偏差。

某 App 进行广告弹窗实验，分为实验组和对照组，其中实验组有弹窗，对照组没有弹窗，结果如表 16-10 所示。

- 如何衡量策略对留存率的影响？
- 对于点击弹窗的用户，留存率提升了多少？

表 16-10　信息流网站用户实验组分析基准选择

序号	指标	实验组	对照组
1	样本量	100 000	100 000
2	曝光	80 000	0
3	点击量	8 000	0
4	次日留存率	61 000 （其中有点击行为的 8 000 个用户中次日留存 7 000 个）	60 000

我们先来看几种分析思路，看看哪种分析思路是对的。

A. 因为实验组有弹窗曝光的留存率为 61%，对照组无弹窗曝光的留存率为 60%，所以弹窗曝光对留存率的提升为 1%。

B. 曝光弹窗 80 000 个用户和没曝光弹窗 20 000 个用户的留存率和对照组一样，有 20 000×60%=12 000 个用户留存，61 000–12 000=49 000 就是曝光弹窗 80 000 个用户的留存量，留存率为 49 000/80 000=61.25%，弹窗曝光对留存率的提升为 1.25%。

C. 点击弹窗的用户留存率为 87.5%，对照组的留存率为 60%，点击弹窗用户的留存率提升为 27.5%。

D. 点击弹窗的用户留存率为 87.5%，实验组整体的留存率为 61%，点击弹窗用户的留存率提升为 26.5%。

E. 实验组点击弹窗用户数为 8 000，留存 7 000 个，留存率为 87.5%；未点击用户数为 92 000，留存量为 61 000-7 000=54 000，留存率为 58.6%。点击弹窗用户的留存率提升为 28.9%。

首先来看第一个问题——策略对留存率的影响。先明确策略就是弹窗。实验组有弹窗，对照组没弹窗。A 答案看的是整体，实验组留存下来的用户量除以样本量，然后对照组留存下来的用户量除以样本量。B 答案看的是实验组从曝光到留存的转化率。

按照前面的分析，因为曝光才是真正受到影响的用户，所以选择 B 答案，对吗？其实是不对的。因为这里比较特殊的是对照组并没有曝光，如果拿曝光的这一层进行对比，很有可能从样本到曝光已经进行了用户筛选，从样本到曝光这一层的筛选使得样本和大盘的样本不一样，不具备可比性，而对照组并没有进行相同的筛选。在这一个分析中，只能选择样本量这一层没有用户偏差的留存进行对比，最终留存的用户量除以最开始下发的样本量，A 答案是正确的。

再来看第二个问题——对于点击弹窗的用户，留存率提升了多少，也就是用户点击弹窗和未点击弹窗对次日留存的影响。这个问题有两种理解方式，一种是实验组都有曝光弹窗，有可能有点击，也有可能没有点击，对照组根本就没有曝光，也就没有点击。

另一种理解方式是比较实验组中点击弹窗的用户和实验组中未点击弹窗的用户，这两组用户可比吗？其实是不可比的。因为这两组用户本身就是具有差异的，点击弹窗的用户可能本来就是很活跃的用户，他们对新鲜事物比较感兴趣。没点击弹窗的用户可能本身就是对广告不感兴趣的用户。这两组用户本身已经不同质了，如果细分这两组用户的标签，会发现他们在大部分指标上可能有很大的差异。这个问题也是在实验分析中经常提到的幸存者偏差陷阱。这两组用户的差异是由于行为导致的，不是通过哈希函数随机分组的，已经存在先天的差异，如果做 AA 实验大概率是无法通过的。

如果要区分点击弹窗和未点击弹窗的用户的差异，可以通过细分用户属性和用户画像，也就是用户分群的方法，看看到底哪些用户群体更容易点击弹窗，这个方法其实就是前面说的用户分群分析。

16.4.3 实验影响评估：先总后分、从主到次

在进行实验评估的时候，建议采用先总后分，先主后次的思路。

先总后分中的"总"是指实验参与人群在整体产品上的实验效果；"分"是指实验参与人群在局部功能上的实验效果。为什么要先看"总"呢？因为有一些实验可能对局部是正向的，对于整体却是负向的，这种情况需要特别注意。这里的"总"效果，需要区别于另外一个概念——实验效果给大盘带来的影响。

为什么在评估实验效果的时候，对于大盘的带动效果不是第一观测指标呢？如果是对一部分筛选后的用户进行实验，需要先进行转化，如果实验受众比较少，即使实验人群效果显著，转化到大盘上的提升也很微弱，难以对实验过程的分析起到直接作用，这种对大盘提升的需求一半来自决策层，他们需要一个整体的视角。

如图 16-1 所示，浅色部分代表实验参与用户对产品的整体影响 P，深色部分是实验参与用户对某功能的影响 P1。对大盘的影响，需要将 P 转化为全体用户 A 的提升。

从主到次是指先看综合评价标准指标（OEC）、核心指标，再看过程指标、保护指标。OEC 在第三部分已经详细介绍过，这里我们再强调一下保护指标。保护指标包含三方面，第一方面是一些保护业务的保护指标，主要是一些业务上的负向指标，比如投诉率、卸载率等；第二方面是实验数据质量指标，比如 AA、SRM 等；第三方面是不变量指标。这里我们重点说下不变量指标。因为在实验的过程中，实验环节非常多，流程长难免会有一些隐藏的漏洞导致实验结果不可信。

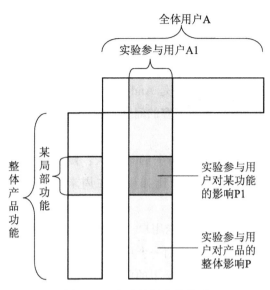

图 16-1　实验效果总分关系

为了确保实验运行正常，我们查看一些不变量指标，不变量的含义是这些指标在对照组和实验组之间不应改变。如果它们改变了，任何测量到的差异都可能是我们所做的其他改变的结果，而不是被测试的特性的影响结果。

常见的不变量指标有两种类型。

- 信任相关的保护指标，例如期望实验组和对照组样本根据配置调整大小，或者具有相同的缓存命中率。
- 组织保护指标如延迟，对组织很重要，预计在许多实验中都是不变的。在结账实验中，如果延迟发生变化，实验大概率是有问题的。

如果上面所说的保护指标检查失败，可能是基础实验设计、基础设施或数据处理存在问题。基于保护指标运行健全性检查之后，我们就可以查看实验结果了。

16.4.4　通过维度细分发现问题

按不同维度进行细分指标分析可以提供有趣的发现。对于这些发现，我们有时会援引特威曼定律发现缺陷或新思路，以帮助后续产品想法的升级迭代，比如什么是好的细分市场？对于这个问题，有一些常见的思考方向。

- 市场或国家：有些功能在一些国家运行得很好，有时功能表现不好可能是翻译成另一种语言（即本地化）不够好造成的。

- 设备或平台：用户界面是在浏览器、台式机还是移动电话上？他们使用的是哪种移动平台，iOS 还是 Android？有时浏览器版本可以帮助识别如 JavaScript 脚本错误和不兼容的问题。在移动端，制造商提供的附加组件可能导致功能失败。

- 一天中的某个时间或一周中的某一天：随着时间的推移，数据效果可以显示出丰富的变化，比如用户在周末可能许多方面的表现是不同的。

- 用户类型：包括新用户和老用户，新用户是在某个日期之后加入的用户（例如，实验开始，或者提前一个月）。

- 用户账户特征：比如 Netflix 上的单一账户或共享账户，Airbnb 上的单一账户与家庭旅行者账户。

不同维度的指标分段视图通常有两种：1）指标的维度细分视图，独立于任何实验；2）在实验上下文中的指标实验效果的维度细分视图，表明实验效果在不同的分段之间是均匀的或不均匀的。

在一项实验中，对用户界面进行更改，导致不同浏览器之间有非常明显的差异。对于所有浏览器细分市场而言，实验效果是关键指标的小幅正面改善，对于 IE7 这个细分市场，关键指标的实验效果是强烈的负面影响。

对于任何强烈的影响，无论是积极的还是消极的，都应该援引特威曼定律，深入探究其原因。深入调查显示，使用 JavaScript 与 IE7 不兼容，导致用户在某些情况下无法点击链接。这种洞察只有在能够向下钻取时才有可能发现，即查看不同细分维度的实验效果，在统计学中也称为条件平均实验效果。

识别感兴趣的细分市场，可以使用机器学习和统计技术，例如决策树和随机森林。如果平台能自动提醒实验者注意有趣的细分维度，就会发现更多有趣的现象（注意要纠正多重假设检验）。运行 AB 实验是重要的一步，为决策层提供更多信息，而不仅仅是整体实验效果，这将带来新的机会和洞见，有助于加快创新。

深夜用户案例

某信息流产品为提升用户的内容消费以及留存率，对用户进行了不同维度的细分拆解，希望找到不同细分维度的用户的特点，进而进行更有针对性的优化。通过拆分，发现在深夜（0 ～ 3 时）这个时间段消费的用户具有一些明显的特点：男性比例更高、年轻人居多，单位时间内的人均消费水平高、偏好视频消费，有提升消费的潜力。这群用户消费内容的特点：对于科技、体育、娱乐等垂类兴趣突出，视频品类晚上和白天兴趣偏好差异化更大。根据这些基本数据，得到一个策略——强化分发策略的时间特征。通过优化策略，上线通过 AB 实验验证，该策略确实带来了整体消费时长的提升，如图 16-2 所示。

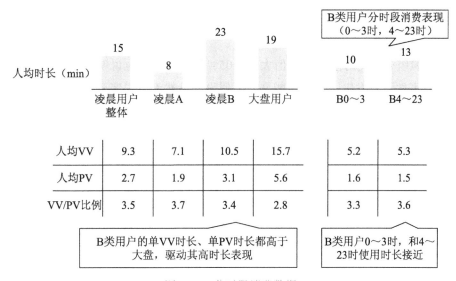

图 16-2　分时段消费数据

16.4.5　理解实验统计学含义

在实验结果分析中，与常规数据分析有一个关键的不同之处，即对于实验组和对照组结果显著性的解读。举个例子，一个电商运营活动中，实验组 1 采用无差别发放优惠券策略，实验组 2 采用分享得红包活动，实验结果如表 16-11 所示。

表 16-11　实验评估的 P 值和置信区间

序号	人均收入	对照组	差值	P 值	置信区间
实验组 1	3.12	3.21	−0.09 (−2.8%)	0.000 3	[−4.3%，−1.3%]
实验组 2	2.96	3.21	−0.25 (−7.8%)	1.5×10^{23}	[−9.3%，−6.3%]

以基础的 P 值判断法来判断以下内容。

因为实验组 1 对比对照组的 P 值小于 0.05，所以我们不接受实验组 1 和对照组具有相同均值的 H0 假设。这意味着采用优惠券的方式，确实降低了整体人均收入。任何发出优惠券的营销活动，不仅需要收回添加优惠券处理和维护的实施成本，还需要首先收回添加优惠券的负面影响。由于营销模型估计目标用户的收入略有增加，AB 实验显示所有用户的收入大幅下降，因此决定放弃引入促销代码的想法。

实验组 2 对比对照组的 P 值大于 0.05，仅凭这个值也说明不了什么，因为小概率事件没有发生，我们不能推翻原假设，虽然无法说实验组 2 和对照组确实有明显差异，但是我们也没用足够的证据说实验组 2 和对照组没有差异。在这个情况下，一般需要再看功效，如果功效比较大，大于 0.8，那么这个时候有比较大的把握说两组确实没有差异。因为这个时候我们犯第二类错误的概率已经比较低了（概率为 1-power）。如果这个时候功效比较小，比如接近 0，这个时候因为有一定概率没有检出差异，所以就没有办法判断两组是否有差异。这种情况怎么办呢？一般会通过持续观察、增加实验用户等方法来观察 P 值和功效值有没有达到可以做出判断的阈值。

练习案例

练习 1

以下实验结果，哪一个是具有业务和统计显著性的？

假设实验背景：对实验组的信息流中增加某类内容曝光，对照组没有增加，核心指标为资讯消费 PV 的提升。实验已经做满两周，完成了样本量的积累。

A. 置信区间 [0.002 5，0.049 9]，实验组相对于对照组提升 5%

B. 置信区间 [−0.001 5，0.049 9]，实验组相对于对照组提升 5%

C. 置信区间 [0.043，0.059 9]，实验组相对于对照组提升 0.5%

D. 置信区间 [−0.023，0.029 9]，实验组相对于对照组提升 0.5%

练习 2

从老用户中随机选取 25% 的一二线城市用户，测试新样式的福利弹窗的点击率，发现从 5% 提升至 7%，那么全量老用户的弹窗点击率预估会提升至多少？

A. 2%　　　　　B. 7%　　　　　C. 28%　　　　　D. 无法预估

练习 3

实验组在用户打开 App 时发送闪屏弹窗，对照组不发闪屏弹窗。想通过实验知道发弹窗相比不发弹窗的留存率提升了多少。已知实验组和对照组都有 20 万人，实验组和对照组第 2 天留存用户分别为 12.2 万人和 12 万人。已知实验组弹窗曝光量 16 万人，点击量 1.6 万人次，点击用户中第 2 天留存 1.4 万人。

A. 1.67%　　　　B. 45.80%　　　　C. 0.01%　　　　D. 0.28%

答案：A、D、A

16.4.6　解读数据背后的产品逻辑

解读实验数据，主要是在明确哪些指标有显著变化，哪些指标没有显著变化之后，进一步尝试理解实验数据变化所代表的产品逻辑，理解用户身上发生的变化，以及洞察更深层的用户动因。要求每一个实验都进行详细的产品解读是不现实的，需要尽可能去尝试，通过这个过程，不断积累产品投放策略之后用户的行为变化，从而更好地理解产品和用户，理解指标和策略变化的内在关系。

有的实验作用关系比较直接，理解起来也比较容易，比如发红包之类的运营活动。有一些实验，因为背后作用的机制比较复杂，比如算法类，有一些黑盒属性，理解起来就不是那么容易，需要有经验、对产品熟悉的产品经理和数据分析师进行深入的分析和理解。下面以一个案例来展示这个理解过程。

图文扩量实验案例

背景：在某信息流推荐产品中，对图文推荐池中的文章进行扩量，扩量的含义是增加推荐池中可推荐文章的数量。

现象：扩量操作后，看到实验组的图文类文章的点击率、时长微涨，视频类文章的点击率和时长明显上涨。

疑惑：为什么只对图文内容进行扩量，而图文内容没有明显变化，视频内容却大幅上涨呢？

实验分析：仔细分析，除了点击率和时长的变化外，实验过程中的数据表现为，图文类文章的曝光数量减少，点击率和时长微涨，视频类文章的曝光数量增加的同时点击率增加，时长大幅增加。

实验理解：通过数据细分，发现扩量后，对图文感兴趣的用户通过一路召回被协同到视频内容上，增加了视频的曝光和点击序列，因为视频的内容池本身比图文的内容池大很多，所以产生了放大效应，导致视频类内容曝光的大幅增加，同时也挤压了一部分图文类内容的曝光。在这种连锁效应下，导致最后视频的时长增长远高于图文。

16.5　实验决策

运行 AB 实验的目标是以数据推动决策。为了做出正确的实验决策，必须确保实验的结果是可重复的和值得信任的。实际上可能出现不同的决策过程，本节介绍几个主要的决策过程。

16.5.1　从分析到决策

每种情况都有相应的实验结果，我们的目标是将结果转化为实验发布、不发布的决定。之所以把分析结果和决策分开，特别强调决策部分，是因为决策不仅需要考虑测量得出的结论，还需要考虑更广泛的背景，决策是综合权衡的结果，包括但不限于以下问题。

1. 是否需要在不同指标之间进行权衡

对于那些已经建立了 OEC 的企业来说，这个可能不是一个问题。对于没有建立 OEC 的企业来说，这个时候的权衡就非常重要了。产品在不同的阶段会有不同的目标，甚至在同一个阶段，为同一个产品服务的不同部门的核心目标也是不一样的，在这种情况下，明确本部门的目标以及本次实验的目标是非常关键的。顶层目标的拆解和分配的合理性属于指标体系和 KPI 体系设计的范畴，参见本书第三部分。一般而言，每一次实验，都会有一两个核心指标，同时还有几个次要指标，需要考虑以下几个常见且关键的问题。

- 本次实验核心指标的预期提升是多少。这属于业务显著性问题，如果没有事先定义的业务显著性，也就很难计算最小实验样本量以及相应的功效。
- 如果核心指标 1 提升了，核心指标 2 或者其他次级指标出现了下降，在多大范围内是可以接受的。
- 如果本部门的核心指标提升了，兄弟部门的核心指标下降了，如何提前进行预警。例如，虽然用户参与度上升了，但收入下降了，是否应该发布实验。这个时候就需要提前和兄弟业务部门做好沟通，从顶层达成一个初步协议方案，比如时长减少多少的同时商业化收入增加多少是可以接受的。当然也有一些其他方法，比如通过用户生命周期价值法，整体评估用户收益，只要整体收益为正，就可以接受该方案。

2. 在实验决策时，还需要考虑改变实验策略的成本

成本包括多个方面，如新功能开发成本、维护成本等。

- 在发布之前构建该功能的成本。一些功能可能在实验前就已经完全建造好了。在这种情况下，从 1% 到 100% 发布的成本为零。但并不总是如此，比如实现发送一个无差别发红包功能的成本很低，而实施全面优惠券系统的成本很高。
- 发布新功能后持续工程维护的成本。维护新代码的成本可能更高，新代码可能有更多的错误。如果在边缘情况下没有得到很好的测试，新代码引入了更多的复杂性，那么在此基础上构建的更改也可能会增加摩擦和成本。如果成本很高，必须确保预期收益能够覆盖它。在这种情况下，实验实际显著边界足够高，以反映这一点。相反，如果成本很低甚至是零，可以选择发起任何积极的改变。

3. 决策错误的负面影响是什么

正如前面所说，总是有一定概率做出错误的决策，需要考虑这个决策如果是错误的，在极端情况下的代价是否可以承受。

并不是所有的决策都是平等的，也不是所有的错误都是平等的。发起一项没有影响的改变可能不会有负面影响，如果发起一项有影响的改变，机会成本可能会很高。例如，实验可能正在网站上测试两种可能的优惠，而优惠本身只会持续几天。在这种情况下，因为改变的生命周期很短，所以做出错误决定的负面影响很小。在这种情况下，出于统计意义和实际意义，决策者可能愿意降低标准。

在构建统计和实际显著阈值时，决策者需要考虑上面这些问题。当我们从实验结果转向决策或行动时，这些阈值是至关重要的。下面我们演练一下图16-3 中的示例，以说明如何使用这些阈值来指导决策。

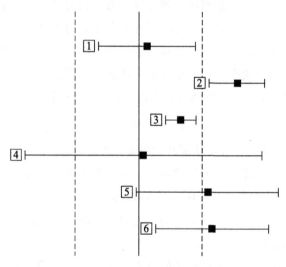

图 16-3　从实验结果到决策

图 16-3 表示做出实验发布决策时理解统计显著和实际显著，图中的两条虚线是实际显著的边界。实验估计的结果用黑盒子和相应的置信区间表示。

- 实验结果不具备统计学意义，是中性的。实验结果处于实际边界之中，很明显这个实验没有实际意义，也就是这个实验策略并没有起到多大作用。我们可以放弃这个策略，也可以重复实验，前提是觉得这实验还有一定希望变成正向。
- 实验结果具有统计学意义和实际意义，可以作出实验决定，即发布实验的新功能。

- 实验结果具有统计学意义，但实际意义不显著。在这种情况下，对实验策略带来指标变化的大小很有信心，但这个大小可能不足以超过成本等其他因素，这一变化可能不值得发布。

- 此实验视为中性的，但是置信区间超出了实际意义。如果一个实验，发现它可以增加或减少 10% 的收入，你真的会接受这个实验，说变化是中性的吗？更确切地说，没有足够的功效来得出强有力的结论，即我们没有足够的数据来支撑任何决定。对于这个结果，我们建议使用更多的实验单元进行测试，从而提供更强的统计能力。

- 这一结果可能具有实际意义，但在统计学上并不显著。即使最合理假设是此更改会产生影响，也很有可能根本不会有任何影响。从测量的角度来看，最好的建议是重复这项测试，但要有更大的功效来获得更精确的结果。

- 这一结果在统计学上是显著的，而且可能在实践上也是显著的。这一变化实际上可能并不显著，建议使用更大的功效重复测试。如果非要从发布、不发布两者中选择一个，选择发布是一个相对更合理的决定。

从实验结果到决策是一个利弊权衡的过程，需要结合各方面的因素综合考虑。下面介绍一个多指标权衡的决策案例。

长期与短期指标

某 App 通过下发外部推送，随机从大盘活跃用户中挑选每组 200 万个用户，下发 3 组推送实验方案，目标是提升用户 DAU。推送仅下发一天，假设实验前一周每组日均 DAU 均为 200 万，实验后观察一周计算日均 DAU 和各组活跃用户平均次日留存率如表 16-12 所示。请问，如何评估各组效果？

表 16-12　实验评估的长期指标和短期指标

序号	指标	实验组 1	实验组 2	实验组 3	对照组
1	周均次留	64.1%	63.1%	63.7%	64.2%
2	实验后日均 DAU	2 200 000	2 300 000	2 100 000	2 000 000
3	实验前日均 DAU	2 000 000	2 000 000	2 000 000	2 000 000

评估各组的效果，发现 DAU 和次日留存率这两个关键指标背后所代表的含

义有所不同。DAU 指标及时性更强，对短期效果更灵敏，留存率更能反映长期的效果。短期重点看推送能提升多少 DAU，对比对照组跟实验 1、2、3 组的数据来看，峰值 DAU 肯定是实验一周后的日均 DAU，实验组 2 带来的即时峰值数据效果是最好的。

如果从长期来看，对比实验本身的次周留存数据，对照组的次周留存是最高的，但是它带来的峰值 DAU 只有 200 万，对比实验组 1 差 0.1PP 的次周留存。因为它带来的是绝对提升 20 万的 DAU，所以计算 0.1PP 的留存能折算多少日均的 DAU，长期来看实验组 1 对于提升整体的效果是最优解。

在评估这类外部拉活的实验，比如渠道拉活、发红包促活的方式时，需要同时考虑长期和短期目标。代入业务很好理解，快手、拼多多、微视这些平台过年发红包促活时为什么要看短期指标呢？因为我们要看这些活动短期效果如何，究竟在短期内吸引了多少用户参与，DAU 峰值达到了什么规模。因为受福利诱惑进来的注水用户太多了，所以导致一段时间次留存是低的。长期来看，还需要计算用户究竟留下来多少，即哪组用户留存率是高的。

这里自然会有疑问，短期 DAU 高，长期留存率低究竟怎么取舍，选哪一组更好呢？这个问题没有标准答案，需要根据当前阶段的产品目标而定。一般来讲，可以把周期拉得更长，比如看周留存、月留存，甚至用户的生命周期价值去计算哪个方案更好。比如，我们把做 App 当作一个商业模型，可以计算用户拉新拉活的获客成本，同时可以计算为了收回成本，用户的长期留存率保持在一个什么样水平，整体 ROI 就可以保持为正或者持平，以此得到可以长期持续的商业模式。

16.5.2　3 种实验结果

实验决策的结果一般有 3 种——发布实验、下线实验、重新实验。

1. 发布实验

又称全量、推全，是指将实验策略从实验阶段的对一部分用户生效，到覆盖全部可以生效的用户。当实验数据趋势稳定且符合要求——OEC 效果显著，保护指标符合要求，实验功效符合要求，没有明显的用户负反馈等。此时可以申请进行全量操作，发布策略。

2. 下线实验

如果实验结果汇总后发现核心指标显著负向，或者在实验中出现明显负反馈，比如卸载率增加、用户负反馈、投诉率增加等情况，应该尽快下线实验。

某信息流产品为了更多露出文章底部的广告，提升收入，对超过一定长度的文章进行折叠。实验结果表明，这个策略确实提升了收入，但同时也收到大量用户负反馈，用户每次阅读文章都需要手动点击展开全文，非常麻烦，在收到大量负反馈和投诉的情况下，该产品没有全量该实验策略，尽管能提升收入。

3. 重新实验

有几种情况需要进行重新实验。

实验效果不显著。实验组和对照组看不到差异，结果与预期不符，需要分析原因后调整方案或修复问题。

问题：实验效果不显著的情况下，应该怎么处理？

- 如果功效足够高，实验检测精度也足够低，说明实验策略大概率就是没有效果，需要对实验策略优化之后重新实验。
- 如果功效足够高，实验检测精度偏高，可以考虑降低检测精度，重新进行实验计算，看是否能检出变化。
- 如果功效较低，可以考虑通过增加流量、增加观测时间、降低指标方差等方式重新实验，看是否能检出变化。

实验条件不满足的情况有很多种，比如发现实验组和对照组并未按预期命中策略、实验数据指标出现问题、实验数据受到干扰、实验数据趋势不稳定、实验流量不足等情况，需要停止实验，修复问题后再实验，或者根据情况，延长实验时间继续观察。表 16-13 中的实验组 2，实际曝光量和预期差距过大，大概率是出现了 SRM 问题。

表 16-13　实验条件不满足

序号	指标	实验流量分配	实际曝光	实际曝光占比
1	实验组 1	5%	1 085 万	5%
2	实验组 2	5%	1 310 万	6%
3	对照组	5%	1 070 万	5%

16.5.3 实验报告

实验报告汇集了实验相关的关键信息，以方便决策者作出决策，以及相关人员快速了解实验。一个典型的实验报告包含实验背景信息、实验方案、实验数据和实验结论，以及后续计划等几部分。

实验报告

一、实验背景

实验目的：1）验证首页弹窗签到领现金对用户 DAU 的提升作用；2）验证不同奖励额度对 DAU 的提升作用，从而判断方案 ROI。

二、实验方案

实验周期：YYYY 年 MM 月 DD 日—YYYY 年 MM 月 DD 日

实验设计：选取进入首页的低活用户，实验组 1、实验组 2、对照组分别圈定 5% 的流量进行 UV 层级实验。

实验详细方案：需求设计文档链接等。

三、实验数据及结论

首页弹窗签到领现金有效提升用户 DAU，其中实验组 2 对 DAU 拉动显著且 ROI 较高（DAU+13.7%，每用户成本 0.16）。

实验组 2 较对照组提升 13.7% 场景 DAU，每用户成本 0.39 元。

实验组 1 较对照组提升 7% 场景 DAU，每用户成本 0.16 元。

详细数据：附详细数据表。

实验洞察：略。

四、后续计划

1.放量计划：针对实验组 2 灰度放量 30% 观察是否效果仍达预期，若是，则进一步放量至 95%，长期保留 5% 小流量作为反向对照。

× 月 × 日：放量 30% 观察 1 周。

× 月 × 日：放量 95%。

2.实验优化计划（当实验不符合预期时给出的是实验优化计划）。

沉淀想法：实验记忆

"以铜为鉴，可以正衣冠；以人为鉴，可以明得失；以史为鉴，可以知兴替。"同样，在做产品的过程中复盘、总结、沉淀也是非常重要的。沉淀不仅是对于历史经验的总结，去其糟粕取其精华，更带有基于历史经验在未来做得更好的诉求。未来视角的沉淀是非常有价值的，能帮助我们更好地理解过去，更有信心去判断未来。

实验也需要沉淀，随着实验越来越多，参与实验的人员越来越多，产品规模越来越大，实验沉淀就变得越来越重要。在实验中，及时总结、复盘，不仅能帮助我们加深对实验本身的理解，扩大实验影响，还能从众多实验中找出共性规律，识别在各种实验中泛化的模式，避免重复实验，提升组织效率，培养实验文化，改进未来创新。

17.1 什么是实验沉淀

当我们将 AB 实验作为产品创新改进过程的默认环节后，产品所有的改动都会反映在实验中。通过实验所做的每一次改变都是一笔宝贵的数据财富，无论这个改变是好的、坏的还是没有效果的，都应该被详细记录。

这些记录不仅包括实验的数据结果，还包括对于实验的描述，比如为什么要开展这个实验，实验方案的设计思路，实验方案相关的文档和设计图，实验的流量分配、运行周期、实验类型、实验发起人等。基于实验数据的分析结果，后续优化的计划等都应该是实验记录的一部分。

实验描述和实验类型应当尽可能细致一些，这样我们通过搜索就能轻松找到历史上进行过的类似和相关实验，并基于历史实验数据得到一些启发。如果我们拥有一个集中的实验平台，那么将所有实验信息汇总到实验平台上，可以将所有产品的改变，从提出假设、设计方案、开展实验到上线实现一个完整的闭环记录，从历史实验中挖掘有用的和相关的信息就变得容易多了。

建议在实验沉淀过程中尽量捕获更多的实验元信息，包括但不限于以下关键信息。

- 实验基础信息：创建者、创建时间、实验开始时间、实验运行时间等。
- 实验描述：流量分配、实验方案、实验类型、参数配置、实验假设等。
- 实验数据：实验指标、采用哪个实验组和对照组，是否有某天不可用的实验数据。
- 实验分析和决策：哪个方案更有优势、策略是否上线、上线日期、对各种指标的影响、在哪类用户群体上作用最明显、对用户有什么样的影响、影响的用户群体规模等。

17.2 实验沉淀的价值

本节介绍从实验记录信息中可以挖掘的数据价值。

17.2.1 发现策略通用性

实验沉淀的价值之一是发现策略通用性，不管这个实验的结果是正向的还是负向的，都值得总结和复盘。对实验策略进行萃取有一些常用的剖析路径，以下这些问题都是经常用到的。

- 这次优化为什么会起作用，或者为什么会失败？
- 之前是否有类似的实验，其结果如何？如果有类似的实验，其结果是否和这次实验一致？如果有差异，导致差异的原因是什么？

- 实验的因果关系是怎样的？如何进一步验证？
- 该策略满足或触犯了用户的何种诉求和利益？
- 应用其他场景是否具有相同的效果？
- 产品如何能更好地满足用户的类似需求？

对于刚进入公司或团队的新人来说，包含过去有效和无效的产品策略的目录是非常有价值的。这有助于他们避免重蹈覆辙，并激发有效的创新。对于过去已经被证明不行的想法，如果产品和外部环境没有发生本质变化，就不必反复尝试了。如果相关条件已经发生了一些变化，或许值得再试一次。对于过去成功的想法，可以被更多的实验研究和借鉴。例如，研究哪种类型的实验对于改变关键指标最有效；哪种 UI 模式更有可能吸引用户。

网站 GoodUI.org 总结了在多次实验中反复获胜的 UI 模式。这个网站收集了来自亚马逊、Netflix、Airbnb、Google 和 Booking 等公司最新发现的 UI 模式，帮助 UI 设计者了解哪些模式是有效的，哪些模式是失败的。在运行了许多优化特定页面的实验，比如搜索引擎结果页面之后，可以预测间距、粗体、行长、缩略图等更改对指标的影响。当再添加新元素时，就可以缩小要运行的实验的尝试空间，提高效率。

再举一个查看跨地域实验异构性的例子，这个实验的目的是通过发现各地区、国家对功能的不同反应，为用户构建更好的用户体验。当对许多实验进行元分析时，会出现一些模式，这些模式可以引导我们找到更好的想法。比如在一个商业化实验集中发现一些策略的共性和通用性。

在信息流的场景中，商业化总收入 = 信息流总曝光 × 广告密度 × 广告库存单价，后两个是主要的广告策略因子。作为商业化部门来说，如果只是简单地调整广告密度或广告单价，以此提升商业化总收入，往往是不可行的。广告密度的增加、位置的前移可能会带来用户的影响，短期来看可能收入是增加的，从中长期来看，可能会导致用户库存减少，用户留存率降低。简单提升广告的单价，虽然短期可能也能提升总收入，但是从中长期来看，逐渐也会带来广告客户的流失。

有一些策略虽然从商业化总收入来看，短期可能是增加了，却无异于杀鸡取卵，不可持续，如图 17-1 所示。商业化增长，一方面是通过用户侧带来用户增长，以及相应的用户库存的增加，另一方面就是找到在提升广告收入的同时对用户影响小的广告策略。

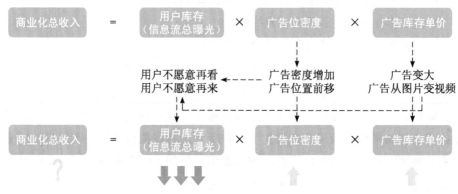

图 17-1　信息流广告收入影响因子

通过进行大量的位置、样式、密度等广告策略方面的实验，我们发现了一些通用的规律。

- 用户对于广告密度的增加、广告位置的移动是敏感的。虽然这些动作能直接提升广告收入，但对于用户体验也会有极大干扰，在数据上体现为用户消费时长和内容消费数量线性下降。

- 用户对于广告所属的行业敏感度是比较低的。一般来说，将同一个广告位置上的教育类广告换为金融、游戏类广告，用户的感知较弱，由于金融、游戏类广告一般单价较高，可以大幅提升广告收入，同时用户侧数据受到的影响较小，因此可以考虑投放金融、游戏类广告。

- 用户对于广告的大小是敏感的，虽然大图形式的广告单价高但是会影响用户体验，降低用户侧的关键数据。在广告面积大小不变的情况下，用户对于静态图片、动态视频是不敏感的，相比之下，动态视频广告单价更高，同时也不会大幅影响用户侧指标。

在商业实验的过程中，通过 AB 实验不断找到商业收入与用户体验之间的平衡点，找到那些可以提升收入且对用户侧影响较弱的广告形式和策略，如图 17-2 所示。

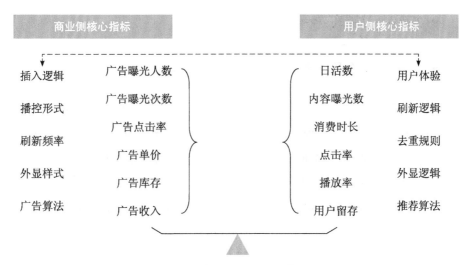

图 17-2　信息流广告收入与用户体验的平衡

17.2.2　从失败中寻找机会

对于失败的实验，除了被当作失败案例之外，是不是就毫无价值了呢？也不完全是。通过对失败实验进行深入分析，有时候可以挖掘原本看不到的价值。日本某工厂有一年和服销量急剧下滑，工厂的管理层很紧张，找了咨询公司分析该如何应对。咨询公司做了什么呢，很简单——拆解数据。拆完数据之后发现，在年轻人群体中，和服的销量不跌反涨，于是工厂改变了下一个季度的生产计划，多做一些符合年轻人喜好的和服款式，并开展联名等系列活动。结果很好地扭转了工厂和服业绩下滑的趋势。

这个案例说明，即便整体销量下滑，只要能发现其中好的局部，把好的效果放大，也能带来整体提升。对应到实验中，一个效果不好的实验，通过细分、拆解、深入挖掘，依然可能找到一些可以优化的空间。

数据挖掘的方法有很多，实验中最为常用的有分群分析和漏斗分析。分群分析的常用分析路径如下。

- 按照常用的维度分群，是否存在有显著差异的人群。
- 为什么会存在这个差异。
- 是否可以针对这个“有效”人群再进行实验。

漏斗分析常用的分析思路如下。

- 实验涉及主要环节转化率是多少。
- 哪些环节的转化折损率最高，可能提升的空间最大。
- 如何改善这个环节的转化率以提升整体效果。

17.2.3 发扬实验文化

总结过去的实验，特别是那些获得重大成功或者特别失败的案例，可以真正突出实验的重要性，有助于发扬实验文化。从企业层面，培养实验文化进行实验总结和分析时主要考虑以下几个方面。

- 实验如何促进更广泛的企业目标的增长。如果目标是提高 DAU、MAU，那么要分析在过去的一年中，通过实验带来的变化在多大程度上提高了这些指标。这可以是许多一个一个的小胜利累计在一起。
- 有哪些实验具有重大或令人惊讶的影响。虽然数据在帮助企业获得洞察力方面很有帮助，但人们对于具体的例子印象更深刻。定期分享那些大获全胜或有令人惊讶的结果的实验是非常有意义的。
- 有多少实验对指标产生了积极或消极的影响。在优化工作开展充分、良好的领域。谷歌的实验成功率只有 10% ～ 20%。微软的实验中有三分之一是积极的，三分之一是消极的，三分之一没有显著的影响。LinkedIn 也提供了类似的统计数据。如果没有实验来提供客观、真实的评估，我们最终可能会同时进行积极和消极的实验，彼此之间的影响就会相互抵消。
- 通过实验推出的功能百分比是多少。比如哪些团队进行的实验最多；季度环比或同比增长是多少；哪个团队在移动关键指标方面最有效率；哪些宕机与未经实验的更改相关。当宕机检验报告后必须回答这样的问题时，实验文化就会改变，因为人们意识到实验确实提供了一个安全网。对于有许多团队参与、实验数量很多的大型公司来说，这有助于控制故障和更好地问责。

17.2.4 帮助理解指标

指标与实验是密不可分的，通过查看实验以及各种指标的情况，可以加深对利用指标的理解。

1. 观测指标敏感度

在制定实验指标时，一个关键的标准是它们是否能在实验期间进行有意义的测量，即指标的敏感度。在任何实验上都不能显著移动的指标不是一个好的指标。虽然差异是影响敏感度的一个关键因素，但外部变化可能会对指标造成多大程度的影响也是一个需要考虑的因素。例如，周活用户数、月活用户数在短期实验中很难被明显改善；周留存、月留存等长期指标也是相对难以改变的。通过比较现有指标在过去实验中的表现，可以帮助我们确定潜在的长期指标与短期指标。可以通过构建一个可信实验库，来评估新的指标，并比较不同的定义哪个更好。

2. 发现指标的相关性

通过在实验中观测指标的移动方向，来确定它们如何相互关联和影响。例如，经常访问 LinkedIn 的用户往往也会发送更多信息，然而在实验中，会话数量和消息数量并不一定一起移动。实验中相关指标的一个例子是早期指标，这些指标往往显示出其他指标的领先信号，而其他指标需要时间才能显示出影响。如果移动缓慢的指标对决策至关重要，这一点尤其有用，通过研究大量的实验可以发现这些关系。

3. 获得先验概率

可以通过实验获得先验概率。对于成熟的产品，假设历史实验中的指标移动可以提供合理的先验概率分布。一般对于快速发展的产品领域，过去的经验分布是否能合理地代表未来存在一定的不确定性。

17.3　如何进行实验沉淀

由于各类型的实验分散在各个部门，而每个部门和组织一般都将焦点放在自己所关心的实验上，无法分出更多精力进行整体全局的实验回顾，因此最好成立一个实验沉淀小组负责实验沉淀。

- 负责制定实验沉淀需要收集信息的规范和要求，以需求的形式提供给实验平台或者业务部门，让实验者提供相应的信息，因为没有这些信息就无法进行后续的工作。

- 通过对实验过程的跟踪，发布各个团队在实验过程规范性和实验评估科学性的评估、打分，以此来激励团队规范实验流程，遵循最佳实验实践。并不是每个实验者都会遵循最佳实验规范，当越来越多的人开始实验时，这种情况尤其常见。例如，实验量是否满足最小实验流量要求；实验的功效是否足以检测关键指标的改变？一旦有了足够多的实验，就可以进行元分析并报告汇总统计数据，以显示团队和领导力可以改进的地方。可以按团队细分统计数据，以进一步提高问责制。这些信息可以帮助我们决定是否应该投资某一些功能的自动化，以弥补这些不规范操作带来的问题。例如，通过检查实验流量爬坡（逐步放量）时间表，LinkedIn 意识到一些实验在早期流量爬坡阶段花费了太多时间，而其他一些实验甚至没有经历内部测试流量爬坡阶段。为了解决这个问题，LinkedIn 构建了一个自动放量功能，帮助实验者遵循最佳坡道实践。

- 通过对实验结果的跟踪，定期发布各个团队对于各种的核心指标、组织目标的增长的贡献。包括各个团队通过实验推出的功能百分比是多少；哪些团队进行的实验最多；季度环比或同比增长是多少；哪个团队在移动关键指标方面最有效率；有多少实验对指标产生了积极或消极的影响；哪些团队的实验具有重大或令人惊讶的影响和发现。

- 通过对全部实验的整体回顾、交叉分析，总结其中的共性、差异性，从失败中寻找机会、从成功中总结经验，为后续实验、创新提供建议和方向。

- 建立和不断完善实验墙、实验看板和实验素材库，方便所有实验者从中便捷地获得历史同类实验、相关实验的资料和数据，为后续实验方向、指标建设等提供更好的数据和经验支持。

第 18 章

基于 AB 实验的增长实践解决方案

　　基于大量增长实践，我们总结了基于 AB 实验的数据驱动产品增长方案，以增长方法为核心框架，以实验平台为依托，以实现产品的敏捷增长为最终目标，如图 18-1 所示。在这个方案的实践过程中，不同的组织，由于产品类型、基础设施建设的进度、人员配置的方式、实验文化成熟度不同，会遇到不同的困难。前面 17 章主要围绕 AB 实验的技术性、原理性问题进行探讨，本章主要从组织、流程、实践的视角出发，提出一些具有通用性的问题和解决方案，供读者参考。

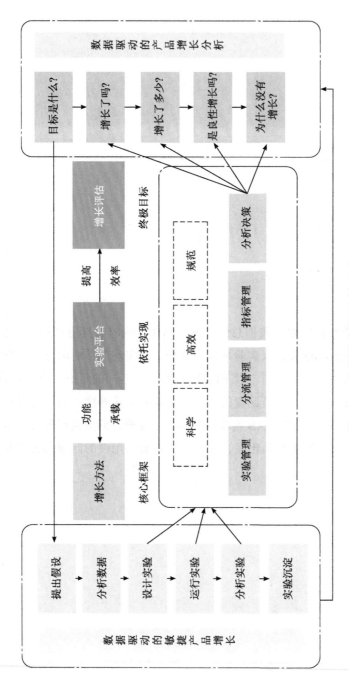

图 18-1 数据驱动增长解决方案

18.1　角色分工方案

在落地基于 AB 实验的产品增长流程时，各个角色如何高效分工协作是一个常见的难题。通过实践与走访观摩大量企业，我们总结了一种具有普适性的分工模式，如图 18-2 所示。图中的 O 代表负责人（owner），S 代表辅助参与者（supporter）。这个模式确保每个场景都有且仅有唯一的负责人，辅助参与者可以有也可以没有，也可以有多个。当然这不是组织分工唯一的标准，很多组织除了这些通用的角色外，还组建了实验决策委员会，拥有实验科学家等角色，一般项目管理人员也会参与其中。无论企业的架构是否相同，只要根据这个核心框架适配，使流程高效运转即可。

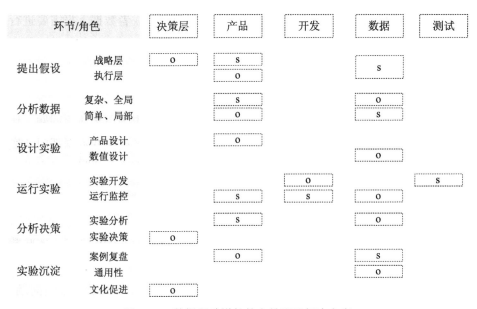

环节/角色		决策层	产品	开发	数据	测试
提出假设	战略层	O	S		S	
	执行层		O			
分析数据	复杂、全局		S		O	
	简单、局部		O		S	
设计实验	产品设计		O			
	数值设计				O	
运行实验	实验开发			O		S
	运行监控		S	S		
分析决策	实验分析		S			
	实验决策	O				
实验沉淀	案例复盘		O		S	
	通用性				O	
	文化促进	O				

图 18-2　数据驱动增长的人员配置解决方案

18.2　数据建设方案

数据问题的重要性不言而喻，数据往往又是大部分公司和实验平台的痛点。数据出错的事情屡见不鲜。

各种各样的数据问题发生在实验中，根本原因是数据底层建设做得不够好，主要包括以下几个方面。

- 数据生产缺乏规范。
- 数据质量缺乏监控。
- 计算逻辑缺乏标准。

要解决这些问题，就要从根源上痛下决心、形成一套规范的数据生产流程。这可以从以下几个方面入手。

1. 确定数据上报规范

产品所有的数据埋点都必须遵循这套标准。数据上报的过程涉及很多部门，包括研发、产品、数据等，如果没有强制性的规范以及良好的沟通机制，时间一长大概率会出现问题。建议每次进行产品需求评审，或者数据上报需要进行修改、增加、删除等操作时，必须召开数据上报评审会，同步相关关键人员变动，并由专人管理和维护。

2. 统一指标底层数据源

大部分产品都会经历多次改版、多轮人员变动，有很多历史遗留问题，比如同一个事件有多个上报事件、多个来源数据表。这种情况需要数据部门从底层兼容后整合为一个版本。对于产品、运营等非专业数据人员来说，只有唯一的数据源露出，避免了使用错误的数据源、无法对齐等问题。

3. 确定唯一数据指标计算口径

每个指标的计算对应统一的计算逻辑和口径，以减少实验后期发生实验数据分析口径对不齐、概念偷换的问题。

在数据处理部分，还有一个常见的数据问题，即 AA 实验数据波动问题。在第 7 章中讨论了 AA 实验的意义、如何运行 AA 实验，以及哪些问题容易导致 AA 实验失败。在实践中，如果我们发现 AA 实验的数据波动非常大，以至于经常无法进行后续的 AB 实验，该怎么办呢？ AA 实验波动大的本质就是随机抽样样本的方差大。如图 18-3 所示是一些常见的解决方案。

很多时候算法做不好，不是算法不行，是实验平台的问题，而实验平台最常见的问题是数据的问题。做好底层数据建设是成功实施 AB 实验的基石。

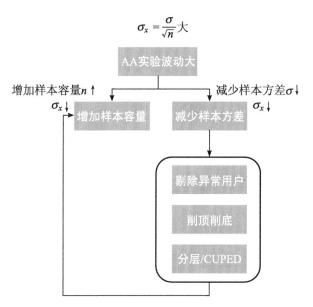

图 18-3　减少 AA 波动可以提高实验精度和可信度

18.3　效果评估方案

实验评估是实验环节的重中之重，是最复杂也最容易出错的地方。从最终目标倒推，实验效果评估要回答 4 个关键问题，如图 18-4 所示。

1. 增长了吗？

这个问题代表实验结果显著性判断。

- 采用什么显著性检验方法：常用的显著性检验方法是传统的参数检验方法，主要是以 T 检验为主的显著性检验法，以及以 jackknife 为代表的非参数检验法。很多平台采用两种检验相结合的方式，比如均值类指标采用 T 检验，比率类指标采用非参数检验法。
- 如何选择 OEC：在第 11 章有详细介绍，此处不再展开。
- 统计显著性和业务实际显著性，主要用来判断实验统计出来的增长对于业务来说是否具有实际意义。在 16.5 节有详细介绍。

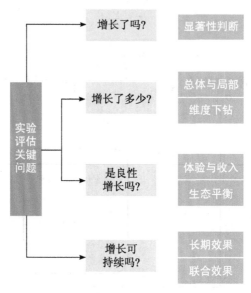

图 18-4 实验增长评估关键问题

2. 增长了多少？

这个问题包含总体与局部的效果换算、维度下钻分析、多指标平衡等问题。

- 局部实验效果显著，对于大盘来说提升了多少：这个问题在 16.4.3 节有详细介绍。
- 整体效果正向，维度细分后某个维度是负向的，如何优化：这个问题在 16.4.4 节有介绍，这些负向的细分维度是发现问题和机会的好契机。同时要注意避免多重假设检验问题。
- 影响的用户群体量级比较小，如何有效观察实验效果：这里涉及两方面的问题，一方面是如果实验群体非常小，甚至一天的用户量无法满足最小样本量需求，需要采用多天累计实验等方式解决最小样本问题，在 4.3 节有相关介绍；另一方面是如果实验群体非常小，在稀释到大盘的总体指标上几乎看不出任何变化，这时可以只看实验参与用户相关的整体指标，如果为显著正向，也是可以的。

3. 是良性增长吗？

这个问题体现出产品体验与商业收入、生态平衡等保护指标等问题。

- 在提升商业化收入的同时，是否保证了用户体验：正如 17.2 节介绍的商业化案例，一般在产品没有发生改变，短期商业化收入提升很大的时候就需要警惕用户体验变差。需要我们重新审视指标体系，确保将可能产生的负向问题都纳入监控了。
- 增长是否破坏了双边市场的生态平衡：这个问题不仅包含 4.2 节提到的干扰双边市场的泄露问题，也包括生态中某一类事物侵占其他事物的问题。这些问题更为复杂，需要产品管理者时刻监控和警惕。

4. 增长可持续吗？

这个问题就是对长期效果、联合效果的评估。

- 半年里做了这么多实验，它们累计起来对于产品的提升是多少：这是一个多实验联合累计效果估计的问题。这个问题的必要性在于，决策层看到团队报告了无数个正向的实验增长后，产品的指标并没有改善反而还在下降。9.3.2 节提到的长期坚持组是一个解决方案，如图 18-5 所示。
- 拉长实验周期后，实验效果是否发生了变化：这个问题的本质是长期效果和短期效果问题，在第 9 章有详细讨论。

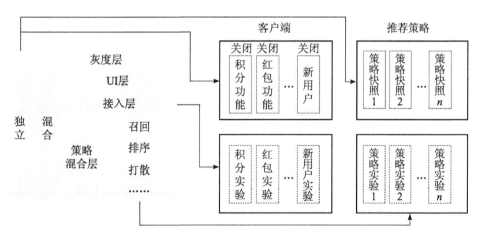

图 18-5　通过长期坚持组评估多个实验累计效果

第六部分
AB 实验的局限与补充

    第六部分重点讨论 AB 实验的适用场景和局限性，以及用户理解的补充手段，包括观察性因果分析方法和常见的用户研究手段。虽然 AB 实验很强大，但也不是万能的。AB 实验、观察性因果分析、用户调查是 3 种典型的用户研究分析方法。在选择分析方法时，有一个简单的判断原则，对于需要进行因果判断，特别是需要量化的场景，能进行 AB 实验的尽量通过 AB 实验来判断产品是否符合预期；对于不适合 AB 实验的场景，可以采用其他的观察性因果分析方法；用户调查方法可以辅助判断行为和指标之间的移动是否符合逻辑；AB 实验之外的因果分析方法和用户调查方法也可以用于佐证 AB 实验。

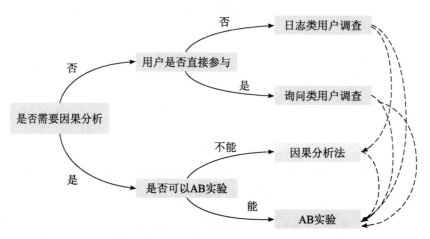

AB 实验的因果分析方法和用户调查方法

第 19 章

AB 实验的局限性

AB 实验是评估因果关系的黄金标准，也是数据驱动组织中决策者进行决策的主要依据。有些时候，我们想发现和验证因果关系，却无法进行 AB 实验。自上而下地看，AB 实验在战略创新层面和战术执行层面存在一定的局限性。

19.1　战略创新层面

随着市场迅速变化，企业需要不断寻找新方向、新机会和新产品。这通常需要企业的决策层来完成，这种战略创新也被视为企业家精神的主要内涵。想要在这种快速变化的过程中胜出，不能循规蹈矩，要坚持推陈出新。从这个层面来讲，AB 实验能发挥的作用是有限的，比如在产品初创期选择赛道、产品定位；产品发展到一定阶段后遭遇巨大瓶颈需要突破；外部环境已经发生巨大变化，需要重新进行产品定位或者重新制定企业产品的北极星指标等。

在战略创新层面，AB 实验发挥的作用有限，主要有几方面原因。

首先是机会成本问题。初创阶段可以选择的空间比较大，如果都采取试一试的态度，机会成本太高。对于企业的决策者来说，需要重点考虑的是时间成本和机会成本。如果分配两名软件工程师为新客户定制新产品，则老产品下一个版本的发布可能会推迟 3 个月。

再多的 AB 实验也解决不了延迟带来的问题，比如竞争对手将推出自己的 2.0 版；关键供应商将签署合同，将全部能力让给他人；因为选择做 A 产品，可能有一部分更倾向于做 B 产品的员工将离开公司。每一种选择都会走向一条不同的道路，有着不同的结果，也可能引发意料之外的事情。我们不可能简单地选择现在做 A 产品，之后做 B 产品，因为情况肯定发生改变了，每一个选择都是对其他事物不可撤销的拒绝，决定是相互依存的。

任何企业都需要确保最稀缺的资源——人的时间，花在对整个组织至关重要的任务上。在战略创新层面，由于需要考虑的因素太多，需要决策的范围过于宽泛，如果都进行实验，人力和时间成本太高。成功的产品一般是基于对用户具有普适性需求的观察和提炼。实际上，收集的各种想法中，值得落地为产品的仅仅是一小部分，最后可以形成规模化效应、获得商业化收益的更少。

在初创阶段，所有的东西都是全新的，没有可以对比的参照物，而 AB 实验发挥作用的关键点是要有可对比的基线。用通俗的说法可能更容易理解这个问题——AB 实验可以帮助你找到更快到达山顶的那条路，却不能帮助你发现一座新的山峰。在战略创新层面，进行方向选择的时候，需要从用户视角出发，对于用户需求进行洞察，采用第一性原理等产品思维方法，以及用户研究方法去了解用户需求。

当有了创新的方向后，需要一套战略计划来完成这个创新，通过精心选择的一套活动，追求一条明确界定的道路。企业的创新精神和战略规划相辅相成，没有创业精神的战略是没有远见的规划，没有战略的创业最后会迷失方向，以混乱收尾。在实施过程中，有效的战略通过确定实验、产品创新的范围，确保大方向正确，同时也起到鼓励内部创新的作用。

根据产品所处阶段、所面临的具体情况，可将是否适合进行 AB 实验总结为如图 19-1 所示的路径图。

虽然通常不建议通过 AB 实验来选择初期产品方向，但是也有一些公司将 AB 实验方法运用于批量的产品选择，同时将多个 App 投向市场，根据市场反馈的 AB 实验数据来推断不同类型产品的用户反应和潜力，以此为依据，决定对谁增加投放和推广力度，基于真实 AB 实验数据进行产品战略的决策和调整。当然能这么做，需要有很好的资金支持，以及可以承受大量产品失败的能力，这种行为类似于天使投资，只需要一两个产品获得成功就可以获得丰厚的回报。这种模式不适合初创公司以及大部分研发资源、资金不够雄厚的公司。

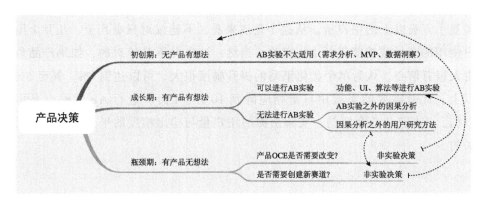

图 19-1　AB 实验方法应用路径图

19.2　战术执行层面

当确立战略创新方向后，到了战术执行环节，通过界定实验的边界，确保产品向着企业期望的方向移动。特别是当产品已经初步获得市场验证，具备一定规模需要继续增长、优化时，采用 AB 实验的方式持续迭代，是 AB 实验发挥关键作用的环节。在战术执行层面也有一些情况，无法开展 AB 实验。主要是因为一些场景不能满足进行 AB 实验需要的核心要素，无法保证 AB 实验结果可信。我们来回顾和总结一下 AB 实验所需核心要素和关键环节。

- 实验参与对象相互独立、互不影响。
- 实验参与对象被合理随机化、分组。
- 实验参与对象数量足够多。

在有限的实验时间内，收集反映最终目标的指标数据，通过对比实验组和对照组的指标数据变化，得出实验结论，实验效果较好的策略能较容易地应用于全部用户。根据这些关键环节并结合实验实践，总结出不能进行 AB 实验的主要原因如下。

1. 用户量不够

用户量不够的情况一般发生在初创产品、小众产品等用户规模较小的产品或者功能模块上。根据实践经验，检出业务指标 0.5% 左右的提升，一般需要十万级以上的用户量。从这个角度来看，不建议对只有几千、几万个用户使用的产品或功能进行 AB 实验。当然，这也并不是绝对的，如果产品负责人很有信心，认为单个优化策略的提升幅度很大，可以达到 2%，甚至 5% 以上，此时需要的实验用户量相应降到 10 万、1 万，进行 AB 实验也是可以的。正如 3.3 节介绍的，实验所需的用户量与检出精度的平方是线性反相关的。

2. 用户无法被随机分配

AB 实验中实验组和对照组的用户需要被随机分配，能对两组用户分别使用不同的策略。有的时候用户无法被随机分配，从而无法获得实验组和对照组的效果估计。如果在合并和收购场景中只有一个事件会发生，那么估计反事实是非常困难的。

类似的场景还有各种重大事件、赛事活动期间广告的投放等，因为只有一次机会，没有办法进行分组实验。在评估电视广告效果时，无法对用户随机分组，因为电视广告投放的机制是对于同一个频道同一个地区的用户，只能看到相同的广告。如果对不同地区、不同频道的用户投放不同的广告，又存在用户、地域的差异，数据的统计功效较低，违反了基本假设，使得实验对象具有了可比性。比如想了解用户将手机从 iPhone 更换为华为手机后，他们的行为会发生怎样的变化。即使有一些措施可以激励用户进行随机切换，通常情况下，也无法控制用户的选择。这些情况都属于无法对用户进行随机化处理，是无法进行 AB 实验的。

3. 进行用户行为改变的成本过高

如果一个实验中，对用户进行行为改变的成本太高，那么也需要慎重考虑是否进行实验。成本高有两层含义，一层是从开发者视角来看，改变策略对于开发者来说成本很高，这里面包含了改变本身的成本很高，比如对汽车发动机、飞机控制系统等进行优化改造，不仅要通过多项测试，还要反复进行多项合规检测。成本高也包含了如果不进行改变，会失去的机会成本。在奥运会等重大赛事中投放广告对于体育类用品的经销商是很好的品牌露出和推广机会，如果决策时间太长导致失去这个机会，对于企业来说机会成本比较高。

另一层含义是从用户视角来看，感知新策略的变化后，对于用户的伤害比较大，会间接损害产品的长期利益。比如在进行药物实验时，需要对照组的病人不吃药，这对于用户的代价太大；假设微信为了更好地理解朋友圈对于用户的黏性，在实验期间强制关闭用户的朋友圈，这对于一部分用户来说完全不可接受；假设为了研究强制退出提升启动闪屏广告（不退出 App 时，没有闪屏广告）的曝光，在用户登录一段时间后强行退出，让用户重新启动看到闪屏广告，这对用户体验伤害也非常大。

4. 实验的观察期太长、实验数据无法被便捷、准确地收集

AB 实验一般需要在 1 ～ 2 周的时间内得出结论。如果持续时间太长，或者实验数据很难被收集，都难以进行 AB 实验。比如，我们想研究高考前影响因素对考生的影响，而影响因素很多，同时也很难通过在线的方式简便且准确地收集数据；某二手车网站想研究某次 App 改版或者优惠券发放能不能提升二手车车主的复购率，因为一般二手车复购是低频且间隔周期比较长的，在 1 ～ 2 周内的实验大概率成交数据会非常稀少，所以无法进行实验判断。如果实验时间持续特别长，还会叠加其他不可知因素影响实验结果。而且如果实验持续太长时间，就失去了 AB 实验的主要功能，即支持产品基于数据进行快速迭代决策。

以上列出了常见的不适合进行 AB 实验的场景，在实际应用中可以基于 AB 实验的基本要素和基本原理进行具体分析。

小练习

选出下面你认为不适合进行 AB 实验的场景。

A. 对某内容 App 推荐算法的点击率优化的实验

B. 对某外卖 App 的首页排版的改造效果进行实验

C. 对某视频网站是否应该增加 VIP plus 会员等级进行实验

D. 对某电商 App 中某个品类商品的子品类是否齐全进行实验

E. 对某内容 App 是否应该增加娱乐品类内容的曝光进行实验

F. 对某二手车 App 的一个新策略是否会提升用户复购率进行实验

答案：C、D、F

第 20 章

AB 实验之外的因果分析方法

当希望获得因果关系又无法进行 AB 实验的时候，有一些观察性因果研究可以用来评估因果关系，前提是收集了大量用户数据。虽然这些观察性因果分析方法的可信度比 AB 实验要低一些，但也会让我们获得一些有用的信息，帮助我们进行方向判定。

观察性因果研究指的是不存在人为操纵的研究，不存在事先设定随机分组，将不同实验策略作用给不同组，而是通过后期的数据处理，构建对照组和实验组。需要注意将观察性因果研究与一般的观察性或回溯性数据分析区分开来。虽然两者都是基于历史日志数据进行的，但观察性因果研究的目标是试图尽可能接近因果结果，而回溯性数据分析的主要目标是从汇总、分布、趋势等角度查看某些行为模式有多常见，并分析指标，以及寻找可能为实验提供检验假设的模式。因为在观察性因果研究中没有事先分组，所以采用观察研究方法时主要面临如下两个挑战。

- 如何构建对照组和实验组。
- 如何对给定的对照组和实验组的影响进行建模。

本章讨论常用的观察性因果研究方法，包括匹配法、工具变量法、面板数据法、中断时间序列和法断点回归等。

20.1 匹配法

在估计因果效应的时候，面临着因果推断的基本问题，即只能观测到一种干预状态下的结果，无法观测其他干预状态下的结果。匹配法的基本思想是对于实验组个体，在对照组中寻找特征相似的对照组个体与其匹配，从而用对照组个体的结果来预计实验组个体的反事实结果，本质是构建可比较的实验组和对照组。这主要是为了确保实验组和对照组人群之间的差异不是由于人口结构不同导致的。例如，我们正在研究用户从 Windows 转向 iOS 这件事情本身带来的影响，希望确保不是衡量人口统计学上的差异，年轻人或者男性可能更喜欢使用 iOS 系统，这部分人群本身就存在一些人口统计学上的差异。

日常数据分析工作中也常常遇到这样的问题，当我们想要分析一个产品特性、一个推荐策略、一个广告投放效果如何时，往往是把用户根据有没有命中策略或者有没有曝光广告分成"有"和"没有"两组，而通常情况，这两组用户是绝对不同质的，例如被投放广告的用户可能是精挑细选的高潜力目标用户，被投放红包的用户往往是不活跃的用户，比较起来也没有多大意义。

问题关键在于如何消除两个人群之间的不同，让两个人群具备可比性。一个简单思路是将实验组和对照组的样本做"匹配"。对于实验组的每一个样本，都去对照组里找一个相似的样本，让两组用户变得可比较。可比较的含义是这两组用户除了受到的实验策略影响不同，没有其他不同，从而可以进行因果效应的估计。

20.1.1 匹配法的基本步骤

匹配法的实施步骤主要有 4 个——定义相似性、实施匹配、评价匹配样本的匹配效果、估计因果效应。前 3 个步骤不涉及结果变量，其过程就是通过匹配模拟随机实验，试图匹配达到随机实验中随机分配用户的效果。

第一步，定义相似性。定义相似性是匹配法的基础，这个阶段包含两个层面的工作：第一，选择变量作为定义相似性的依据；第二，将这些变量形成一个相似性的度量。

首先，选择变量作为定义相似性的依据。选择变量的主要依据是符合条件独立性假设（Conditional Independent Assumption，CIA）。条件独立性假设说明一旦控制了协变量，实验组和对照组的个体之间没有未观测差异。同时影响干预变量和结果变量的混杂因素都应作为协变量的匹配依据。如果遗漏重要的混杂因素，造成显著的偏差，对结果变量有重要影响的协变量，无论是否与干预变量有关系，都可以被引入作为匹配的依据。

其次，定义相似性需要一个度量，一般采用欧式距离或者马氏距离，根据第一步选择出来的协变量（特征），计算两个人之间的距离来判断两个人是否相似。举个例子，考察大学教育对于个人收入的影响，首先找出可以影响个人教育决定的因素，比如考大学时的个人特征，高中学习成绩、家庭背景等信息可以作为协变量，进入变量池，然后用变量池中所有影响的变量计算两个用户的距离，得到两个人的相似程度。

第二步，实施匹配。得到相似性之后就可以根据相似性实施匹配了，常用的匹配方式有两种，一种是近邻匹配，一种是分层匹配。

近邻匹配包括一对一最近邻匹配和一对多近邻匹配两种。一对一最近邻匹配是指为每个实验组个体在对照组中寻找一个距离最近的个体与其匹配。一对多近邻匹配是为每个实验组个体在对照组中寻找多个个体与其匹配。两者比较，一对一最近邻匹配的匹配样本比较少，估计方差比较大，每个干预组找到的都是最近的，因而偏差比较小。相反，一对多近邻匹配由于匹配样本比较多，匹配的样本容量比较大，虽然估计精度提高了，但是偏差也相对增加了。

分层匹配是根据协变量或者倾向指数进行分层，使层内两组个体特征比较相似，从而降低估计偏差。

第三步，匹配效果诊断。对于匹配完成后形成的匹配样本，需要检验是否近似随机化实验。常用的检验指标包括标准化平均值差异和对数标准差比。标准化平均值差异的定义如下。

$$\Delta_{ct} = \frac{\bar{X}_t - \bar{X}_c}{\sqrt{(s_t^2 + s_c^2)/2}}$$

其中，$\bar{X}_t$、$\bar{X}_c$ 分别表示实验组和对照组某协变量的平均值，s_t^2、s_c^2 分别表示实验组和对照组某协变量的样本方差。可以看到，如果两组个体协变量完全平衡，标准化平均值差异将趋近于 0，因而 Δ_{ct} 的值越接近 0，说明样本越有可能平衡。

第四步，因果效应估计。在前面的 3 个步骤中，并没有考虑结果变量，而是通过定义相似性，运用合适的匹配方法得到匹配样本，并检验匹配样本的匹配质量。如果匹配样本是协变量平衡的，从而匹配样本的方法近似于随机化实验，可以进入后续的分析阶段。实验组的平均因果效应的匹配估计量，可以写为如下形式。

$$\tau_{\text{ATT}} = \frac{1}{N_t} \sum_{D_i=1} \left[Y_i - \sum_{j \in M_j(i)} \omega(i,j) Y_j \right]$$

其中，$0 < \omega(i,j) \leq 1$，$M_j(i)$ 是上文定义的与实验组个体 i 匹配的对照组个体的集合。不同的匹配方法在于权重不同，比如一对一匹配，$\omega(i,j)=1$。

通过上面的 4 个步骤就得到了匹配样本对于因果效应的估计。需要注意的是，匹配法在应用的时候要满足两个条件。

第一个条件是满足条件独立性假设，数学表达如下。

$$(Y_{0i}, Y_{1i}) \perp C_i \,|\, X_i$$

其含义是观测协变量 X_i 后，干预组和控制组（C_i 表示是否干预）两组潜在结果分布相似，未观测变量不会对潜在结果分布有系统性影响，从而在相同的 X_i 层内，数据类似于完全随机化实验，在层内两组观测结果平均值之差是对层面平均因果效应的估计。匹配法近似于分层随机化实验，要求根据 X_i 分层后，未观测变量不会对潜在结果造成差异。

第二个条件是满足共同区间要求，公式表示如下。

$$0 < P_r[C_i = 1 \,|\, X_i] < 1$$

其中 $P_r[C_i = 1 \,|\, X_i]$ 实际上是倾向指数，反映的是具有特征 X_i 的个体接受干预的可能性，根据观测变量 X_i 分层后，层内均有干预组和控制组两组个体，从而保证可以利用匹配方法估计相关因果效应参数。

匹配法的思路虽然简单，真正使用起来还是有一定难度的，每个环节都有一些选择和考量，比如如何选择协变量、如何匹配参数（修建方法、匹配方法等）。同时，匹配法是只考虑观察到的协方差，未解释的因素可能导致隐藏的偏差，在使用匹配法得出结论的时候需要谨慎。

20.1.2　倾向性得分方法

匹配法的一个经典实现方法是倾向性得分匹配法。这个方法主要是基于个体的特征，为个体计算出一个综合得分，称为倾向性得分。倾向性得分是一种平衡得分，主要是为了定义用户的相似性。对于倾向性得分相同的一群用户，实验处理和特征是独立的，实验处理和潜在结果也是独立的。理论上，如果我们对每一个实验组用户都在对照组里匹配一个得分相等或者相近的用户，就能得到同质的实验组和对照组，近似做 AB 实验的随机分组。

如何计算倾向性得分呢？因为实际上需要考虑的用户特征特别多，所以通常通过建模的方式，将特征放到逻辑回归、决策树等机器学习模型中估算倾向性得分。如果发现某些变量匹配效果不好，可以考虑加入一些高阶项，比如将某些特征的 1 次方变为 2 次方。有了每个用户的倾向性得分，就可以按照近邻匹配、分层匹配等方法进行匹配。有一些工具包可以直接使用，比如 R 的倾向性得分匹配包 MatchIt，它附带数据集。

实验组：nswre74_treated.txt(185 observations)。

对照组：cps3_controls.txt(429 observations)。

通过几行代码就可以配平，以上述经典数据集为例（测试集记为 Nsw-Data-Obs），代码如下。

```
m.out <- matchit(data=nsw_data_obs,
    formula=treat ~ age+I(age^2)+educ+I(educ^3)+black+
    hispan+married+I(re74/1000)+I(re75/1000),
    method="nearest",
distance="logit",
replace=FALSE,
caliper=0.05)
```

匹配完成后怎么衡量"配平效果"呢？比较直观的方法是看倾向性得分在匹配前后的分布以及特征在匹配前后的 QQ-Plot。MatchIt 自带了这两个功能，代码如下。

```
plot(m.out,type="hist",interactive=F)
```

```
plot(m.out,type="QQ",interactive=F,which.xs=c("age",
    "I(re74/1000)","I(re75/1000)"))
```

除了直观的图形之外，还需要配平效果的量化指标。Coursera 上的公开课 " A Crash Course in Causality：Inferring Causal Effects from Observational Data "里介绍了量化指标标准均数差（Standarized Mean Difference，SMD）。标准均数差的一种计算方式为（实验组均值 – 对照组均值）/ 实验组标准差。如果一个变量的标准均数差不超过 0.1，一般就可以认为这个变量的配平质量可以接受。当一个变量的标准均数差超过 0.1 时，需要凭经验确认这个变量是否有那么重要。

MatchIt 里自带一个函数，可以计算配平前后每个变量的各类统计结果，其中也包括了标准均数差。这里我们只看配平后的效果，配平后标准均数差绝对值的最大值是 0.09，可以认为配平质量可以接受。

```
summary(m.out,standardize=T)$sum.matched
```

当匹配完成后，可以按照 AB 实验的常规的方法进行因果效应推断。

在做倾向性得分匹配的时候，还需要进行敏感性分析，敏感性分析是独立于倾向性得分匹配的。主要目标是混淆变量（特征）不满足非混淆假设时，分析结论的鲁棒性。一个简单的做法是去掉一个或者多个混淆变量，重复上面的过程，如果分析结论出现了显著变化，说明非混淆假设要么依赖于所有特征，要么不成立。对匹配法感兴趣的读者可以查阅相关资料。

20.2 工具变量法

有一些情况下不能使用匹配法，可以借助工具变量进行因果推断。

20.2.1 什么是工具变量

如果满足条件独立假设，匹配法具有识别因果效应的能力，当条件独立性假设成立时，意味着没有观测到的因素会造成选择偏差，从而出现内生性问题。在回归分析中，通常将模型误差项（未观测因素）与原因变量相关称为内生性问题，通常最小二乘法（Ordinary Least Squares，OLS）估计量存在偏差，不是总体参数的一致估计量。当存在内生性问题时，线性回归和匹配法都无法识别因果效应，工具变量是解决内生性问题的一种经典方法。

下面用数学公式来描述如何使用工具变量解决内生性问题，从而识别因果关系。

- X 对于 Y 的影响：$Y = \alpha X + \varepsilon$。
- 由于有内生性问题 $\mathrm{Cov}(\varepsilon, X) \neq 0$，不能直接用相关性分析，也就是 α 不能代表 X 对于 Y 的影响。

通过引入工具变量 Z，进行因果识别，如图 20-1 所示。选择工具变量 Z，需要满足两个条件。

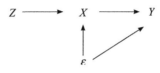

图 20-1　工具变量法

- 外生性：与未观测因素无关，也就是工具变量不通过为观测因素影响结果，或者工具变量分配类似随机化实验，独立于潜在结果，从而 $\mathrm{Cov}(\varepsilon, Z) = 0$。
- 相关性：工具变量必须与原因变量相关，也就是满足 $\mathrm{Cov}(X, Z) \neq 0$。
  - 对 X 进行 OLS 回归，从而分离出 X 的外生部分。

$$X = \gamma + \delta Z + \mu$$

记此回归的拟合值为 $X' = \gamma' + \delta' Z$，其残差为 $\mu' = X - X'$。

$$X = X' + \mu'$$

其中，拟合值 X' 为工具变量的线性函数，为外生部分，其残差 μ' 为内生部分。

  - 用 X' 代替 X，再用最小二乘法进行回归。

$$Y' = \alpha(X' + \mu') + \varepsilon = \alpha X' + (\alpha \mu' + \varepsilon)$$

在此项回归中，X' 与扰动项 $\alpha \mu' + \varepsilon$ 不相关，因为 X' 为工具变量 Z 的线性函数，所以 X' 和 ε 不相关；同时，根据 OLS 的正交性，OLS 回归的拟合值与残差正交，故 X' 与 μ' 不相关。

在这个过程中，通过两个 OLS 回归来实现，又称二阶段最小二乘法（Two Stage Least Squares，2SLS）。

下面通过两个例子来看一下工具变量法是如何使用的。

20.2.2 案例 1：教育、参军对收入的影响

假设因果效应模型如下。

$$Y = \alpha + \beta \times T + \gamma \times A + \varepsilon$$

式中，Y 为收入，T 为教育时间，A 为能力，β 是因果效应参数，反映的是教育时间对收入的影响，ε 为误差项。因为 A 是不可观测的，没办法控制 A 或者根据 A 进行匹配，没办法使用相关性分析和匹配分析，所以需要寻找一个工具变量 Z，来帮助识别教育与收入的因果关系。

这个工具变量虽然需要与教育密切相关，但是不能与能力或者其他相关因素相关。Angrist 利用美国义务教育法对入学年龄和退学年龄的限制，找到工具变量个人出生季度。个人出生季度为什么可以作为教育的工具变量呢？首先，因为美国各州一般规定当年年底前满 6 岁的孩子可以在当年 9 月份入学，同时义务教育法规定年龄必须达到 16 岁才可以退学，这两点限制结合起来，就是出生季度和教育时间之间的发生关系。平均而言，出生于第一季度的孩子受教育的时间较短，出生于第四季度的孩子受教育的时间相对长，使得受教育时间与出生季度相关。

从数据结果来看，三四季度出生的孩子比一二季度出生的孩子倾向于受到更多的教育，并且所有年份都有类似的模式，说明教育与出生季度之间确实有密切的关系。从直觉上看，出生季度也不会影响个人收入，虽然用人单位不会因为员工出生季度的不同而支付不同的工资，但是个人收入与出生季度之间的关系也表现出类似教育与出生季度之间的模式。出生季度不会直接影响收入，唯一的原因可能是出生季度通过影响受教育时间而间接影响个人收入，从而使得个人收入与出生季度之间出现变动模式。

20.2.3　案例 2：内容发布者与用户活跃度的关系

在抖音、快手这些视频内容 App 的用户中，有提供内容的用户，有消费内容的用户。一般对于一个产品的新用户，提升新用户的留存和活跃度对于用户长期留存来说至关重要。从产品角度看，如果用户尽快参与到产品核心功能的使用中，有利于提升用户的留存。按照这个思路，如果让一个用户从单纯的内容消费者，转化为内容提供者（不影响他继续消费内容），对于平台来说，会有什么样的价值？这个转变会不会让用户更活跃、留存率更高？

带着这个问题，研究用户转化为内容提供者，和用户活跃度这两者之间的因果关系。因为我们不能直接强迫用户发布内容，没有办法直接进行 AB 实验，所以尝试通过工具变量的方式进行实验。首先需要一个工具变量，这个工具变量要与用户转化为内容提供者有相关性，且与用户个体特征完全独立。选择随机给用户发送消息（例如"这是你加入快手的第 n 天，发个作品记录一下吧！"）来显著改变用户发布内容的意愿，将是否被发送消息作为工具变量，这是因为是否被发送消息是随机的，所以满足外生性。同时，发送消息可以激励用户发布内容，具有一定的相关性。

通过数据表明，发送消息使得用户成为新的内容提供者的可能性显著提高。与此同时，被发消息用户的周活跃天数和周发布作品量都显著提升。

工具变量的本质还是一种尝试近似随机分配的技术，具体来说就是确定一种允许我们近似随机分配的工具。就像在医学中，同卵双胞胎允许将双胞胎研究作为自然实验进行。有时"像随机一样好"的自然实验可能会发生。

20.3　面板数据法

虽然工具变量法在理论上是一种很好的解决方案，但是在实践中，工具变量往往难以寻找。找不到合适的工具变量的时候，是否还有其他方法可以帮助我们寻找因果效应？如果有同一个个体多期的数据或者不同个体不同时期的数据，确实有一些工具可以解决未观测混杂因素的影响，从而识别因果效应，比较常见工具有双重差分法和合成控制法。

1. 双重差分法

许多因果分析方法都集中在找出与实验组尽可能相似的对照组，这个过程是非常复杂和困难的。考虑到这一点，可以采用双重差分法（Differences-in-Differences，DID），就不用考虑实验组与控制组存在的差异了。

双重差分法有一个基本假设——共同趋势假设，假设受到实验干预的用户，如果没有接受干预，其结果的变动趋势将与对照组的变动趋势一致。这一假设与匹配法中讨论的条件均值独立性假设相似，不过不是针对潜在结果的水平量，而是针对潜在结果的增加量，因而双重差分法也可以看作一种匹配方法，是针对增量的匹配。

由于水平量受到未观测因素的影响，因此水平量匹配无法消除未观测因素的影响，进行增量匹配时，计算增量是利用两个结果的差分，消除了未观测混杂因素的影响，从而在共同趋势假设下，获得反事实的结果。

在图 20-2 中，在 $t=1$ 时对实验组进行更改。

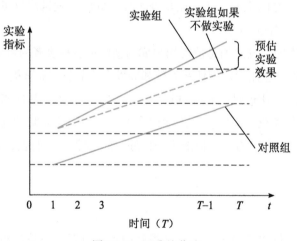

图 20-2　双重差分法

在 $t=1$ 之前和之后的 $t=T$ 点，对实验组和对照组进行测量。在 $t=1$ 时对实验组进行更改，对照组中两个时期之间相关指标的差异被假设为反映了外部因素（例如季节性、经济实力、通货膨胀），从而呈现了实验组可能发生的情况的相反事实。实验效果估计为感兴趣的指标的差异减去同一时期该指标的控制差异。

2. 合成控制法

在很多研究中，往往只关注策略在一个地区加和的信息。这种情况相当于只有一个实验组，如何科学地评价策略对个体的影响就变成了一个难题，比如某个城市出台了楼房限购政策对楼市的影响；汽车摇号政策对汽车行业的影响等。由于经济水平、发展阶段不一样，很难找到一个可以作为对照组的国家或者城市。这个时候可以采用合成控制法（Synthetic Control Methods，SCM）进行实验。

合成控制法的基本思想是，尽管对照组中的任何个体和实验组的个体都不相似，依然通过为个体赋予权重，加权后构造出一个合成的对照组。权重的选择使得合成对照组（也称合成控制组）的行为与实验组实验干预之前的行为相似，从而期望实验组如果没有受到政策干预，其行为仍然与合成控制组非常相似，即合成控制组事后的结果可以作为实验组个体的反事实结果，实验组和合成控制组事后结果的差异就是实验干预的影响效果。

合成控制法使用场景类似双重差分法，实验组只有一个，并且往往是针对加和的变量，而非个人。双重差分策略可以解决不随时间变化的未观测混淆因素造成的内生性，往往不能克服具有时变性的未观测混淆因素造成的内生性。在合成控制中，允许时变未观测混杂因素的存在。

20.4　中断时间序列法

中断时间序列法（Interrupted Time-Series，ITS）是一种准实验设计。这个方法适用于可以在系统内控制变化，不能对控制的人群进行随机化，即没法很容易地把用户分为实验组和对照组的场景。该方法使用相同的人群进行实验和对照，随着时间的推移，会改变人群所经历的事件。

具体来说，首先使用实验前一段时间内的多次测量结果来创建一个模型，该模型可以提供感兴趣的指标的基本估计。主要是用来预估在做实验的时间段，如果没有做实验，各项指标的数据可能是多少。一旦开始做实验，没有做实验的各项指标的数据是无法观察到的。实验后，进行多项测量，得到实验后各项感兴趣指标的数据，计算感兴趣指标的实验效果与模型预测值之间的平均差值。

中断时间序列法的一个扩展方法是引入一种实验，然后逆转它，随意重复这一过程多次。例如，使用该方法评估警方直升机监控对家庭入室盗窃的影响，在几个月的时间里，监控被实施了几次，然后又被撤回了几次。每实施一次直升机监控，入室盗窃的数量就会减少一次；每取消一次监控，入室盗窃的数量就会增加一次。在线环境中，一个类似的例子是了解在线广告对搜索相关网站访问的影响。

需要注意的是，复杂的建模可能是推断影响所必需的，比如贝叶斯结构时间序列分析。建模的一个主要作用就是影响指标的其他因子纳入模型，从而在预计的结果中排除这些因素的影响。最常见的一个因子就是时间对于结果的影响，因为比较是在不同的时间点进行的，季节性就是一个明显的例子。其他潜在的系统变化也可能令人困惑，多次来回更换将有助于降低出现这种情况的可能性。使用中断时间序列方法时需要考虑用户是否会注意到他们的体验是来回切换的。如果是，则缺乏一致性，可能以某种方式激怒或挫败用户，得到的效果可能不是由于改变，而是由于不一致造成的。

中断时间序列法的一个应用案例是交错实验。交错实验设计是一种常见的设计，用于评估排名算法的改变，例如搜索引擎或网站搜索。在实验中，有两个排序算法 X 和 Y，算法 X 将显示 X_1、X_2、X_3、……、X_n，算法 Y 将显示 Y_1、Y_2、Y_3、……、Y_n。交错实验将分散混合在一起的结果，例如 X_1、Y_1、X_2、Y_2、……，删除了重复结果 X_n、Y_n。

评估算法的一种方法是比较两种算法结果的点击率。虽然这个设计是一个强大的实验设计，但它的适用性是有限的，结果必须是均匀的。如果第一个结果占用更多空间，或者影响页面的其他区域，那么复杂性就会出现，进行科学的评估就变得更困难了。

20.5　断点回归法

断点回归法（Regression Discontinuity Design，RDD）首先出现在 Campbell 关于"对学生的未来学术成果进行奖励"的研究中，该研究根据学生参与测试的成绩分配奖励，如图 20-3 所示。假设某一学生的分数为 X，大于、等于临界值 C 便会获得奖励；相反，低于此临界值的学生享受不到奖励。在这一实验处理（给予奖励）中便会形成一个明显的断点，以函数表达则表现为不连续。用

虚拟变量 $D=\{0,1\}$ 表示给予奖励的收益，即当 $X \geq C$ 时，$D=1$；当 $X<C$ 时，$D=0$。除了接受奖励，对于未来学术成果 Y 也是测试分数的不连续函数。Y 在 C 处的跳跃间断便是受到奖励的因果效应。

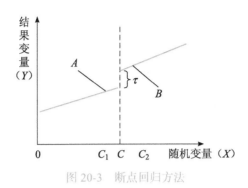

图 20-3　断点回归方法

假设某一样本的得分 X 就是 C，这一情况下，我们要猜测其收益 Y 是否为接受了奖励的结果。假设我们可以认为除了是否奖励，其余因素对于 X 都是平滑的，A 可以看作未接受奖励的样本的收益，B 可以看作对获得奖励的样本收益的合理估计。$\tau = B - A$ 可以看作因为获得奖励的增益收益的因果估计。可见，断点回归法应该采用临界点附近的样本作为研究对象，如图 20-3 中的 C_1 和 C_2。

理论上来说，样本选取越接近临界点越好。然而在实践过程中，我们不能仅考虑临界点附近的样本。考虑的范围越窄，样本数量就会越少。比 C_1 和 C_2 更邻近的样本根本不存在。为了充分利用有限的数据，猜测关于 $X=C$ 时是否获得奖励，我们仍需要距离临界点相比有一定距离的样本。

断点回归设计方法需要有一个明确的阈值来确定实验人群。在这个阈值的基础上，我们可以将略低于阈值的人群识别为对照组，将略高于阈值的人群作为实验组来减少选择偏差。例如，当给予奖学金时，很容易辨认出接近获奖者。如果给予 80% 的奖学金，那么成绩略高于 80% 的实验组与成绩低于 80% 的对照组相似。当参与者可以影响他们的待遇时，就违反了这一假设。例如，虽然待遇适用于及格的学生，但学生能够说服他们的老师"仁慈地放过"他们。

使用断点回归法的一个例子是评估饮酒对死亡的影响。21 岁以上的美国人可以合法饮酒，我们查看按生日计算的死亡人数，看到在 21 岁生日之后，死亡风险迅速上升，从每天约 100 人死亡升到每天约 150 人死亡的基线水平。21 岁的死亡高峰期似乎不是一个普通的生日效应。如果这一激增仅仅反映了生日聚会，我们应该预计在 20 岁和 22 岁生日之后死亡人数也会激增，但这种情况并没有发生。

正如上面的例子所示，中断时间序列方法的一个关键问题还是混杂因素。在断点回归法中，阈值的不连续性可能会受到具有相同阈值的其他因素的污染。例如，一项关于酒精影响的研究选择了 21 岁作为合法赌博的门槛，这可能会受到这一事实的影响，因为这也是合法赌博的门槛。断点回归法通常需要一个生成两拨用户的阈值，生成并且根据这个分数的门槛发生一些事情，导致结果的偏差。

20.6　增益模型

在营销领域中，比如发放优惠券的场景，如果我们采用 AB 实验，做法是通过 A 组发放优惠券、B 组不发放优惠券，对比 A、B 两组的整体收入差异。不难想到，用户中有一部分是本来就有购买意愿的，有一部分是因为发放了优惠券才购买的，如图 20-4 所示。对于发放优惠券这种有成本的营销活动，自然希望触达的是优惠券敏感，即因为发放优惠券才购买的用户。对优惠券不敏感的用户，即无论是否发券都会购买的，最好不要发，以节省成本。显然简单的 AB 实验达不到精准营销的效果。

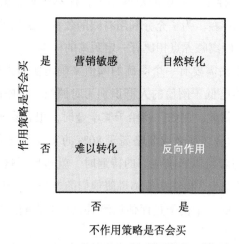

图 20-4　营销人群四象限

　　营销活动主要针对营销敏感人群，这部分用户是因为有优惠券才购买的，我们把这种预测出营销敏感人群的模型称为增益模型（Uplift Model），把不对人群做任何区分的预测模型称为响应模型（Response Model）。设 T 表示某种干预策略（如是否推送优惠券），X 表示用户特征，$Y=1$ 表示用户输出的正向结果（如下单或点击）。

　　响应模型：$P(Y=1|T)$，即看到优惠券之后购买的概率。

　　增益模型：$P(Y=1|X,T)$，即因为收到优惠券而购买的概率。

　　假设有 N 个用户，$Y_i(1)$ 表示我们对用户 i 干预后的结果，比如给用户 i 发放优惠券的结果。$Y_i(0)$ 表示没有对用户 i 干预的结果。用户 i 的因果效应的计算如下。

$$\tau_i = Y_i(1) - Y_i(0)$$

　　增益模型的目标就是最大化 τ_i。实际使用会取所有用户的因果效应期望的估计值来衡量用户群的效果，称为条件平均因果效应（Conditional Average Treatment Effect，CATE）。

$$\tau(X_i) = E\big[Y_i(1)\,|\,X_i\big] - E\big[Y_i(0)\,|\,X_i\big]$$

　　X_i 是指用户特征，所谓的条件是基于用户特征的条件。

　　在满足条件独立的情况下，即用户特征与干预策略相互独立时：

$$\{Y_i(1), Y_i(0)\} \perp T_i \,|\, X_i$$

条件平均因果效果可以写作

$$\tau(X_i) = E\Big[Y_i^{\text{obs}}\,|\,X_i = x, T = 1\Big] - E\Big[Y_i^{\text{obs}}\,|\,X_i = x, T = 0\Big]$$

　　满足条件独立的样本可以通过 AB 实验获取，随机实验可以保证用户特征与干预策略是相互独立的。增益模型可以基于 AB 实验的数据展开。有几种构建增益模型的方法，其中差分响应模型是一种比较直观的方法，基本思想是分别对 AB 实验的实验组和对照组数据独立建模，预测时分别得到实验组模型和对照组模型预测用户的分数，两个模型预测分数相减就得到了增益分。

　　以优惠券发放为例，目标是用户是否下单。训练时取实验组的用户训练，正样本是下单用户，负样本是未下单用户，得到模型 M_T，预测结果是每个用户的下单概率。对照组类似，得到模型 M_C。两组用户的下单概率求平均即可得到如下公式。

$$\tau(X) = E[Y^T \mid X^T] - E[Y^C \mid X^C]$$

预测时，对用户分别使用 M_T、M_C 进行预测，两个模型预测的分数相减得到用户 i 的 $\tau(X_i)$。最后一步是最关键的，也是增益模型区别于普通模型的地方——根据 $\tau(X_i)$ 的高低决定是否发放券，如图 20-5 所示。

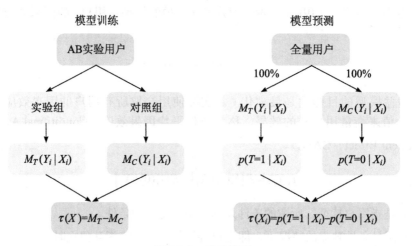

图 20-5　增益模型

第 21 章

常用的用户调查分析方法

　　有很多用户调查分析的方法，在想法的形成、筛选、验证方面，可以起到辅助、补充和增强的作用。同时，这些方法也可以帮助我们进一步确认实验的结果，是支持还是驳斥实验假设。

　　对于容易实现 AB 实验的想法，建议通过运行 AB 实验来直接测试它们。对于实现成本较高的想法，可以使用用户调查分析技术进行早期评估和想法修剪，以降低实现成本。如果想要一个可靠的用户满意度的代理指标，该怎么办？可以先通过调查并收集用户报告的满意度数据，结合日志数据分析，查看哪些大规模观察指标与调查结果相关。然后运行 AB 实验验证建议的代理指标，从而进一步扩展和优化实验。

　　本章将讨论的用户调查分析方法沿着两个方向变化——用户规模和每个用户的信息深度，如图 21-1 所示。一般用户规模越小，获得的细节越多，信息深度越高，即用户规模和信息深度之间具有此消彼长的代偿性。在选择用户调查分析方法的时候，需要考虑本次调查的目的，是更希望获得深度信息还是大规模群体性统计信息。通常的做法是使用证据层次较低的多种方法来估计效果，用多种方法来回答问题，进行交叉验证。

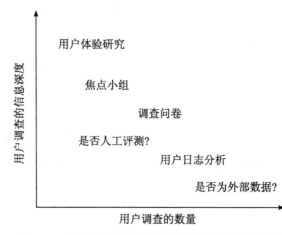

图 21-1　用户调查分析方法的用户规模和信息深度

21.1　用户日志分析

运行可靠的 AB 实验的一个前提条件是有适当的工具来记录用户行为，以计算用于评估 AB 实验的指标。基于日志的分析同样需要用户的日志数据。用户日志有多种来源，前端埋点的、后端接口记录的。一般接口调用（用户登录、启动 App 等）类的记录都是后端提供的，在前端界面的交互、曝光情况一般由客户端埋点事件提供。有一些行为比如点击，既可以由前端记录也可以由后端点击接口提供。

一般日志分析时会把用户日志进行拼接，经过拼接的日志，就形成了一个关于用户行为的完整链路，可以清晰看到用户的整个行为序列，谁、在什么时间、通过什么方式来到平台，进行了哪些行为（以内容产品为例，行为包括曝光了什么内容、点击了哪篇文章、播放了哪个视频、点击了哪些按钮、在多少个频道消费等），以及在什么位置离开了平台。

1. 帮助我们构建关于自身产品的基本直觉

- 用户每周每天访问的频率、点击率、消费时长是如何分布的？
- 关键细分维度有何不同？比如，不同渠道的用户特征有何不同？使用 Android 和 iOS 系统的用户有何不同？一线城市和非一线城市用户有何不同？男性和女性用户有何不同？

- 随着时间的推移，用户结构、用户行为是否也在发生变化？核心用户随着时间是在增长还是在流失？

建立这种关于产品的基本数据直觉可以帮助我们理解产品的核心用户群体、产品特征等，以及哪些是独立于实验自然发生的、多大程度的变化才是显著并具有实际意义的，哪些指标是需要我们特别关注，或者需要引入 OEC 的。

2. 帮助我们找到好的 AB 实验的想法

- 通过漏斗分析，可以帮助我们找到转化率最差的漏斗，以进行优化。
- 通过用户分群分析，可以帮助我们找到数据指标表现最差的一群人，针对他们进行优化。
- 通过时间序列分析，可以帮助我们发现最容易造成用户流失的环节，进行功能和交互路径的优化。

通过日志分析，可以探索产品的潜在受众有多少，可能在多大规模上影响大盘的整体数据，从而进一步决定是否值得花费时间通过 AB 实验来实现和评估。比如，在进行一个垂直品类的优化时，如果这个品类的潜在受众只有 20 万的规模，大盘整体有 2 000 万个用户，那么就需要认真考虑一下这个想法是否真的值得做 AB 实验，或者说优先级是否需要降低。

3. 观察个体用户行为

通过日志分析还能观测和跟踪个体用户完整的行为路径，这对于一些坏案例的定位非常有用。通过一个个用户完整路径的观察，去发现和推断用户在使用产品时遇到的问题。比如，在对一个信息流产品做流失用户分析时，首先抽取这些流失用户在流失前 1 个月的全部流水日志进行观察，发现这些流失的用户可以分为几个主要类型。

- 画像与兴趣不匹配导致流失。某用户的日志从点击情况来看显然是体育偏好的用户，该用户的点击除了个别置顶时政内容外，均来自体育。虽然该用户画像信息中，主兴趣为新闻的社会和奇闻逸事，但是兴趣和画像均无体育。结果用户在连续访问几周后就流失了。
- 典型的被渠道拉起的流失用户。一个用户的日志流水显示，在 1 月的 4 周内，分别访问了 6 次、2 次、2 次和 1 次，并于 7 月流失。从启动方式来看，该用户从未通过主启、推送等来源访问该产品，全部是装机渠道拉起的访问。从内容点击情况来看，该用户 6 月发生 16 次点击，只有一则热点内容，其他均为软资讯内容。

基于日志分析存在一定的局限性，这些分析只能根据过去发生的事情来推断未来会发生什么。例如，可能因为当前使用量较小而决定不进一步投资电子邮件的附件功能，然而当前使用率较低的原因可能是它很难使用，而基于日志的分析无法揭示这一点。将基于日志的分析与用户和市场研究结合起来，也许可以给出一个更全面的图景。

基于日志分析还有一个问题是只能看到现象与现象之间的相关性，比如一群活跃用户的互动也很频繁，究竟是因为活跃所以互动，还是因为互动所以活跃，其中的因果关系是无法被发现的。

21.2 调查问卷

进行问卷调查，主要是通过招募一群人来回答一系列问题。问题的数量和类型都没有一定的格式和限制，可以有多项选择题，也可以是开放式问题，用户可以自由回答。这些调查可以当面完成，可以通过电话完成，可以在应用程序或网站上在线完成，也可以通过其他接触和定位用户的方式完成，还可以从产品内部进行调查，甚至把它们与 AB 实验配对。例如，Windows 操作系统会提示用户一两个关于该操作系统和其他微软产品的简短问题；Google 会问一个与用户的产品内体验和满意度相关的问题。

调查问卷看似简单，设计和分析它们实际上相当具有挑战性。问题必须措辞谨慎，因为它们可能会被曲解，或无意中促使受访者给出某些答案。问题的顺序可能会改变受访者的回答方式。如果你想随着时间的推移获得数据，则需要小心调查的变化，因为随着时间的推移，这些变化可能会使得不同时间点上的比较没有意义，从而得出的结论也是无效的。

调查问卷的最终结论一般也需要调查者自我总结分析得出，因为用户可能不会给出完整或真实的答案，即使是在匿名调查中也是如此。需要警惕的是，用户群体很容易产生偏见，可能不能代表真实的用户群体，即分析中经常提到的"幸存者偏差"，例如，只有不满意的人才会响应调查问卷。由于这种偏差，相对调查结果可能比绝对调查结果更有用。

我们可以通过调查来接触比用户体验研究或焦点小组更多的用户，它们主要用于获取无法从日志数据中观察到的问题的答案，例如，当用户离线时会发生什么，或者用户的意见、信任和满意度水平。问题可能包括用户在做出购买决定时获取了哪些信息，包括与朋友交谈或在购买 3 个月后询问用户满意度等离线行为。

调查还有助于观察较难直接衡量的问题（比如信任或声誉）随时间的变化趋势，有时还用于与高度聚合的业务指标（比如，总体使用率或增长）的趋势相关联。这种关联可以推动对广泛领域的投资，比如如何改善用户信任，但不一定会产生具体的想法。经过调查参与者的同意，可以将调查结果与观察分析配对，以查看哪些调查响应与观察到的用户行为相关，当然前面提到的调查受访者的偏差将影响结果的可信度和普适性。

21.3　焦点小组

焦点小组是与招募的用户或潜在用户进行讨论的指导性小组。讨论过程中我们可以将讨论引导到任何主题上，从关于用户态度的开放式问题，如"他们的同龄人经常做什么或讨论什么"，到更具体的问题，也可以使用屏幕截图或演示演练来获得反馈。焦点小组比用户体验研究更具弹性，可以处理模棱两可的开放式问题，可以指导产品开发和想法假设。然而，考虑到群体的性质和讨论形式，与用户体验研究相比，可以覆盖的领域较少，并且可能成为群体思维的牺牲品，并在意见上趋同。

用户在焦点小组或调查中说的话可能与他们真正的偏好不符。有一个非常出名的案例是飞利浦电子组织了一个焦点小组，以洞察青少年对音箱功能的偏好。焦点小组与会者在焦点小组会议期间表达了对黄色音箱的强烈偏好，称黑色音箱是"保守的"。然而，当与会者离开房间，并有机会将音箱带回家作为对他们参与调查的奖励时，大多数人选择了黑色。

在设计和改进产品的早期阶段，焦点小组可以有效地获得对错误假设的反馈，这些设计将成为未来的实验。通常如果品牌或营销方案变化，焦点小组也可以试图去理解潜在的情绪反应。我们的目标同样是收集无法通过工具测量的信息，并获得关于尚未完全定型的改进的反馈，以帮助接下来的设计过程。

21.4　用户体验研究

用户体验研究中包含多种方法，这里主要是从实地和实验室研究角度来区分。这些研究通常只针对少数用户进行深入研究，通过观察他们在实验室环境或现场执行感兴趣的任务并回答问题来实现。

这种类型的研究是深入和信息密集的，而且用户量较少，通常最多只有几十个用户。这种从直接观察和及时的问题与回答中获得的洞察力对于产生想法、发现问题是很有用的。例如，如果是电商网站想要卖东西，你可以观察用户试图完成一次购买时在哪里遇到困难，用户是否陷入困境，比如找不到优惠券。这些类型的现场和实验室研究可以收集一些特殊的信息，使用收集数据的特殊设备，例如无法从日记研究中收集的眼球跟踪，这些技术对于将"真实的"用户意图与我们通过工具观察到的内容相关联来生成指标的想法非常有用。

21.5　人工评测

人工评测是指公司雇佣第三方评测机构来完成评价任务，将他们提供的评测结果作为后续进行产品优化改进方向的参考。这是搜索和推荐系统中常用的评测方法。简单的评测问题，比如"你更喜欢颜色 A 还是颜色 B"，或者"这篇文章是你感兴趣的吗？"可能会变得越来越复杂，比如"请给这个图像贴上标签"或者"这个结果与这个查询有多大的相关性。"更复杂的评测任务可能会有详细说明，以确保评测精确。通常多个评测会被分配相同的任务，因为评测者可能会有不同的意见，可以使用投票或其他分歧解决机制来获得高质量的汇总标签。

下面展示了推荐系统人工评测的一个评测规则样例。

评测规则

策略推荐质量评测采取扣分制，比如初始分值为 10 分，根据出现问题的严重程度进行扣分，最低分为 0 分。评判维度包括曝光文章与画像匹配度、点击行为、热点文章（全局热点、兴趣热点）、兴趣多样性、协同召回、强插召回、文章时效、阅读文章停留时长（标题党、误点击）、重复、文章低质量、内容样式（黄反、清晰度、重复、配图错误）等。

严重扣分的情况如下。

- 用户未点击文章。

- 文章与用户画像不匹配。

- 文章发布时间超过 7 天。

- 文章低质。

- 内容样式有问题，如配图重复、图片与文章内容无关、图片不清晰。

- 文章命中负反馈。

- 文章重复。

- 文章消费停留时长较短。

人工评测的一个局限性是，评测者通常不是真正的最终用户，分配给评测员的任务通常是批量的，而产品的真实用户往往是基于生活中的真实场景的。此外，评分员可能会错过真实用户的本地背景。例如，对于许多评测者来说，搜索"嘻嘻""哈哈"是拟声词查询，而且在当前的网络环境中，大概率是希望找嘻嘻、哈哈相关的表情包，然而对于居住在"嘻嘻村""哈哈村"这两个地方的人，他们可能只是想搜索附近的一些信息。这也体现了评估个性化推荐算法是一件多么困难的事情。然而，这种限制可能也是一个优势，评测员可以通过训练来检测垃圾邮件，用户可能无法感知或检测到其他有害体验。最好是为人工评测提供经过校准的标签数据，以补充从真实用户处收集来的数据。

在搜索排名的实验中，可以要求评测员对给定查询的实验组或对照组的结果进行评分，以确定哪个策略更受欢迎。也可以使用并排实验，即实验组和对照组的搜索结果并排显示，询问评测员哪一个更好。人工评测可以检查被评为查询匹配不佳的结果，以帮助我们确定算法返回结果的原因。还可以将人工评测与基于日志的分析配对，以了解观察到的用户操作与高度相关的查询结果相关。可以将基于人工评测结果的指标作为评测 AB 实验的附加指标。Bing 和 Google 的人工评测程序的速度足够快，可以与 AB 实验结果一起使用，以决定是否启动这一改变。

21.6 外部数据

外部数据是指从产品、公司之外收集到的数据。外部数据有几个来源：跟踪收集用户行为的第三方公司、行业数据、学术文章等。外部数据可以在很多方面起作用。

1. 支持指标变化原因分析

外部数据可以为业务指标变化原因的分析判断提供支持证据。比如，可以通过比较内部指标的趋势与外部指标的趋势是否一致，判断是不是内部数据计算出现了问题；可以通过观察同类产品在时间轴上的表现趋势，判断是否存在趋势性或者季节性变化，用于分析一些由于环境、季节变化带来的外部影响。

如表 21-1 所示，除了今日头条，大部分产品使用总时长在 2019.7、2020.7 都出现了比较大幅度的增长，在 2019 年 9 月出现大幅回落。如果拉长时间区间来看，每年都有类似的趋势，可以初步判定产品受到了 7 月放暑假、9 月开学的影响。基于这个基本判断，后续内容类产品对 7 月发生的上涨、9 月发生的下降归因就会先考虑这个因素。

表 21-1　内容赛道产品使用总时长

产品	2019 年 7 月环比	2019 年 9 月环比	2020 年 7 月环比
百度	11.23%	−3.10%	7.66%
今日头条	−1.60%	6.77%	−3.29%
抖音	10.92%	−6.75%	8.66%
快手	14.90%	−8.82%	9.34%
微博	4.02%	−8.39%	6.97%
B 站	11.23%	−3.10%	14.46%

2. 指标相关性

外部数据除了能提供数据指标变化分析的支持证据外，还可以帮助我们了解哪些可测量的指标可以很好地替代难以测量的指标。在 Russell 等人的论文中，将用户对搜索任务的满意度与测量的任务持续时间进行了比较，给出了持续时间和用户满意度的相关性判断。

这项研究验证了一个可以按规模计算的指标——持续时间，与一个不能按规模计算的指标（用户报告的满意度）之间的相关性。通过这种相关性，我们可以考虑在评测搜索类实验的时候，将任务持续时间作为一个检测指标进行检测。

3. 增加证据层次

外部数据也可以增加证据的层次结构。例如，我们可以通过微软、谷歌等公司发表的作品来确定延迟和性能是重要的，而不一定要运行自己的 AB 实验。大公司可以运行 AB 实验，对产品进行取舍和权衡，没有这些资源的小公司可以基于大公司的经验进行推断。

4. 提供行业和竞品研究

外部数据还可以用于研究竞争对手，可以提供对内部业务度量的基准，并让我们知道这个业务目前已经做到了什么程度，我们距离这个基准还有多远。

5. 增加用户理解

外部数据还可以帮助我们更好地理解用户，比如从外部引入一些用户基础特征、消费行为的数据，帮助我们做更精准的推荐，尤其是在新用户冷启动阶段。很多实践案例已经证明，引入更多的用户数据可以极大地提升冷启动的效果，从而提升用户留存率。

需要注意的是，由于我们不能控制和详细了解外部数据进行分析和处理的确切方法，因此一般情况下绝对数字并不总是有用的，不过趋势、相关关系的验证都具有很好的参考价值。